EDIUS 9

全面精通

素材管理+剪辑调色+特效制作+字幕音频+案例实战

周玉姣◎编著

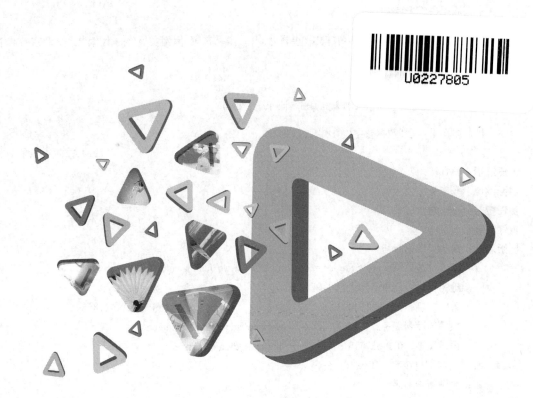

清华大学出版社

北 京

内 容 简 介

本书从两条线，帮助读者从入门到精通EDIUS视频的制作、剪辑与视频特效处理。

一条是纵向技术线，介绍EDIUS视频处理与特效制作的核心技法：素材管理、视频剪辑、视频标记、色彩校正、转场特效、视频滤镜、合成运动、字幕特效、音频编辑、输出视频，对EDIUS的各项核心技术与精髓内容进行全面且详细的讲解，从而帮助读者快速掌握视频剪辑、处理与制作的方法。

另一条是横向案例线，通过对各种类型的视频、照片素材进行后期剪辑与特效制作，如手表广告《珍爱一生》、汽车广告《速度与激情》、电商视频《手机摄影构图大全》、节日影像《新春烟火盛宴》、婚纱视频《执子之手》等典型的视频与照片案例，帮助读者快速精通各种类型视频剪辑的制作方法。

本书适合影视专业的学生、节目栏目的摄像师、广电的新闻编辑、广告宣传摄像师、影视网剧后期剪辑师、微电影后期处理人员、婚庆视频编辑、音频音效制作人等。

图书在版编目(CIP)数据

EDIUS 9全面精通：素材管理+剪辑调色+特效制作+字幕音频+案例实战/周玉姣编著. —北京：清华大学出版社，2019 (2024.2重印)

ISBN 978-7-302-51940-9

Ⅰ. ①E… Ⅱ. ①周… Ⅲ. ①视频编辑软件 Ⅳ. ①TN94

中国版本图书馆CIP数据核字(2018)第295787号

责任编辑：韩宜波
封面设计：杨玉兰
责任校对：王明明
责任印制：杨 艳

出版发行：清华大学出版社
   网 址：https://www.tup.com.cn，https://www.wqxuetang.com
   地 址：北京清华大学学研大厦A座   邮 编：100084
   社 总 机：010-83470000   邮 购：010-62786544
   投稿与读者服务：010-62776969，c-service@tup.tsinghua.edu.cn
   质量反馈：010-62772015，zhiliang@tup.tsinghua.edu.cn
印 装 者：三河市科茂嘉荣印务有限公司
经 销：全国新华书店
开 本：190mm×260mm 印 张：20.25 字 数：490千字
版 次：2019年4月第1版 印 次：2024年2月第7次印刷
定 价：59.80 元

产品编号：080564-01

前 言
PREFACE

● 写作驱动

　　本书是初学者全面自学 EDIUS 9 的经典畅销教程。全书从实用角度出发，全面、系统地讲解了 EDIUS 9 的所有应用功能，基本上涵盖了 EDIUS 9 的全部工具、面板和菜单命令。书中在介绍软件功能的同时，还精心安排了 170 多个具有针对性的实例，帮助读者轻松掌握软件使用技巧和具体应用，以做到学用结合。并且，全部实例都配有视频教学录像，详细演示案例制作过程。此外，还提供了用于查询软件功能和实例的索引。

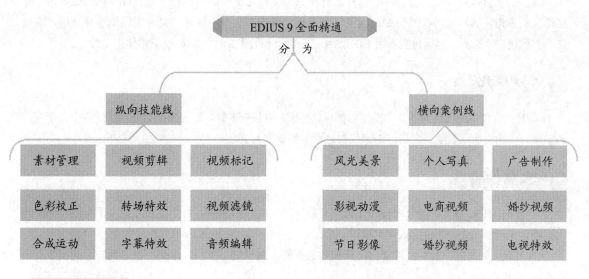

● 本书特色

　　1. 130 多个专家指点放送：作者将平时工作中总结的各方面软件的实战技巧、设计经验等毫无保留地奉献给读者，不仅丰富和提高了本书的含金量，更方便读者提升软件的实战技巧与经验，从而能大大地提高读者的学习与工作效率，使读者学有所成。

　　2. 420 分钟语音视频演示：本书中的软件操作技能实例，全部录制了带语音讲解的视频，时间长度达 420 分钟（7 小时），读者在学习 EDIUS 9 经典实例时，可以结合书本，也可以独立观看视频演示，既轻松方便，又能够高效学习。

　　3. 170 多个技能实例奉献：本书通过大量的技能实例来辅讲软件，帮助读者在实战演练中逐步掌握软件的核心技能与操作技巧。与同类书相比，读者可以省去学习冗长理论的时间，更能掌握超出同类书大量的实用技能和案例，让学习更高效。

　　4. 1000 多个素材效果奉献：随书光盘包含 600 多个素材文件，500 多个效果文件。其中素材涉及风光美景、电商广告、成长记录、节日庆典、烟花晚会、动画场景、旅游照片、婚纱影像、家乡美景、特色建筑及商业素材等，应有尽有。

5. 1500 多张图片全程图解：本书采用 1500 多张图片对软件技术、实例讲解、效果展示进行全程式的图解，通过这些大量清晰的图片，让实例的内容变得更加通俗易懂，读者可以一目了然，快速领会，举一反三，制作出更多专业的影视作品。

特别提醒

本书采用 EDIUS 9 软件编写，请用户一定要使用同版本软件。直接打开本书提供的效果时，会弹出重新链接素材的提示，如音频、视频、图像素材，甚至提示丢失信息等，这是因为每个用户安装 EDIUS 9 及素材与效果文件的路径不一致，这属于正常现象。用户只需要将这些素材重新链接素材文件夹中的相应文件即可。

如果用户直接打开本书配备的资源文件，会出现提示文件无法打开的情况。此时需要注意，打开本书提供的素材和效果文件前，需要先将素材和效果文件通过扫描二维码下载到计算机的磁盘中，在文件夹上单击鼠标右键，在弹出的快捷菜单中选择"属性"命令，打开"文件夹属性"对话框，取消选中"只读"复选框，然后再重新用 EDIUS 9 打开素材和效果文件，就可以正常使用文件了。

版权声明

本书及光盘中所采用的图片、模型、音频、视频、赠品等素材，均为所属公司、网站或个人所有，本书引用仅为说明（教学）之用，绝无侵权之意，特此声明。

本书作者

本书由周玉姣编著，参与编写的人员还有彭爽，在此表示感谢。由于作者知识水平有限，书中难免有错误和疏漏之处，恳请广大读者批评、指正。

本书提供了大量技能实例的素材文件和效果文件，扫一扫下面的二维码，推送到自己的邮箱后下载获取。

素材

效果

编　者

目　录
CONTENTS

CONTENTS 目录

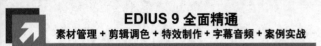

第1章

启蒙：EDIUS 9 快速入门

章前知识导读

使用非线性影视编辑软件编辑视频和音频文件之前，首先需要了解视频和音频编辑的基础，如了解视频编辑术语、支持的视频格式与音频格式、线性与非线性编辑、数字素材的获取方式等，希望读者能熟练地掌握本章的基础知识。

新手重点索引

- 了解视频编辑常识
- 安装、启动与退出 EDIUS 9
- 熟悉 EDIUS 9 的新增功能
- EDIUS 软件的基本设置

效果图片欣赏

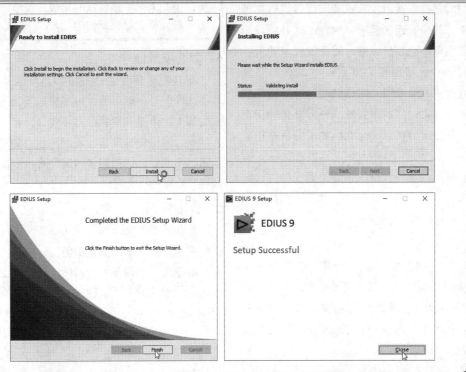

1.1 了解视频编辑常识

在学习 EDIUS 软件之前，首先需要掌握视频编辑术语和 EDIUS 的新增功能、基本设置以及工作界面等内容，为后面的学习奠定良好的基础。

1.1.1 了解视频编辑术语

进入一个新的软件领域前，用户必须了解在这个软件中经常需要用到的专业术语。在 EDIUS 9 中，最常见的专业术语有剪辑、帧和场、分辨率以及获取与压缩等，只有了解这些专业术语，才能更好地掌握 EDIUS 9 软件的精髓之处。本节主要介绍视频编辑术语的基本知识。

1. 剪辑

剪辑可以说是视频编辑中最常提到的专业术语。一部完整的好电影通常都需要经过无数的剪辑操作才能完成。视频剪辑技术在发展过程中也经历了几次变革。最初传统的影像剪辑采用的是机械剪辑和电子剪辑两种方式。

◉ 机械剪辑是指直接对胶卷或者录像带进行物理的剪辑，并重新连接起来。因此，这种剪辑相对比较简单，也容易理解。随着磁性录像带的问世，这种机械剪辑的方式逐渐显现出其缺陷。因为剪辑录像带上的磁性信息除了需要确定和区分视频轨道的位置外，还需要精确切割两帧视频之间的信息，这就增加了剪辑操作的难度。

◉ 电子剪辑的问世，让这一难题得到了解决。电子剪辑也称为线性录像带电子剪辑，它按新的顺序来重新录制信息过程。

2. 帧和场

帧是视频技术常用的最小单位，一帧是由两次扫描获得的一幅完整图像的模拟信号，视频信号的每次扫描称为场。视频信号扫描的过程是从图像左上角开始，水平向右到达图像右边后迅速返回左边，并另起一行重新扫描。这种从一行到另一行的返回过程称为水平消隐。每一帧扫描结束后，扫描点从图像的右下角返回左上角，再开始新一帧的扫描。从右下角返回左上角的时间间隔称为垂直消隐。一般行频表示每秒扫描多少行；场频表示每秒扫描多少场；帧频表示每秒扫描多少帧。

3. 获取与压缩

获取是将模拟的原始影像或声音素材数字化，并通过软件存入计算机的过程。例如，拍摄电影的过程就是典型的实时获取。

压缩是用于重组或删除数据，以减小剪辑文件大小的特殊方法。在压缩影像文件时，可在第一次获取到计算机时进行压缩，或者在 EDIUS 9 中进行编辑时再压缩。

▶ **专家指点**

由于数字视频原有的容量占用空间十分庞大，因此为了方便传送与播放，压缩视频是所有视频编辑者必须掌握的技术。

4. 复合视频信号

复合视频信号包括亮度和色度的单路模拟信号。这种信号一般可通过电缆输入或输出至视频播放设备上。由于该视频信号不包含伴音，与视频输入端口、输出端口配套使用时，还设置音频输入端口和输出端口，以便同步传输伴音，因此复合式视频端口也称为 AV 端口。

5. 分辨率

分辨率即帧的大小（Frame Size），表示单位区域内垂直和水平的像素数值，一般单位区域中像素数值越大，图像显示越清晰，分辨率也就越高。不同电视制式的不同分辨率，用途也会有所不同，如表 1-1 所示。

表 1-1　不同电视制式分辨率的用途

制　式	行　帧	用　途
NTSC	352×240	VCD
	720×480、704×480	DVD
	480×480	SVCD
	720×480	DV
	640×480、704×480	AVI 视频格式
PAL	352×288	VCD
	720×576、704×576	DVD
	480×576	SVCD
	720×576	DV
	640×576、704×576	AVI 视频格式

▶ 专家指点

当一组连续的画面以每秒 10 帧的速度进行播放时，画面就会获得运动的播放效果，然而想要画面变得更加流畅，则需要达到每秒 24 帧以上的速率。

6. "数字 / 模拟" 转换器

"数字 / 模拟" 转换器是一种将数字信号转换成模拟信号的装置。"数字 / 模拟" 转换器的位数越高，信号失真越小，图像也更清晰。

7. 电视制式

电视信号的标准称为电视制式。目前各国的电视制式各不相同，制式的区分主要在于其帧频（场频）、分辨率、信号带宽及载频、色彩空间转换的不同等。电视制式主要有 NTSC（美国国家电视标准委员会）制式、PAL（逐行倒相）制式和 SECAM（按顺序传送色彩与存储）制式 3 种。

1.1.2　了解支持的视频格式

数字视频是用于压缩图像和记录声音数据及回放过程的标准，同时包含了 DV 格式的设备和数字视频压缩技术本身。在视频捕获的过程中，必须通过特定的编码方式对数字视频文件进行压缩，在尽可能地保证影像质量的同时，减小文件大小，否则会占用大量的磁盘空间。对数字视频进行压缩编码的方法有很多，也因此产生了多种数字视频格式。本节主要向读者介绍在 EDIUS 9 中支持的视频格式。

1. MPEG 格式

MPEG（Motion Picture Experts Group，运动图像专家组）类型的视频文件是由 MPEG 编码技术压缩而成的视频文件，被广泛应用于 VCD/DVD 及 HDTV 的视频编辑与处理中。MPEG 标准的视频压缩编码技术主要利用了具有运动补偿的帧间压缩编码技术以减小时间冗余度，利用 DCT 技术以减小图像的空间冗余度，利用熵编码则在信息表示方面减小了统计冗余度。这几种技术的综合运用，大大增强了压缩性能。

MPEG 包括 MPEG-1、MPEG-2、MPEG-4、MPEG-7 及 MPEG-21 等，下面分别向读者进行简单介绍。

● MPEG-1

MPEG-1 是用户接触得最多的，因为被广泛应用在 VCD 的制作及下载一些视频片段的网络上，一般的 VCD 都是应用 MPEG-1 格式压缩的（注意：VCD 2.0 并不是说 VCD 是用 MPEG-2 压缩的）。使用 MPEG-1 的压缩算法，可以把一部 120 分钟长的电影压缩到 1.2 GB 左右。

● MPEG-2

MPEG-2 主要应用在制作 DVD 方面，同时在一些高清晰电视广播（HDTV）和一些高要求的视频编辑、处理上也有广泛应用。使用 MPEG-2 的压缩算法压缩一部 120 分钟长的电影，可以将其压缩到 4～8GB。

● MPEG-4

MPEG-4 是一种新的压缩算法，使用这种算法的 ASF 格式可以把一部 120 分钟长的电影压缩到 300MB 左右，可以在网上观看。其他的 DIVX 格式也可以压缩到 600MB 左右，但其图像质量比 ASF 要好很多。

● MPEG-7

MPEG-7 于 1996 年 10 月开始研究。确切来讲，MPEG-7 并不是一种压缩编码方法，其目的是生成一种用来描述多媒体内容的标准，这个标准将对信息含义的解释提供一定的自由度，可以被传送给设备和电脑程序，或者被设备或电脑程序查取。MPEG-7 并不针对某个具体的应用，而是针对被 MPEG-7 标准化了的图像元素，这些元素将支持尽可能多的各种应用。建立 MPEG-7 标准的出发点是依靠众多的参数对图像与声音实现分类，并对它们的数据库实现查询，就像查询文本数据库那样。

● MPEG-21

MPEG 在 1999 年 10 月的 MPEG 会议上提出了"多媒体框架"的概念，同年 12 月的 MPEG 会议确定了 MPEG-21 的正式名称是"多媒体框架"或"数字视听框架"，它是将多种标准集成起来并进行协调的技术，以管理多媒体商务为目标，目的就是理解如何将不同的技术和标准结合在一起、需要什么新的标准以及完成不同标准的结合工作。

2．AVI 格式

AVI 的英文全称为 Audio Video Interleaved，即音频视频交错格式，是将语音和影像同步组合在一起的文件格式。它对视频文件采用了一种有损压缩方式，但压缩比较高，因此尽管画面质量不是太好，但其应用范围仍然非常广泛。AVI 支持 256 色和 RLE 压缩。AVI 信息主要应用在多媒体光盘上，用来保存电视、电影等各种影像信息。它的好处是兼容性好，图像质量好，调用方便，但容量相对偏大。

3．QuickTime 格式

QuickTime 是苹果公司提供的系统及代码的压缩包，它拥有 C 语言和 Pascal 语言的编程界面，更高级的软件可以用它来控制时基信号。应用程序可以用 QuickTime 来生成、显示、编辑、拷贝、压缩影片和影片数据。除了处理视频数据以外，

QuickTime 还能处理静止图像、动画图像、矢量图、多音轨以及 MIDI 音乐等对象。

4．WMV 格式

WMV（Windows Media Video）是微软推出的一种流媒体格式，它是在"同门"的 ASF（Advanced Streaming Format）格式的基础上升级延伸来的。在同等视频质量下，WMV 格式的文件可以边下载边播放，因此很适合在网上播放和传输。WMV 的主要优点在于：可扩充的媒体类型、本地或网络回放、可伸缩的媒体类型、多语言支持以及扩展性等。

5．ASF 格式

ASF 是 Microsoft 为了和现在的 Real Player 竞争而发展起来的一种可以直接在网上观看视频节目的文件压缩格式。由于它使用了 MPEG-4 的压缩算法，所以压缩率和图像的质量都很不错。因为 ASF 是以一个可以在网上即时观赏的视频流格式存在的，它的图像质量比 VCD 差一些，但比同是视频流格式的 RMA 格式要好。

1.1.3　了解支持的图像格式

在 EDIUS 软件中，也支持多种类型的图像格式，包括 JPEG 格式、PNG 格式、BMP 格式、GIF 格式以及 TIF 格式等。下面向读者进行简单介绍，希望读者熟练掌握这些格式。

1．JPEG 格式

JPEG 格式是一种有损压缩格式，能够将图像压缩在很小的存储空间，图像中重复或不重要的资料会被丢失，因此容易造成图像数据的损伤。尤其是使用过高的压缩比例，将使最终解压缩后恢复的图像质量明显降低。如果追求高品质图像，不宜采用过高压缩比例。但是 JPEG 压缩技术十分先进，它用有损压缩方式去除冗余的图像数据，在获得极高的压缩率的同时能展现十分丰富生动的图像。

换句话说，就是通过 JPEG 可以用最少的磁盘空间得到较好的图像品质。而且 JPEG 是一种很灵活的格式，具有调节图像质量的功能，允许用不同的压缩比例对文件进行压缩，支持多种压缩级别。压缩比率通常在 10：1 到 40：1 之间，压缩比越大，品质就越低；相反地，品质就越高。

JPEG 格式的应用非常广泛，特别是在网络和光盘读物上，都能找到它的身影。各类浏览器均支持 JPEG 这种图像格式，因为 JPEG 格式的文件容量较小，下载速度快。

2．PNG 格式

PNG 图像文件存储格式的目的是试图替代 GIF 和 TIFF 文件格式，同时增加一些 GIF 文件格式所不具备的特性。可移植网络图形格式（Portable Network Graphic Format，PNG）名称来源于非官方的 "PNG's Not GIF"，是一种位图文件（bitmap file）存储格式，读成 "ping"。

PNG 用来存储灰度图像时，灰度图像的深度可多到 16 位，存储彩色图像时，彩色图像的深度可多到 48 位，并且还可存储多到 16 位的通道数据。PNG 使用从 LZ77 派生的无损数据压缩算法。一般应用于 Java 程序中，或网页或 S60 程序中，这是因为它压缩比高，生成文件容量小。

3．BMP 格式

BMP（全称 Bitmap）是 Windows 操作系统中的标准图像文件格式，可以分成两类：设备相关位图（DDB）和设备无关位图（DIB），使用非常广。它采用位映射存储格式，除了图像深度可选以外，不采用其他任何压缩。因此，BMP 文件所占用的空间很大。BMP 文件的图像深度可选 1bit、4bit、8bit 及 24bit。BMP 文件存储数据时，图像的扫描方式是按从左到右、从下到上的顺序。由于 BMP 文件格式是 Windows 环境中交换与图有关的数据的一种标准，因此在 Windows 环境中运行的图形图像软件都支持 BMP 图像格式。

4．GIF 格式

GIF 文件的数据，是一种基于 LZW 算法的连续色调的无损压缩格式。其压缩率一般在 50% 左右，它不属于任何应用程序。目前几乎所有相关软件都支持它，公共领域有大量的软件在使用 GIF 图像文件。GIF 图像文件的数据是经过压缩的，而且是采用了可变长度等压缩算法。

GIF 格式的另一个特点是其在一个 GIF 文件中可以存多幅彩色图像，如果把存于一个文件中的多幅图像数据逐幅读出并显示到屏幕上，就可构成一种最简单的动画。

5．TIF 格式

TIF 格式为图像文件格式，此图像格式复杂，存储内容多，占用存储空间大，其大小是 GIF 图像的 3 倍，是相应的 JPEG 图像的 10 倍，最早流行于 Macintosh，现在 Windows 主流的图像应用程序都支持此格式。

1.1.4　了解支持的音频格式

简单地说，数字音频的编码方式就是数字音频格式，不同的数字音频设备对应着不同的音频文件格式。常见的音频格式有 MP3、WAV、MIDI、WMA、MP4 以及 AAC 等。本节主要针对这些音频格式进行简单的介绍。

1．MP3 格式

MP3 是一种音频压缩技术，其全称是动态影像专家压缩标准音频层面 3（Moving Picture Experts Group Audio Layer Ⅲ），简称为 MP3。它被设计用来大幅度地降低音频数据量。利用 MPEG Audio Layer 3 的技术，将音乐以 1：10 甚至 1：12 的压缩率，压缩成容量较小的文件，而对大多数用户来说重放的音质与最初的不压缩音频相比没有明显的下降。它是在 1991 年由位于德国埃尔朗根的研究组织 Fraunhofer-Gesellschaft（弗劳恩霍夫应用研究促进协会）的一组工程师发明和标准化的。用 MP3 形式存储的音乐就叫作 MP3 音乐，能播放 MP3 音乐的机器就叫作 MP3 播放器。

目前，MP3 成为最为流行的一种音乐文件，原因是 MP3 可以根据不同需要采用不同的采样率进行编码。其中，127kbps 采样率的音质接近于 CD 音质，而其大小仅为 CD 音乐的 10%。

2．WAV 格式

WAV 格式是微软公司开发的一种声音文件格式，又称之为波形声音文件，是最早的数字音频格式，受 Windows 平台及其应用程序广泛支持。WAV 格式支持许多压缩算法，支持多种音频位数、采样频率和声道，采用 44.1kHz 的采样频率，16 位量化位数。因此，WAV 的音质与 CD 相差无几。但是 WAV 格式对存储空间需求太大，不便于交流和传播。

3．MIDI 格式

MIDI 又称为乐器数字接口，是数字音乐电子合成乐器的统一国际标准。它定义了计算机音乐程序、数字合成器及其他电子设备交换音乐信号的方式，规定了不同厂家的电子乐器与计算机连接的电缆和硬件以及设备之间数据传输的协议，可以模拟多种乐器的声音。

MIDI 文件就是 MIDI 格式的文件，在 MIDI 文件中存储的是一些指令，把这些指令发送给声卡，声卡就可以按照指令将声音合成出来。

4. WMA 格式

WMA（Windows Media Audio，视窗媒体音频）是微软公司在因特网（也称国际互联网，即 Internet）音频、视频领域的力作。WMA 格式可以通过减少数据流量但保持音质的方法来达到更高的压缩率目的。其压缩率一般可以达到 1 ：18。另外，WMA 格式还可以通过 DRM（Digital Rights Management，数字版权管理）方案防止拷贝，或者限制播放时间和播放次数，以及限制播放机器，从而有力地防止盗版。

5. MP4 格式

MP4 采用的是美国电话电报公司（AT&T）研发的以"知觉编码"为关键技术的 A2B 音乐压缩技术，由美国网络技术公司（GMO）及 RIAA（美国唱片业协会）联合公布的一种新型音乐格式。MP4 在文件中采用了保护版权的编码技术，只有特定的用户才可以播放，有效地保护了音频版权的合法性。

6. AAC 格式

AAC（Advanced Audio Coding），中文称为"高级音频编码"，出现于 1997 年，基于 MPEG-2 的音频编码技术。由诺基亚和苹果等公司共同开发，目的是取代 MP3 格式。AAC 是一种专为声音数据设计的文件压缩格式，与 MP3 不同，它采用了全新的算法进行编码，更加高效，具有更高的"性价比"。利用 AAC 格式，可使人感觉声音质量没有明显降低的前提下，更加小巧。

AAC 格式可以用苹果 iTunes 或千千静听转换，苹果 iPod 和诺基亚手机也支持 AAC 格式的音频文件。

1.1.5 了解线性与非线性编辑

线性编辑是利用电子手段，按照播出节目的需求对原始素材进行顺序剪接处理，最终形成新的连续画面。线性编辑的优点是技术比较成熟，操作相对比较简单。线性编辑可以直接、直观地对素材录像带进行操作，因此操作起来较为简单。

线性编辑所需的设备也为编辑过程带来了众多不便，全套的设备不仅需要投放较高的资金、而且设备的连线多，故障发生也频繁，维修起来更是比较复杂。这种线性编辑技术的编辑过程只能按时间顺序进行编辑，无法删除、缩短以及加长中间某一段的视频。

随着计算机软硬件的发展，非线性编辑借助计算机软件数字化的编辑，几乎将所有的工作都在计算机中完成。这不仅节省了众多外部设备和故障的发生频率，更是突破了单一事件顺序编辑的限制。

非线性编辑是指应用计算机图形、图像技术等，在计算机中对各种原始素材进行编辑操作，并将最终结果输出到电脑硬盘、光盘以及磁带等记录设备上的这一系列完整工艺过程。

非线性编辑的实现主要靠软硬件的支持，两者的组合便称之为非线性编辑系统。一个完整的非线性编辑系统主要由计算机、视频卡（或 IEEE1394卡）、声卡、高速硬盘、专用特效卡以及外围设备构成。

相比线性编辑，非线性编辑的优点与特点主要集中在素材的预览、编辑点定位、素材调整的优化、素材组接、素材复制、特效功能、声音的编辑以及视频的合成等。

> ▶ **专家指点**
>
> 就目前的计算机配置来讲，一台家用电脑添加一张 IEEE 1394 卡，再配合 EDIUS 9 这类专业的视频编辑软件，就可以构成一个非线性编辑系统。

1.2 熟悉 EDIUS 9 的新增功能

EDIUS 9 除了继承以前版本一贯的实时多格式、顺畅混合编辑等优点之外，还增加了色彩空间设置、HDR 原素材剪辑、可混合编辑 SDR 和 HDR 素材，还支持色彩空间（HDR）源数据的输出、相机 RAW 格式的图片等。可满足越来越多用户的需求。

1.2.1　增加色彩空间设置

2017 年 9 月第一次为用户公开了 EDIUS 全新的版本，在基于 EDIUS 8 版本的功能基础上 EDIUS 9 带来了全新的升级。这一次公开地为用户展示 EDIUS 9 的全新功能。这一次升级继续地沿用了 EDIUS 8 的画面风格，在画面上没有多大的改动。第一个新增功能便是增加了时间线工程色彩空间的设置。

首先打开 EDIUS 9 进入初始化工程界面，单击"新建工程"按钮，弹出"工程设置"对话框，选中"自定义"复选框，选择一个工程文件双击鼠标左键即可弹出"工程设置"对话框，单击"色彩空间"右侧的按钮即可选择相应的色彩空间，如图 1-1 所示。

图 1-1　色彩空间设置

1.2.2　增加 HDR 原素材剪辑

EDIUS 9 的新功能还增加了 HDR（高动态范围图像）原素材剪辑，等于说 EDIUS 9 在原有的 4K（即分辨率为 4096×2160 像素的视频）剪辑流程中还加入了 HDR 模式，为用户降低了后期调色的困扰。用户在后期剪辑中无论是进行高清剪辑还是进行 4K 剪辑，新增的 HDR 剪辑在一定程度上给用户带来了很大的惊喜。用户可以运用这一特质让后期制作的过程中，色调的处理不会成为降低剪辑效率的绊脚石。这一个新增功能对用户来说无疑是很实用的。

1.2.3　可混合编辑 SDR 和 HDR 素材

大家都知道目前 4K 视频技术的发展已经非常成熟，无论在什么方面对 HDR 的应用都特别广泛。这次升级 EDIUS 9 中加入的新增功能就是可以将 SDR 与 HDR 的素材进行混合编辑，这对视频剪辑软件来说是很重要的。现在 EDIUS 9 不仅支持 HLG 的 HDR 标准也支持 PQ 的 HDR 标准，这样既可以满足专业及广电用户的需要，也可以满足制作电影级别的需要，更重要的是符合大众的需求，可以很好地改善电影制作流程以及让剪辑变得更加简单以及和谐。

1.2.4　支持色彩空间（HDR）源数据的输出

EDIUS 让人觉得最大的优点就是特别追赶潮流，只要有一种全新的格式发布出来，EDIUS 都会率先进行运用，敢于大胆地尝试新的东西。所以这次也支持了色彩空间（HDR）源数据的输出，以 HDR 还原色彩真实度的情况，EDIUS 9 无疑下了盘好棋，能够让视频剪辑师通过这一个新增功能对源数据更好地输出。

1.2.5　支持相机图片的 RAW 格式

RAW 格式的相机图片在之前的 EDIUS 软件版本中是不支持的一种格式。EDIUS 9 不仅对这一个格式进行了兼容而且还支持 Canon EOS C200 "Cinema RAW Light" 格式导入。

1.3　安装、启动与退出 EDIUS 9

使用 EDIUS 软件剪辑视频之前，首先需要将 EDIUS 软件安装到计算机中，并熟练掌握 EDIUS 软件的启动与退出操作。本节主要介绍安装、启动与退出 EDIUS 软件的操作方法。

1.3.1　系统配置的认识

若要正常使用 EDIUS 9，必须达到相应的系统配置要求，如表 1-2 所示。

表 1-2 安装 EDIUS 9 系统最低配置与标准配置

硬件及操作系统	最低配置	标准配置
CPU	Intel Core 2 或 Core iX 处理器，Intel 或 AMD 单核心主频 3GHz 以上（建议使用多个处理器或多核心处理器），需要支持 SSSE3（SSE3 指令集扩充）指令集	推荐使用多处理器或多核处理器。
内存	最低 2GB 内存	对于标清 / 高清视频项目：需要 4GB 以上的配置。对于 4K 视频项目：需要 16GB 以上的配置
硬盘	6GB 硬盘空间，视频存储需要 SATA/7200r/min 或以上的硬盘或速度更快的硬盘	高清编辑推荐使用 RAID-0
显卡	支持 1024×768 32 位以上的分辨率。需要 Direct3D 或更新版本 PixelShader Model 3.0 或更新版本使用 GPUx 对显存大小的要求依据工程格式而不同	对于 10-bit 标清的视频项目建议 1GB 以上，对于 HD/4K 的视频项目建议 2GB 以上
声卡	支持 WDM 驱动的声卡	
光驱	DVD-ROM 驱动器，若需要刻录相应光盘，则应具备蓝光刻录驱动器，如 DVD-R/RW 或者 DVD±R/RW 驱动器	
USB 插口	密钥需要一个空闲的 USB 接口	
操作系统	Windows 7（64 位）、Windows 8（64 位）、Windows 10(64 位)	

视频编辑需要占用较多的计算机资源，在配置视频编辑系统时，需要考虑的主要因素是硬盘空间、内存大小和处理器速度。这些因素决定了保存视频所需的容量，以及处理、渲染文件的速度，高配置可以使视频编辑更加省时，从而提高工作效率。

1.3.2 准备软件：安装 EDIUS 软件

安装 EDIUS 9 之前，用户需要检查一下计算机是否装有低版本的 EDIUS 程序，如果存在，需要将其卸载后再安装新的版本。另外，在安装 EDIUS 9 之前，必须先关闭其他所有应用程序，包括病毒检测程序等。如果其他程序仍在运行，则会影响到 EDIUS 9 的正常安装。下面介绍准备软件：安装 EDIUS 软件的操作方法。

	素材文件	无
	效果文件	无
	视频文件	1.3.2 准备软件：安装 EDIUS 软件 .mp4

【操练 + 视频】
——准备软件：安装 EDIUS 软件

STEP 01 将 EDIUS 9 安装程序复制至计算机中，进入安装文件夹，选择 .exe 格式的安装文件，单击鼠标右键，在弹出的快捷菜单中选择"打开"命令，如图 1-2 所示。

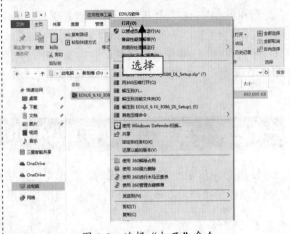

图 1-2 选择"打开"命令

STEP 02 执行上一步操作后，弹出 EDIUS 9 Setup 对话框，显示 EDIUS 9 软件的安装信息，如图 1-3 所示。

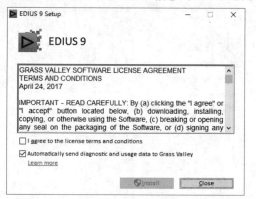

图 1-3 显示 EDIUS 9 软件的安装信息

STEP 03 ❶在弹出的对话框中取消选中第 2 个复选框；❷选中第 1 个复选框；❸单击 Install 按钮，如图 1-4 所示。

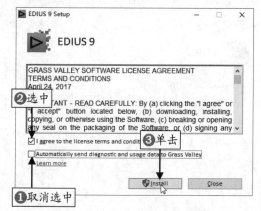

图 1-4 设置后单击 Install 按钮

STEP 04 执行上一步操作后，显示软件的安装进度，如图 1-5 所示。

图 1-5 显示软件的安装进度

STEP 05 安装过程中，弹出 EDIUS Setup 对话框（安装向导的欢迎界面），单击 Next 按钮，如图 1-6 所示。

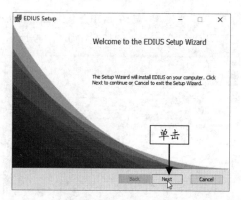

图 1-6 在安装向导的欢迎界面单击 Next 按钮

STEP 06 执行上一步操作后，出现选择目标文件夹（Destination Folder）的界面，如不改变默认设置，可再单击 Next 按钮，如图 1-7 所示。

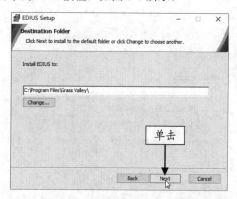

图 1-7 在目标文件夹的设置界面单击 Next 按钮

> ▶ **专家指点**
>
> 在对话框中，如果用户对自己计算机中的文件路径很熟悉，则可以在界面下方的 Destination Folder 文本框中手动输入软件的安装路径。

STEP 07 出现选择选项（Choose Options）的界面，再次单击 Next 按钮，如图 1-8 所示。

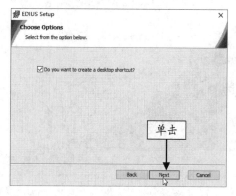

图 1-8 在选择选项界面再次单击 Next 按钮

STEP 08 出现准备安装 EDIUS（Ready to Install EDIUS）界面，单击 Install 按钮，如图 1-9 所示。

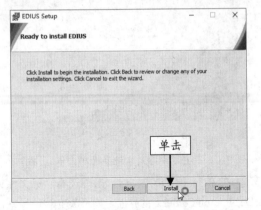

图 1-9　在准备安装界面单击 Install 按钮

STEP 09 执行上一步操作后，即可在正在安装界面查看安装进度，如图 1-10 所示。

图 1-10　查看安装进度（1）

STEP 10 安装完成后，出现安装向导的完成界面，单击 Finish 按钮，如图 1-11 所示。

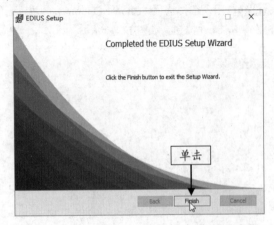

图 1-11　在安装向导的完成界面单击 Finish 按钮

STEP 11 执行上述操作后，即可查看安装进度（Setup Progress），如图 1-12 所示。

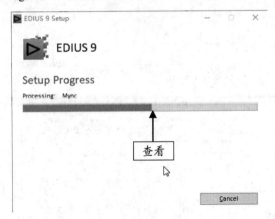

图 1-12　查看安装进度（2）

STEP 12 安装完成后，单击 Close 按钮，即可完成软件的安装，如图 1-13 所示。

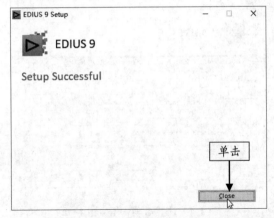

图 1-13　完成软件的安装

> ▶ 专家指点
>
> 　　在 EDIUS 9 安装程序所在的文件夹中，选择 exe 格式的安装文件并双击，也可以快速弹出 EDIUS 9 Setup 对话框。

1.3.3　开始使用：启动 EDIUS 软件

　　用户将 EDIUS 9 应用软件安装到操作系统中后，即可使用该应用程序了，首先用户需要掌握启动与退出 EDIUS 9 软件的操作方法。

　　使用 EDIUS 9 制作视频之前，首先需要启动 EDIUS 9 应用程序。下面介绍开始使用：启动 EDIUS 软件的操作方法。

素材文件	无
效果文件	无
视频文件	1.3.3 开始使用：启动 EDIUS 软件 .mp4

【操练 + 视频】
——开始使用：启动 EDIUS 软件

STEP 01 在桌面上的 EDIUS 快捷方式图标上，单击鼠标右键，在弹出的快捷菜单中选择"打开"命令，如图 1-14 所示。

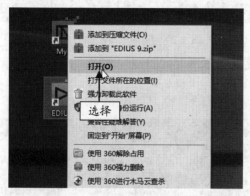

图 1-14 选择"打开"命令

STEP 02 执行上一步操作后，即可启动 EDIUS 应用程序，进入 EDIUS 欢迎界面，显示程序启动信息，如图 1-15 所示。

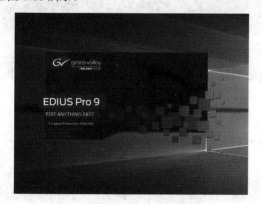

图 1-15 显示程序启动信息

STEP 03 稍等片刻，弹出"初始化工程"对话框，在其中单击"新建工程"按钮，如图 1-16 所示。

STEP 04 弹出"工程设置"对话框，❶在"工程文件"选项组中设置工程文件的名称和保存的文件位置；❷取消选中"创建与工程同名的文件夹"复选框，如图 1-17 所示。

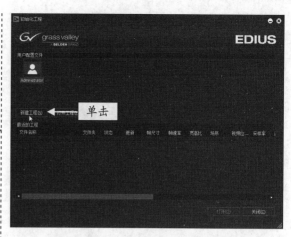

图 1-16 "初始化工程"对话框

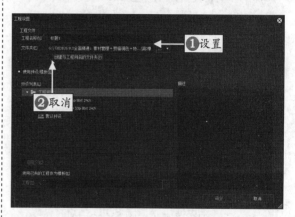

图 1-17 "工程设置"对话框

STEP 05 ❶在对话框的"预设列表"选项组中选择相应的预设模式；❷单击"确定"按钮，如图 1-18 所示。

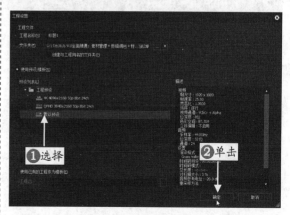

图 1-18 选择预设模式

STEP 06 执行上一步操作后，即可启动 EDIUS 软件，进入 EDIUS 工作界面，如图 1-19 所示。

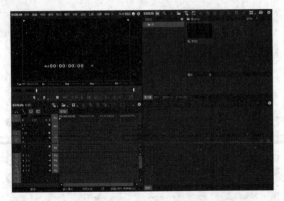

图 1-19　进入 EDIUS 工作界面

1.3.4　结束使用：退出 EDIUS 软件

当用户运用 EDIUS 9 编辑完视频后，为了节约系统内存空间，提高系统运行速度，此时可以退出 EDIUS 9 应用程序。下面介绍结束使用并退出 EDIUS 软件的操作方法。

素材文件	无
效果文件	无
视频文件	1.3.4　结束使用：退出 EDIUS 软件 .mp4

【操练＋视频】
——结束使用：退出 EDIUS 软件

STEP 01 在 EDIUS 9 工作界面中，编辑相应的视频素材，如图 1-20 所示。

图 1-20　编辑相应的视频素材

STEP 02 视频编辑完成后，❶ 单击"文件"菜单；❷ 在弹出的下拉菜单中选择"退出"命令，如图 1-21 所示，执行操作后，即可退出 EDIUS 9 应用程序。

图 1-21　选择"文件"→"退出"命令

▶ **专家指点**

除了利用以上的方法退出 EDIUS 软件，用户还可以通过以下两种方法退出 EDIUS。

● 单击"文件"菜单，在弹出下拉菜单时按 X 键。

● 在菜单栏左侧的程序图标上单击，在弹出的菜单中选择"关闭"命令。

1.4　EDIUS 软件的基本设置

在 EDIUS 9 中，用户可以对软件进行一些基本的设置，使软件的操作更符合用户的习惯和需求。在 EDIUS 中包括 4 种常用设置，如系统设置、用户设置、工程设置以及序列设置。接下来向读者介绍这 4 种软件的设置方法。

1.4.1　设置 EDIUS 软件的系统属性

在 EDIUS 9 的工作界面中，选择"设置"→"系统设置"命令，即可弹出"系统设置"对话框，EDIUS 的系统设置主要包括应用设置、硬件设置、导入器／导出器设置、特效设置以及输入控制设备设置，可用来调整 EDIUS 的回放、采集、工作界面、导入导出以及外挂特效等各个方面。本节主要向读者介绍 EDIUS 系统设置的方法。

1. 应用设置

在"系统设置"对话框中，单击"应用"选项前的下三角按钮，展开"应用"下拉列表，其中包括 SNFS Qos、"代理""回放""工程预设""文件输出""检查更新""渲染""源文件浏览""用户配置文件"以及"采集"等 10 个选项（每个选项有一个对应的选项卡），如图 1-22 所示。

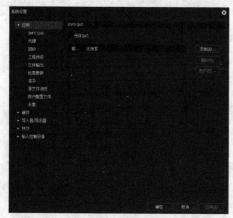

图 1-22　应用设置

在"应用"下拉列表中，各选项（卡）的含义如下。

❶ "SNFS QoS"选项：在该选项对应的选项卡中可以选中"允许 QoS"复选框，在该选项卡中可设置相应属性。

❷ "代理"选项：在该选项对应的选项卡中可以设置代理大小，用户可根据自身实际需求设置相应的选项。

❸ "回放"选项：在该选项对应的选项卡中可以设置视频回放时的属性，取消选中"掉帧时停止回放"复选框，EDIUS 将在系统负担过大而无法进行实时播放时，通过掉帧来强行维护视频的播放操作。将"回放缓冲大小"右侧的数值设到最大，播放视频时画面会更加流畅；将"在回放前缓冲"右侧的数值设到最大，EDIUS 会将比用户看到的画面帧数提前 15 帧进行预读处理。

❹ "工程预设"选项：在该选项对应的选项卡中可以设置工程预设文件，可以找到高清、标清、PAL、NTSC 或 24Hz 电影帧频等几乎所有播出级视频的预设，只需要设置一次，系统就会将当前设置保存为一个工程预设，每次新建工程或者调整工程设置时，只要选择需要的工程预设图标即可。

❺ "文件输出"选项：在该选项对应的选项卡中可以设置工程文件输出时的属性，选中"输出 60p/50p 时以偶数帧结尾"复选框，则在输出 60p/50p 时，以偶数帧作为结尾。

❻ "检查更新"选项：在该选项对应的选项卡中可以选中"检查 EDIUS 在线更新"复选框。

❼ "渲染"选项：在该选项对应的选项卡中可以设置视频渲染时的属性，在"渲染选项"选项组中，可以设置工程项目需要渲染的内容，包括滤镜、转场、键特效、速度改变以及素材格式等内容。在下方还可以设置是否删除无效的、被渲染后的文件。

❽ "源文件浏览"选项：在该选项对应的选项卡中可以设置工程文件的保存路径，方便用户日后打开 EDIUS 源文件。

❾ "用户配置文件"选项：在该选项对应的选项卡中可以设置用户的配置文件信息，包括对配置文件的新建、复制、删除、更改、预置以及共享等操作。

❿ "采集"选项：在该选项对应的选项卡中可以设置视频采集时的属性，包括采集时的视频边缘余量、采集时的文件名、采集自动侦测项目、分割文件以及采集后的录像机控制等，用户可以根据自己的视频采集习惯，进行相应的采集设置。

2. 硬件设置

单击"硬件"选项前的下三角按钮，展开"硬件"下拉列表，其中包括"设备预设"和"预览设备"两个选项（每个选项有一个对应的选项卡），如图 1-23 所示。

图 1-23　硬件设置

在"硬件"下拉列表中，各选项（卡）的含义如下。

❶ "设备预设"选卡：在该选项对应的选项卡中可以预设硬件的设备信息。单击选项卡下方的"新建"按钮，将弹出"预设向导"对话框，在其中可以设置硬件设备的名称和图标等信息，如图 1-24 所示；单击"下一步"按钮，在进入的页面中，可以设置输入硬件的接口、文件格式以及音频格式等信息，如图 1-25 所示；单击"下一步"按钮，在进入的页面中，可以设置输出硬件格式，如图 1-26 所示；单击"下一步"按钮，进入"检查"页面，核实之前设置的硬件格式，单击"完成"按钮，即可完成设备预设，如图 1-27 所示。如果在核实的过程中发现设置有误，可以单击"上一步"按钮进行修改。

❷ "预览设备"选项：在该选项对应的选项卡中，可以选择已经预设好的硬件设备信息。

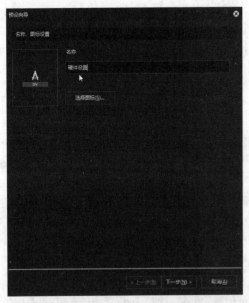

图 1-24　设置硬件设备的名称和图标

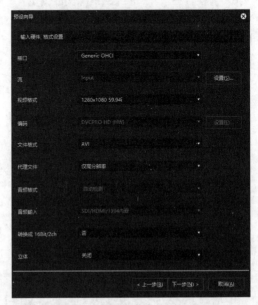

图 1-25　设置输入硬件的格式

图 1-26　设置输出硬件的格式

图 1-27　完成设备预设

3．导入器 / 导出器设置

在 EDIUS 系统设置的"导入器 / 导出器"下拉列表中，主要可以设置图像、视频或音频文件的导入与导出设置（每个选项有一个对应的选项卡），如图 1-28 所示。

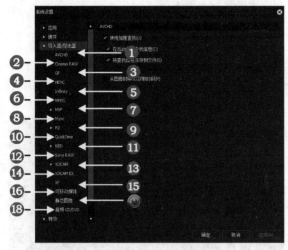

图 1-28　导入器 / 导出器设置

在"导入器 / 导出器"下拉列表中，各选项（卡）的含义如下。

❶ AVCHD 选项：在该选项对应的选项卡中可以设置 AVCHD 的属性。AVCHD 标准基于 MPEG-4 AVC/H.264 视频编码，支持 480i、720p、1080i、1080p 等格式，同时支持杜比数位 5.1 声道 AC-3 或线性 PCM 7.1 声道音频压缩。

❷ Cinema RAW 选项：在该选项对应的选项卡中可以设置 Cinema RAW 的属性。

❸ GF 选项：在该选项对应的选项卡中可以设置 GF 的相关属性，包括添加与删除设置。

❹ HEVC 选项：在该选项对应的选项卡中可以设置 HEVC 的相关属性。

❺ Infinity 选项：在该选项对应的选项卡中可以设置 Infinity 的相关属性，包括添加与删除设置。

❻ MPEG 选项：在该选项对应的选项卡中可以设置 MPEG 视频获取的相关属性。

❼ MXF 选项：在该选项对应的选项卡中可以设置 FTP 服务器与解码器的属性，在"解码器"选项区中可以选择质量的高、中、低，以及采样系数的比例等内容。

❽ Mync 选项：Mync 可以将 BT2020/BT2100 PQ 色彩空间转换为 BT.709，方便用户浏览 Logo 素材，

Mync 媒体管理工具支持素材源数据的智能检索。

❾ P2 选项：在该选项对应的选项卡中可以设置浏览器的属性，包括添加与删除设置。

❿ QuickTime 选项：在该选项对应的选项卡中可以根据用户需求选中相应复选框。

⓫ RED 选项：在该选项对应的选项卡中可以设置 RED 的预览质量，在"预览质量"列表框中可以根据实际需要选择相应的选项。

⓬ Sony RAW 选项：在该选项对应的选项卡中可以设置图像的预览质量。

⓭ XDCAM 选项：在该选项对应的选项卡中可以设置 FTP 服务器、导入器以及浏览器各种属性。

⓮ XDCAM EX 选项：在该选项对应的选项卡中可以设置 XDCAM EX 的属性。

⓯ XF 选项：在该选项对应的选项卡中可以设置 XF 的属性。

⓰ "可移动媒体"选项：在该选项对应的选项卡中可以设置可移动媒体的属性。

⓱ "静态图像"选项：在该选项对应的选项卡中，可以设置采集静态图像时的属性，包括偶数场、奇数场、滤镜、宽高比以及采集后保存的文件类型等。

⓲ 音频 CD/DVD 选项：在该选项对应的选项卡中，可以设置文件、音频 CD、DVD 视频、DVD-VR 等属性。

4．特效设置

在 EDIUS 系统设置的"特效"下拉列表中，各选项主要用来加载 Effects 插件、设置 GPUfx 以及添加 VST 插件、色彩校正等（每个选项有一个对应的选项卡），如图 1-29 所示。

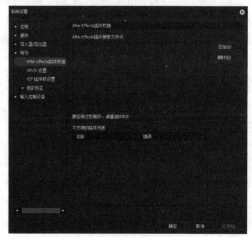

图 1-29　特效设置

在"特效"下拉列表中，各选项（卡）的含义如下。

❶ "After Effects 插件桥接"选项：在该选项对应的选项卡中，单击"添加"按钮，在弹出的"浏览文件夹"对话框中，选择相应的 After Effects 插件，单击"确定"按钮，即可将 After Effects 插件导入至 EDIUS 软件中，就可以使用 After Effects 插件了。若用户对某些 After Effects 插件不满意，或者不再需要使用某些 After Effects 插件，此时在"After Effects 插件搜索文件夹"列表框中，选择不需要的插件选项，单击右侧的"删除"按钮，即可删除 After Effects 插件。

❷ "GPUfx 设置"选项卡：在该选项卡中可以设置 GPUfx 的属性，包括多重采样与渲染质量等内容。

❸ "VST 插件桥设置"选项卡：在该选项卡中，可以添加 VST 插件至 EDIUS 软件中。

❹ "色彩校正"选项卡：在该选项卡中，可以设置原色校正等属性。

5. 输入控制设备的设置

在"输入控制设备"下拉列表中，包括"推子"和"旋钮设备"两个选项（每个选项有一个对应的选项卡），如图 1-30 所示，在其中可以设置输入控制设备的各种属性。

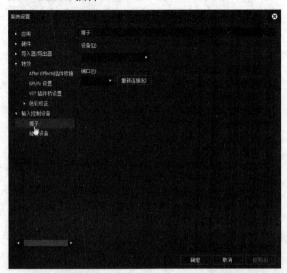
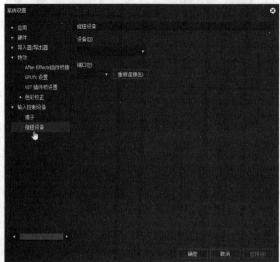

图 1-30　输入控制设备的设置

1.4.2　设置 EDIUS 软件的用户属性

在 EDIUS 9 工作界面中，选择"设置"→"用户设置"命令，即可弹出"用户设置"对话框，EDIUS 的用户设置主要包括应用设置、预览设置、用户界面设置、源文件设置以及输入控制设备设置，可用来设置 EDIUS 的时间线、帧属性、工程文件、回放、全屏预览以及键盘快捷键等各个方面。本节主要向读者介绍 EDIUS 用户设置的方法。

1. 应用设置

在"用户设置"对话框中，单击"应用"选项前的下三角按钮，展开"应用"下拉列表，其中包括"时间线""匹配帧""后台任务""代理模式""工程"以及"其他"（图中为其它）等 6 个选项（其中每个选项有一个对应的选项卡），如图 1-31 所示。

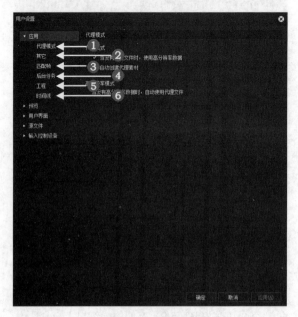

图 1-31　应用设置

在"应用"下拉列表中,各选项(卡)的含义如下。

❶ "代理模式"选项:在该选项对应的选项卡中,包括"代理模式"和"高分辨率模式"两个选项的设置,用户可根据实际需要选择。

❷ "其他"选项:在该选项对应的选项卡中可以设置最近使用过的文件,以及文件显示的数量。在下方还可以设置播放窗口的格式,包括源格式和时间线格式。

❸ "匹配帧"选项:在该选项对应的选项卡中可以设置帧的搜索方向、轨道的选择以及转场插入的素材帧位置等属性。

❹ "后台任务"选项:在该选项对应的选项卡中,若选中"在回放时暂停后台任务"复选框,则在回放视频文件时,程序自动暂停后台正在运行的其他任务。

❺ "工程"选项:在该选项对应的选项卡中可以设置工程文件的保存位置、保存文件名、最近显示的工程数以及自动保存等属性。

❻ "时间线"选项:在该选项对应的选项卡中可以设置时间线的各属性,包括素材转场、音频淡入淡出的插入,时间线的吸附选项、同步模式、波纹模式以及素材时间码的设置等内容。

2．预览设置

在"用户设置"对话框中,单击"预览"选项前的下三角按钮,展开"预览"下拉列表,其中包括"回放""全屏预览""屏幕显示""叠加"等4个选项(其中每个选项有一个对应的选项卡),如图 1-32 所示。

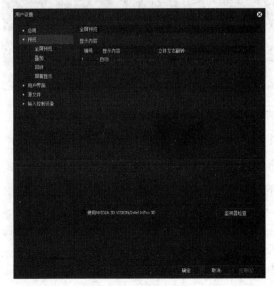

图 1-32　预览设置

在"预览"下拉列表中,各选项(卡)的含义如下。

❶ "全屏预览"选项:在该选项对应的选项卡中可以设置全屏预览时的属性,包括显示的内容以及监视器的检查等。

❷ "叠加"选项:在该选项对应的选项卡中可以设置叠加属性,包括斑马纹预览以及是否显示安全区域等。

❸ "回放"选项:在该选项对应的选项卡中可以设置视频回放时的属性,用户可以根据实际需要选中相应的复选框。

❹ "屏幕显示"选项:在该选项对应的选项卡中可以设置屏幕显示的视图位置,包括常规编辑时显示、裁剪时显示以及输出时显示等。

3．用户界面设置

在"用户设置"对话框中,单击"用户界面"选项前的下三角按钮,展开"用户界面"下拉列表,其中包括"按钮""控制""键盘快捷键""素材库"以及"窗口颜色"等5个选项(其中每个选项有一个对应的选项卡),如图 1-33 所示。

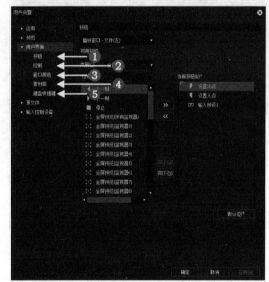

图 1-33　用户界面设置

在"用户界面"下拉列表中,各选项(卡)的含义如下。

❶ "按钮"选项:在该选项对应的选项卡中可以设置按钮的显示属性,包括按钮显示的位置、可用的按钮类别以及当前默认显示的按钮数目等。

❷ "控制"选项:在该选项对应的选项卡中可以控制界面显示,包括显示时间码、显示飞梭 / 滑块以及显示播放窗口和录制窗口中的按钮等。

❸ "窗口颜色"选项：在该选项对应的选项卡中可以设置 EDIUS 工作界面的窗口颜色，用户可以拖动滑块调整界面的颜色，也可以在后面的数值框中，输入相应的数值来调整界面的颜色。

❹ "素材库"选项：在该选项对应的选项卡中可以设置素材库的属性，包括素材库的视图显示、文件夹类型以及素材库的其他属性。

❺ "键盘快捷键"选项：在该选项对应的选项卡中可以导入、导出、指定、复制以及删除 EDIUS 软件中各功能对应的快捷键设置。

4．源文件设置

在"用户设置"对话框中，单击"源文件"选项前的下三角按钮，展开"源文件"下拉列表，其中包括"持续时间""自动校正""恢复离线素材"以及"部分传输"等4个选项（其中每个选项有一个对应的选项卡），如图 1-34 所示。

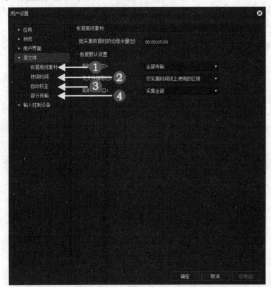

图 1-34　源文件设置

在"源文件"下拉列表中,各选项(卡)的含义如下。

❶ "恢复离线素材"选项：在该选项对应的选项卡中可以对恢复离线素材进行设置。

❷ "持续时间"选项：在该选项对应的选项卡中可以设置静帧的持续时间、字幕的持续时间、V-静音的持续时间以及自动添加调节线中的关键帧数目等。

❸ "自动校正"选项：在该选项对应的选项卡中可以设置 RGB 素材色彩范围、YCbCr 素材色彩范围、采样窗口大小以及素材边缘余量等。

❹ "部分传输"选项：在该选项对应的选项卡中可以对移动设备的传输进行设置。

▶ **专家指点**

在 EDIUS 软件中，设置视频的"持续时间"参数后，可以使视频素材的播放速度或快或慢，使视频中的某画面实现快动作或者慢动作效果。

5．输入控制设备设置

在"用户设置"对话框中，单击"输入控制设备"选项前的下三角按钮，展开"输入控制设备"下拉列表，其中包括 Behringer BCF2000 和 MKB-88 for EDIUS 两个选项（其中每个选项有一个对应的选项卡），如图 1-35 所示，在其中可以对 EDIUS 程序中的输入控制设备进行相应的设置，使操作习惯更符合用户的需求。

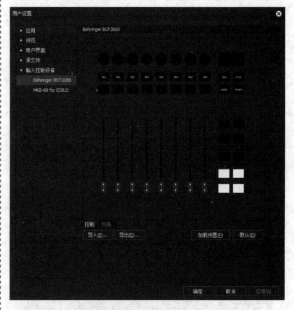

图 1-35　输入控制设备设置

1.4.3　设置 EDIUS 软件的工程属性

在 EDIUS 9 中，工程设置主要针对工程预设中的视频、音频和设置进行查看和更改操作，使之更符合用户的操作习惯。

选择"设置"|"工程设置"命令，弹出"工程设置"对话框，其中显示了多种预设的工程列表，单击下方的"更改当前设置"按钮，如图 1-36 所示。

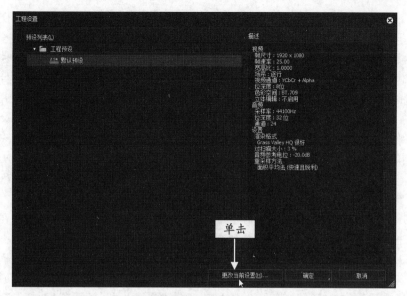

图 1-36　【工程设置】对话框

执行操作后，即可弹出如图 1-37 所示的界面。

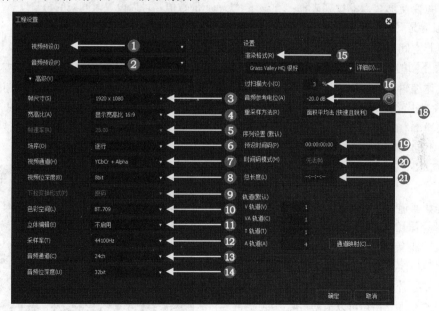

图 1-37　更改当前设置

▶ 专家指点

　　在对话框中"时间码模式"列表框中的"丢帧"选项，与画面无法实时播放引起的"丢帧"是不同的概念。

各主要选项含义如下。

❶ "视频预设"下拉列表框：在该下拉列表框中可以选择视频预设的模式，用户可以根据实际需要选择。

❷ "音频预设"下拉列表框：在该下拉列表框中可以选择音频预设的模式，包括 48kHz/8ch、48kHz/4ch、48kHz/2ch、44.1kHz/2ch 以及 32kHz/4ch 等选项。

❸ "帧尺寸"下拉列表框：在该下拉列表框中可以选择帧的尺寸类型，若选择"自定义"选项，则可以在右侧的数值框中输入帧的尺寸数值。

❹ "宽高比"下拉列表框：在该下拉列表框中可以选择视频画面的宽高比，包括16：9、4：3、1：1等比例。

❺ "帧速率"下拉列表框：在该下拉列表框中可以选择不同的视频帧速率，用户可以对帧速率进行修改。

❻ "场序"下拉列表框：在该下拉列表框中可以根据不同的需求设置不同的场序。

❼ "视频通道"下拉列表框：在该下拉列表框中可以设置相应的视频通道选项。

❽ "视频位深度"下拉列表框：在该下拉列表框中可以选择视频量化比特率，包括 10 bit 和 8 bit 两个选项，用户可以根据实际需要选择。

❾ "下拉变换形式"下拉列表框：在该下拉列表框中一般情况下都是原码。

❿ "色彩空间"下拉列表框：在该下拉列表框中可以选择不同的色彩空间属性。

⓫ "立体编辑"下拉列表框：在该下拉列表框中可以选择启用或者是不启用立体编辑设置。

⓬ "采样率"下拉列表框：在该下拉列表框中可以选择不同的视频采样率，包括 48000Hz、44100Hz、32000Hz、24000Hz、22050Hz 以及 16000Hz 等选项。

⓭ "音频通道"下拉列表框：在该下拉列表框中可以选择不同的音频通道，包括 16ch、8ch、6ch、4ch 以及 2ch 等选项。

⓮ "音频位深度"下拉列表框：在该下拉列表框中可以选择音频量化比特率，包括 16bit 和 24bit、32bit 3 个选项，用户可以根据实际需要选择。

⓯ "渲染格式"下拉列表框：在该下拉列表框中可以选择用于渲染的默认编解码器，EDIUS 可以在软件内部处理和输出，实现完全的原码编辑，不用经过任何转换，也没有质量及时间上的损失。

⓰ "过扫描大小"文本框：过扫描的数值可以设置为 0 ~ 20%，如果用户不使用扫描，则可以将数值设置为 0。

⓱ "音频参考电位"下拉列表框：可以根据实际的需求设置音频电位。

⓲ "重采样方法"下拉列表框：在该下拉列表框中可以选择视频采样的方法。

⓳ "预设时间码"文本框：在该文本框中，可以设置时间线的初始时间码。

⓴ "时间码模式"下拉列表框：如果在输出设备中选择了 NTSC，就可以在"时间码模式"列表框中选择"无丢帧"或"丢帧"选项。

㉑ "总长度"文本框：在该文本框中输入相应的数值，可以设置时间线的总长度。

1.4.4 设置 EDIUS 软件的序列属性

在 EDIUS 9 中，序列设置主要针对序列名称、时间码预设、时间码模式以及序列总长度进行设置，选择"设置" | "序列设置"命令，弹出"序列设置"对话框，如图 1-38 所示，各种设置方法在前面的知识点中都有讲解，在此不再赘述。

图 1-38　设置 EDIUS 软件序列属性

第 2 章

基础：掌握软件的基本操作

章前知识导读

　　EDIUS 的工作界面作为该软件最主要的操作界面，各版本在显示的内容上基本相似，但也都有相应的改变。另外，随着版本的不断升级，EDIUS 各步骤的功能也不断增加，越来越向操作简单化、技术全面化、功能专业化的方向发展。

新手重点索引

　　🎤 掌握 EDIUS 的工作界面　　　　　　🎤 工程文件的基本操作

　　🎤 掌握视频编辑模式

效果图片欣赏

2.1 掌握 EDIUS 的工作界面

EDIUS 的工作界面提供了完善的编辑功能，用户利用它可以全面控制视频的制作过程，还可以为采集的视频添加各种素材、转场、特效以及滤镜效果等。使用 EDIUS 9 的图形化界面，可以清晰而快速地完成视频的编辑工作。EDIUS 的工作界面主要包括菜单栏、播放窗口、录制窗口、素材库面板、特效面板、素材标记面板、信息面板以及轨道面板等，如图 2-1 所示。

图 2-1　EDIUS 9 的工作界面

2.1.1　认识菜单栏

菜单栏位于整个窗口的顶端，由"文件""编辑""视图""素材""标记""模式""采集""渲染""工具""设置"和"帮助"11 个菜单组成，如图 2-2 所示。单击任意一个菜单，都会弹出其包含的命令，EDIUS 中的绝大部分功能都可以利用菜单栏中的命令来实现。菜单栏的右侧还显示了控制文件窗口显示大小的"最小化"按钮和"关闭"按钮。

❶❷❸❹❺❻❼❽❾❿⓫

图 2-2　菜单栏

在菜单栏中，各主要菜单含义如下。

❶ "文件"菜单："文件"菜单中包括新建、打开、存储、关闭、导入、导出以及添加素材等一系列针对文件的命令。

❷ "编辑"菜单："编辑"菜单中包含对图像或视频文件进行编辑的命令，包括撤销、恢复、剪切、复制、粘贴、替换、删除以及移动等命令。

❸ "视图"菜单："视图"菜单中的命令可对整个界面的视图进行调整及设置，包括单窗口模式、双窗口模式、窗口布局、全屏预览等。

❹ "素材"菜单："素材"菜单中的命令主要针对图像、视频或音频素材进行一系列的编辑操作，包括创建静帧、添加转场、持续时间以及视频布局等。

❺ "标记"菜单："标记"菜单主要是用来标记素材位置的，包括设置入点、设置出点、设置音频入点、设置音频出点、清除入点以及添加标记等。

❻ "模式"菜单："模式"菜单主要用来切换窗口编辑模式，包括常规模式、剪辑模式、多机位模式、机位数量、同步点以及覆盖切点等。

❼ "采集"菜单："采集"菜单中的命令主要用来采集素材，包括视频采集、音频采集、批量采集以及同步录音等。

❽ "渲染"菜单："渲染"菜单主要用来渲染工程文件，包括渲染整个工程、渲染序列、渲染入／出点间范围以及渲染指针区域等。

❾ "工具"菜单："工具"菜单中主要包含 Disc Burner、EDIUS Watch、MPEG TS Writer 等 3 个命令，是 EDIUS 软件中自带的 3 个工具。

❿ "设置"菜单："设置"菜单主要针对软件进行设置的，可以进行系统设置、用户设置、工程设置以及序列设置等。

⓫ "帮助"菜单："帮助"菜单中可以获取 EDIUS 软件的注册帮助。

2.1.2　认识播放窗口

在 EDIUS 9 中，菜单栏的右侧有两个按钮，分别为 PLR 按钮和 REC 按钮，单击 PLR 按钮，即可切换至播放窗口，播放窗口主要用来采集素材或单独显示选定的素材，如图 2-3 所示。

图 2-3　播放窗口

在播放窗口中，各主要按钮含义如下。

❶ "设置入点"按钮：单击该按钮，可以设置视频中的入点位置。

❷ "设置出点"按钮：单击该按钮，可以设置视频中的出点位置。

❸ "停止"按钮：单击该按钮，停止视频的播放操作。

❹ "快退"按钮：单击该按钮，可以对视频进行快退操作。

❺ "上一帧"按钮：单击该按钮，可以跳转到视频的上一帧位置处。

❻ "播放"按钮：单击该按钮，开始播放视频文件。

❼ "下一帧"按钮：单击该按钮，可以跳转到视频的下一帧位置处。

❽ "快进"按钮：单击该按钮，可以对视频进行快进操作。

❾ "循环"按钮：单击该按钮，可以对轨道中的视频进行循环播放。

❿ "覆盖到时间线"按钮：单击该按钮，可以覆盖到时间线位置。

⓫ "插入到时间线"按钮：单击该按钮，可以插入到时间线位置。

2.1.3　认识录制窗口

在 EDIUS 9 中，单击 REC 按钮，即可切换至录制窗口，如图 2-4 所示。录制窗口主要负责播放时间线中的素材文件，所有的编辑工作都是在时间线上进行的，而时间线上的内容正是最终视频输出的内容。

图 2-4　录制窗口

在录制窗口中，各主要按钮含义如下。

❶ "上一编辑点"按钮：单击该按钮，可以跳转至素材的上一编辑点位置。

❷ "下一编辑点"按钮：单击该按钮，可以跳转至素材的下一编辑点位置。

❸ "播放指针区域"按钮：单击该按钮，可以在指针区域播放视频。

❹ "输出"按钮：单击该按钮，可以输出视频文件。

2.1.4　认识素材库面板

选择"视图"|"素材库"命令，即可打开素材库面板，素材库面板位于窗口的右上方，主要用来放置工程文件中的素材文件，面板上方的一排按钮主要用来对素材文件进行简单编辑，如图 2-5 所示。

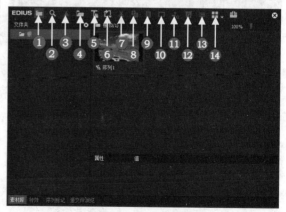

图 2-5　素材库面板

在素材库面板中，各主要按钮含义如下。

❶ "文件夹"按钮：单击该按钮，可以显示或隐藏文件夹列表。

❷ "搜索"按钮：单击该按钮，可以搜索素

材库中的素材文件。

❸ "上一级文件夹"按钮：单击该按钮，可以返回上一级文件夹中。

❹ "添加素材"按钮：单击该按钮，可以添加硬盘中的素材文件。

❺ "添加字幕"按钮：单击该按钮，可以创建标题字幕效果。

❻ "新建素材"按钮：单击该按钮，可以新建彩条或色块素材。

❼ "剪切"按钮：单击该按钮，可以对素材进行剪切操作。

❽ "复制"按钮：单击该按钮，可以对素材进行复制操作。

❾ "粘贴"按钮：单击该按钮，可以对素材进行粘贴操作。

❿ "在播放窗口显示"按钮：单击该按钮，可在播放窗口中显示选择的素材。

⓫ "添加到时间线位置"按钮：单击该按钮，可以将选择的素材添加到轨道面板中的时间线位置。

⓬ "删除"按钮：单击该按钮，可以对选择的素材进行删除操作。

⓭ "属性"按钮：单击该按钮，可以查看素材的属性信息。

⓮ "视图"按钮：单击该按钮，可以调整素材库中的视图显示效果。

▶ 专家指点

在素材库面板中的相应素材缩略图上，单击鼠标右键，在弹出的快捷菜单中，选择相应的命令，也可以对素材文件进行相应的编辑操作。

2.1.5 认识特效面板

在特效面板中，包含了所有的视频滤镜、音频滤镜、转场特效、音频淡入淡出、字幕混合与键特效，如图 2-6 所示。合理地运用这些特效，可以使美丽的画面更加生动、绚丽多彩，从而创作出非常神奇的、变幻莫测的媲美好莱坞大片的视觉效果。

▶ 专家指点

特效面板上方的一排按钮与素材库面板上方的一排按钮操作上类似，在此不再重复介绍面板按钮。

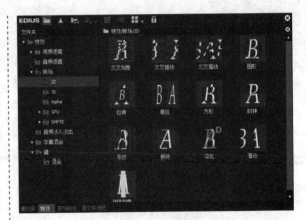

图 2-6 特效面板

2.1.6 认识序列标记面板

在 EDIUS 的工作界面中，选择"视图"|"面板"|"标记面板"命令，即可打开序列标记面板，如图 2-7 所示。

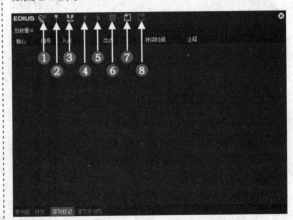

图 2-7 序列标记面板

序列标记面板主要用来显示用户在时间线上创建的标记信息。EDIUS 9 中的标记分为两种类型，分别为素材标记和序列标记。素材标记基于素材文件本身，而序列标记则基于时间线。一般情况下，序列标记就是在时间线上做个记号，用于提醒。但在输出 DVD 光盘时，它可以作为特殊的分段点。

在序列标记面板中，各主要按钮含义如下。

❶ "切换序列标记 / 素材标记"按钮：单击该按钮，可以在序列标记与素材标记之间进行切换。

❷ "设置标记"按钮：单击该按钮，可以标记时间线中的视频素材。

❸ "标记入点 / 出点"按钮：单击该按钮，可以标记视频素材中的入点和出点位置，起到提醒的作用。

❹ "移到上一标记点"按钮：单击该按钮，可以移到上一标记点位置。

❺ "移到下一标记点"按钮：单击该按钮，可以移到下一标记点位置。

❻ "清除标记"按钮：单击该按钮，可以清除视频中的标记。

❼ "导入标记列表"按钮：单击该按钮，可以导入外部标记文件。

❽ "导出标记列表"按钮：单击该按钮，可以导出外部标记文件。

2.1.7　认识信息面板

在 EDIUS 9 中，信息面板主要用来显示当前选定素材的信息，如文件名、入 / 出点时间码等，还可以显示应用到素材上的滤镜和转场特效，如图 2-8 所示。

> ▶ 专家指点
>
> 在 EDIUS 工作界面中，选择"视图" | "面板" | "信息面板"命令，即可打开信息面板，根据用户的需求选择展示信息面板还是关闭信息面板。

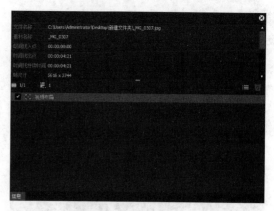

图 2-8　信息面板

2.1.8　认识轨道面板

在 EDIUS 的轨道面板中，可以准确地显示出事件发生的时间和位置，还可以粗略浏览不同媒体素材的内容，如图 2-9 所示。在轨道面板中允许用户微调效果，并以精确到帧的精度来修改和编辑视频，还可以根据素材在每条轨道上的位置，准确地显示故事中事件发生的时间和位置。

图 2-9　轨道面板

2.2　工程文件的基本操作

使用 EDIUS 9 对视频进行编辑时，会涉及一些工程文件的基本操作，如新建工程文件、打开工程文件、保存工程文件、退出工程文件以及导入序列文件等。本节主要介绍在 EDIUS 9 中工程文件的基本操作方法。

2.2.1　新建命令：新建空白工程文件

EDIUS 9 中的工程文件是 *.ezp 格式的，它用来存放制作视频所需要的必要信息，包括视频素材、

图像素材、背景音乐以及字幕和特效等。下面向读者介绍新建命令：新建空白工程文件操作方法。

素材文件	无
效果文件	无
视频文件	2.2.1　新建命令：新建空白工程文件 .mp4

【操练 + 视频】
——新建命令：新建空白工程文件

STEP 01 单击"文件"菜单，在弹出的下拉菜单中选择"新建"|"工程"命令，如图 2-10 所示。

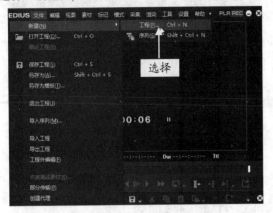

图 2-10 选择相应命令

STEP 02 执行上一步操作后，弹出"工程设置"对话框，①在"预设列表"选项组中选择相应的工程预设模式；②然后单击"确定"按钮，如图 2-11 所示，即可新建工程文件。

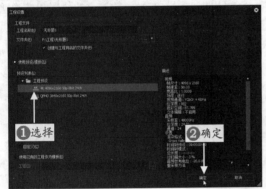

图 2-11 "工程设置"对话框

▶ **专家指点**

> 　　除了运用上述方法新建工程文件外，还有以下两种方法。
> ● 快捷键：按 Ctrl+N 组合键，新建工程文件。
> ● 选项：在轨道面板上方，单击"新建序列"右侧的下拉按钮，在弹出的列表框中选择"新建工程"选项，即可新建工程文件。

2.2.2 打开命令：打开儿童照片工程文件

　　在 EDIUS 9 中打开工程文件后，可以对工程文件进行编辑和修改。下面向读者介绍打开命令：打开儿童照片工程文件的操作方法。

素材文件	素材＼第 2 章＼儿童照片 .ezp
效果文件	无
视频文件	2.2.2 打开命令：打开儿童照片工程文件 .mp4

【操练＋视频】
——打开命令：打开儿童照片工程文件

STEP 01 单击"文件"菜单，在弹出的下拉菜单中选择"打开工程"命令，如图 2-12 所示。

图 2-12 选择"打开工程"命令

STEP 02 执行上一步操作后，弹出"打开工程"对话框，在中间的列表框中选择需要打开的工程文件，如图 2-13 所示。

图 2-13 选择相应文件

▶ **专家指点**

> 　　除了运用上述方法打开工程文件以外，还有以下两种方法。
> ● 快捷键：按 Ctrl+O 组合键，可以弹出"打开工程"对话框，在对话框中选择相应的文件，单击"打开"按钮即可。
> ● 双击：双击 .ezp 格式的 EDIUS 源文件，也可以打开工程文件。

STEP 03 单击"打开"按钮，即可打开工程文件，如图 2-14 所示。

图 2-14 打开工程文件

▶ 专家指点

当正在编辑的工程文件没有保存时，在打开工程文件的过程中会弹出提示信息框，提示用户是否保存当前工程文件。单击"是"按钮，即可保存工程文件；单击"否"按钮，将不保存工程文件；单击"取消"按钮，将取消工程文件的打开操作。

2.2.3 保存命令：保存古居工程文件

在视频编辑过程中，保存工程文件非常重要。编辑视频后保存工程文件，可保存视频素材、图像素材、声音文件、字幕以及特效等所有信息。如果对保存后的视频有不满意的地方，还可以重新打开工程文件，修改其中的部分属性，然后对修改后的各个元素渲染并生成新的视频。下面向读者介绍保存命令：保存古居工程文件的操作方法。

	素材文件	素材\第 2 章\古居 .ezp
	效果文件	效果\第 2 章\古居 .ezp
	视频文件	2.2.3 保存命令：保存古居工程文件 .mp4

【操练 + 视频】
——保存命令：保存古居工程文件

STEP 01 视频文件制作完成后，选择"文件"|"另存为"命令，如图 2-15 所示。

STEP 02 弹出"另存为"对话框，在中间的列表框中设置工程文件的保存位置与文件名称，如图 2-16 所示。

STEP 03 单击"保存"按钮，即可保存工程文件，在录制窗口中即可预览保存的工程文件，如图 2-17 所示。

图 2-15 选择相应命令

图 2-16 选择相应的保存位置与文件名称

图 2-17 预览保存的工程文件

▶ 专家指点

除了可以运用上述方法保存工程文件外，用户还可以使用以下两种方法。
● 按 Ctrl+S 组合键，可以快速保存工程文件。
● 按 Shift+Ctrl+S 组合键，可以快速另存为工程文件。

2.2.4 退出命令：退出古居工程文件

当用户运用 EDIUS 9 编辑完视频后，为了节约

系统内存空间，提高系统运行速度，此时可以退出
工程文件。选择"文件"|"退出工程"命令，如图2-18
所示，执行操作后，弹出 EDIUS 对话框，单击"是"
按钮，即可退出工程文件。

图 2-18　退出工程文件

▶ **专家指点**

　　第一次使用 EDIUS 退出工程文件的时
候，选择"文件"|"退出工程"命令后会弹
出 EDIUS 对话框，单击"是"按钮，即可退
出工程文件，下次退出工程文件则不会弹出对
话框。

2.2.5　导入文件：导入观景台序列

　　在 EDIUS 9 工作界面中，不仅可以导入一张图
片素材、一段视频素材以及一段音频素材，还可以
导入整个序列文件。下面向读者介绍导入文件：导
入观景台序列操作方法。

素材文件	素材\第 2 章\观景台 .ezp
效果文件	效果\第 2 章\观景台 .ezp
视频文件	2.2.5　导入文件：导入观 景台序列 .mp4

【操练＋视频】
——导入文件：导入观景台序列

STEP 01 单击"文件"菜单，在弹出的下拉菜单中
选择"导入序列"命令，如图 2-19 所示。

STEP 02 弹出"导入序列"对话框，单击右侧的"浏
览"按钮，如图 2-20 所示。

STEP 03 弹出"打开"对话框，在中间的列表框中，
选择需要导入的序列文件，如图 2-21 所示。

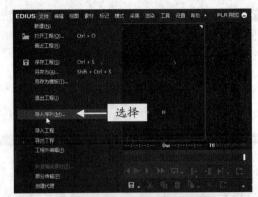

图 2-19　选择"导入序列"命令

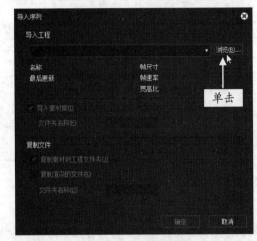

图 2-20　单击右侧的"浏览"按钮

图 2-21　选择需要导入的序列文件

▶ **专家指点**

　　在 EDIUS 工作界面中，单击"文件"菜单，
在弹出的菜单列表中按快捷键 M，也可以快
速弹出"导入序列"对话框。在 EDIUS 9 中，
用户不仅可以导入序列文件，还可以选择"导
入工程"命令，导入相应的工程文件；选择"导
出工程"命令，导出相应的工程文件。

STEP 04 单击"打开"按钮，返回"导入序列"对话框，在"导入工程"选项组中显示了需要导入的序列信息，如图 2-22 所示。

图 2-22　显示了需要导入的序列信息

STEP 05 单击"确定"按钮，即可导入序列文件，在录制窗口中即可预览导入的视频效果，如图 2-23 所示。

图 2-23　预览导入的视频效果

▶ 专家指点

除了运用上述方法新建序列文件，还可以在 EDIUS 工作界面中，按 Shift+Ctrl+N 组合键，可以快速新建序列文件。

2.3　掌握视频编辑模式

在 EDIUS 9 中，视频编辑模式是指编辑视频的方式，目前软件提供了 3 种视频编辑模式，如常规模式、剪辑模式以及多机位模式。本节主要针对这 3 种视频模式进行详细介绍，希望读者可以熟练掌握。

2.3.1　常规模式：剪辑鲜花藤蔓动态视频

在 EDIUS 9 工作界面中，常规模式是软件默认的视频编辑模式，在常规模式中用户可以对视频进行一些常用的编辑操作。单击"模式"菜单，在弹出的下拉菜单中选择"常规模式"命令，即可快速切换至常规模式，如图 2-24 所示。

图 2-24　快速切换至常规模式

▶ 专家指点

在 EDIUS 工作界面中，按 F5 键，也可以快速切换至常规模式。

2.3.2　剪辑模式：剪辑田园风光视频画面

在 EDIUS 9 中，用户大多数工作应该是素材镜头的整理和镜头间的组接，即剪辑工作，所以 EDIUS 为用户提供了 5 种裁剪方式和专门的转场剪辑模式。下面将针对这些剪辑模式进行详细介绍。

素材文件	素材\第 2 章\田园风光 .ezp
效果文件	效果\第 2 章\田园风光 .ezp
视频文件	2.3.2　剪辑模式：剪辑田园风光视频画面 .mp4

【操练 + 视频】
——剪辑模式：剪辑田园风光视频画面

1. 裁剪（入点）

运用裁剪（入点）剪辑模式，可以裁剪、改变放置在时间线上的素材入点，是最常用的一种裁剪方式。下面向读者介绍运用裁剪（入点）剪辑模式，裁剪素材入点的操作方法。

STEP 01 选择"文件"｜"打开工程"命令，打开一个工程文件，如图 2-25 所示。

图 2-25　打开一个工程文件

STEP 02 选择"模式"｜"剪辑模式"命令，如图 2-26 所示。

图 2-26　选择相应命令

STEP 03 执行上一步操作后，即可进入剪辑模式，如图 2-27 所示。

图 2-27　进入剪辑模式

STEP 04 在剪辑模式中，单击下方的"裁剪（入点）"按钮，如图 2-28 所示。

图 2-28　单击相应按钮

▶ **专家指点**

　　除了运用上述方法切换至剪辑模式，在 EDIUS 工作界面中，按 F6 键，也可以快速切换至剪辑模式。

STEP 05 选择第 2 段视频素材，将鼠标移至视频的入点位置，如图 2-29 所示。

图 2-29　移至视频的入点位置

STEP 06 按住鼠标左键并向左拖曳，即可调整视频的入点，如图 2-30 所示。

图 2-30　调整视频的入点

STEP 07 将时间线移至素材的开始位置，单击录制窗口中的"播放"按钮，即可预览调整视频入点后的画面效果，如图 2-31 所示。

图 2-31　预览调整视频入点后的画面效果

2．裁剪（出点）

裁剪（出点）剪辑模式与裁剪（入点）剪辑模式的操作类似，只是裁剪（出点）剪辑模式主要针对视频素材的出点进行调整，也是最常用的一种裁剪方式。用鼠标激活需要裁剪（出点）的素材，将鼠标指针移至素材的出点位置处，如图 2-32 所示，按住鼠标左键并向左或向右拖曳，即可裁剪视频的出点，如图 2-33 所示。

图 2-32　将鼠标指针移至素材的出点位置

图 2-33　裁剪视频的出点

3．裁剪 - 滚动

使用裁剪 - 滚动剪辑模式，可以改变相邻素材间的边缘，不改变两段素材的总长度。将鼠标移至需要改变素材边缘的位置，如图 2-34 所示，按住鼠标左键并向左或向右拖曳，即可改变相邻素材间的边缘，如图 2-35 所示。

图 2-34　移至需要改变素材边缘的位置

图 2-35　改变相邻素材间的边缘

4．裁剪 - 滑动

使用裁剪 - 滑动剪辑模式，仅改变选中素材中要使用的部分，不影响素材当前的位置和长度。在轨道中选择素材，按住鼠标左键并向左或向右拖曳，即可调整放置在时间线上的素材内容，此时界面中自动切换到两个镜头画面，如图 2-36 所示。

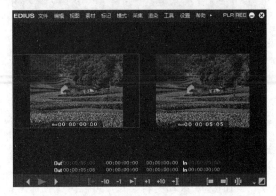

图 2-36　自动切换到两个镜头画面

5. 裁剪 - 滑过

使用裁剪 - 滑过剪辑模式，仅改变选中素材的位置，而不改变其长度。在轨道中选择素材，如图 2-37 所示，按住鼠标左键并向左或向右拖曳，即可调整素材的位置，如图 2-38 所示。

图 2-37　选择素材

图 2-38　调整素材的位置

2.3.3　掌握多机位模式

某些大型活动的节目剪辑往往需要多角度切换，所以在活动现场一般有数台摄像机同时拍摄，可以为后期编辑人员提供多机位素材来使用。在 EDIUS 中，提供了多机位模式来支持最多达 16 台摄像机素材同时剪辑。

单击"模式"菜单，在弹出的下拉菜单中选择"多机位模式"命令，即可进入多机位模式，如图 2-39 所示。

图 2-39　进入多机位模式

此时，播放窗口划分出多个小窗口，在默认状态下支持 3 台摄像机的素材，其中 3 个小窗口即是 3 个机位，大的"主机位"窗口即最后选择的机位。

如果用户需要添加机位，可以选择"模式"|"机位数量"命令，在弹出的子菜单中，选择需要的机位数量选项即可，如图 2-40 所示。

图 2-40　选择需要的机位数量选项

第3章

显示：调整窗口布局模式

章前知识导读

EDIUS 9 作为一款视频与音频处理软件，视频与音频处理是它的看家本领。在使用 EDIUS 9 开始编辑文件之前，需要先了解该软件的窗口显示操作，如窗口模式的应用、窗口布局的编辑、预览旋转窗口以及窗口叠加显示等内容。

新手重点索引

🎙 编辑视频窗口布局　　　　　🎙 窗口模式的应用与旋转

🎙 视频窗口的叠加显示

效果图片欣赏

3.1　编辑视频窗口布局

在 EDIUS 工作界面中，用户可以根据自己的操作习惯，随意调整窗口的整体布局，使其更符合用户的需求。本节主要向读者介绍编辑窗口布局的操作方法。

3.1.1　常规布局：编辑城市风光视频

在 EDIUS 工作界面中，常规布局是软件的默认布局方式，在常规布局下，最基本、常用的面板都会显示在界面中。下面向读者介绍"常规布局：编辑城市风光视频"的操作方法。

素材文件	素材 \ 第 3 章 \ 城市风光 .ezp
效果文件	无
视频文件	3.1.1　常规布局：编辑城市风光视频 .mp4

【操练 + 视频】
——常规布局：编辑城市风光视频

STEP 01 选择"文件"|"打开工程"命令，打开一个工程文件，如图 3-1 所示。

STEP 02 单击"视图"菜单，在弹出的下拉菜单中选择"窗口布局"|"常规"命令，如图 3-2 所示。

STEP 03 执行上一步操作后，即可切换至常规布局，如图 3-3 所示。

图 3-1　打开一个工程文件

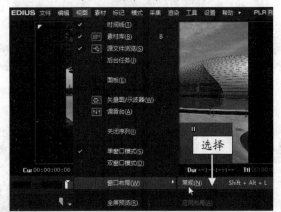

图 3-2　选择相应命令

图 3-3　切换至常规布局

▶ 专家指点

在 EDIUS 工作界面中，当用户切换至其他布局状态时，此时可以按 Shift+Alt+L 组合键，快速返回到常规布局。

3.1.2　保存布局：保存当前视频窗口

在 EDIUS 工作界面中，当用户经常使用某一种窗口布局时，可以将该窗口布局保存起来，方便日后直接调用该窗口布局。下面介绍"保存布局：保存当前视频窗口"的操作方法。

素材文件	素材\第3章\白色玫瑰.ezp
效果文件	无
视频文件	3.1.2　保存布局：保存当前视频窗口.mp4

【操练 + 视频】
——保存布局：保存当前视频窗口

STEP 01 选择"文件"|"打开工程"命令，打开一个工程文件，如图 3-4 所示。

图 3-4　打开一个工程文件

STEP 02 在 EDIUS 工作界面中，随意拖曳窗口布局，如图 3-5 所示。

图 3-5　随意拖曳窗口布局

STEP 03 单击"视图"菜单，在弹出的下拉菜单中

选择"窗口布局"|"保存当前布局"→"新建"命令，如图 3-6 所示。

图 3-6　选择相应命令

STEP 04 执行操作后，❶弹出"保存当前布局"对话框；❷在文本框中输入当前界面布局的名称；❸单击"确定"按钮，即可保存当前布局，如图 3-7 所示。

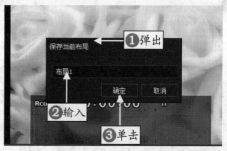

图 3-7　保存当前布局

 专家指点

除了用上述方法弹出"保存当前布局"对话框，还可以单击"视图"菜单，在弹出下拉菜单时依次按 W、W、Enter、S、N 键，也可以快速弹出"保存当前布局"对话框。

3.1.3　更改布局：更改当前视频布局

如果用户对当前设置的布局名称不满意，此时可以对布局名称进行重命名操作。下面介绍更改布局：更改当前视频布局的操作方法。

素材文件	素材\第3章\白色玫瑰.ezp
效果文件	无
视频文件	3.1.3　更改布局：更改当前视频布局.mp4

【操练 + 视频】
——更改布局：更改当前视频布局

STEP 01 选择"文件"|"打开工程"命令，打开一个工程文件，如图 3-8 所示。

图 3-8　打开一个工程文件

STEP 02 选择"视图"|"窗口布局"|"更改布局名称"命令，在弹出的子菜单中，选择需要更改布局名称的选项，如图 3-9 所示。

图 3-9　选择相应选项

STEP 03 ❶弹出"重命名"对话框；❷在其中为窗口布局设置新的名称；❸单击"确定"按钮，如图 3-10 所示。

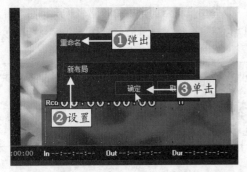

图 3-10　单击"确定"按钮

STEP 04 执行上一步操作后，即可更改布局名称，在"更改布局名称"子菜单中，查看已经更改的布局名称，如图 3-11 所示。

图 3-11　查看已经更改的布局名称

3.1.4　删除布局：删除不需要的窗口布局

在 EDIUS 工作界面中，当用户保存的布局过多，对某些窗口布局样式不再需要时，此时可以对窗口布局进行删除操作。下面介绍"删除布局：删除不需要的窗口布局"的操作方法。

素材文件	素材\第3章\白色玫瑰.ezp
效果文件	无
视频文件	3.1.4　删除布局：删除不需要的窗口布局.mp4

【操练 + 视频】
——删除布局：删除不需要的窗口布局

STEP 01 选择"文件"|"打开工程"命令，打开一个工程文件，如图 3-12 所示。

图 3-12　打开一个工程文件

STEP 02 选择"视图"|"窗口布局"|"删除布局"命令，在弹出的子菜单中，选择需要删除的布局选项，如图 3-13 所示。

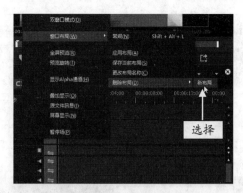

图 3-13　选择需要删除的布局选项

▶ 专家指点

　　除了利用上述方法删除相应的布局样式，单击"视图"菜单，在弹出下拉菜单时依次按 W、W、Enter、D 键，在弹出的子菜单中选择相应的选项，也可快速删除相应的布局样式。

STEP 03 ❶弹出信息提示框，提示用户是否确认删除选择的布局样式；❷单击"是"按钮，如图 3-14 所示，其中，单击"是"按钮，将删除该布局样式；单击"否"按钮，将不删除该布局样式。删除后的布局样式将不能恢复。

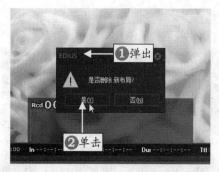

图 3-14　单击"是"按钮

STEP 04 执行操作后，即可删除选择的布局样式，在"删除布局"子菜单中，已经看不到已删除的布局样式，如图 3-15 所示。

图 3-15　删除选择的布局样式

3.2　窗口模式的应用与旋转

　　在 EDIUS 9 工作界面中，提供了 3 种窗口模式，如单窗口模式、双窗口模式以及全屏预览窗口等。且在 EDIUS 9 工作界面中，当用户需要对某些特别的视频进行查看时，需要对窗口进行旋转操作，使其更符合用户的需求。本节主要向读者介绍预览旋转窗口的操作方法以及 3 种窗口模式。

3.2.1　单窗口模式：制作大漠风光效果

　　单窗口模式是指在播放 / 录制窗口中只显示一个窗口，在单窗口中可以更好地预览视频效果。下面向读者介绍"单窗口模式：制作大漠风光效果"的操作方法。

素材文件	素材 \ 第 3 章 \ 大漠风光 .ezp
效果文件	效果 \ 第 3 章 \ 大漠风光 .ezp
视频文件	3.2.1　单窗口模式：制作大漠风光效果 .mp4

【操练 + 视频】
——单窗口模式：制作大漠风光效果

STEP 01 选择"文件"|"打开工程"命令，打开一个工程文件，如图 3-16 所示。

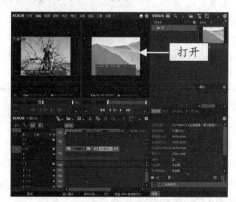

图 3-16　打开一个工程文件

STEP 02 ❶单击"视图"菜单；❷在弹出的下拉菜单中选择"单窗口模式"命令，如图 3-17 所示。

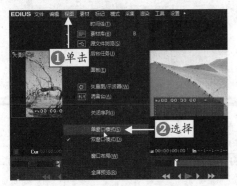

图 3-17　选择"单窗口模式"命令

STEP 03 执行上一步操作后，即可以单窗口模式显示视频素材，如图 3-18 所示。

图 3-18　单窗口模式显示视频素材

▶ **专家指点**

单窗口模式是将两个预览窗口合并为一个，在窗口右上角会出现 PLR/REC 的切换按钮。PLR 即播放窗口，REC 即录制窗口。EDIUS 会根据用户在使用过程中的不同动作自动切换两个窗口，如双击一个素材就切换至播放窗口，播放时间线则切换至录制窗口，而且在 EDIUS 9 工作界面中，单击"视图"菜单，在弹出下拉菜单时，按两次 S 键，也可以切换至"单窗口模式"命令，然后按 Enter 键确认，即可应用单窗口模式。

3.2.2　双窗口模式：制作胡杨林效果

双窗口模式是指在播放 / 录制窗口中显示两个窗口，一个窗口用来播放视频当前画面；另一个窗口用来查看需要录制的窗口画面。下面向读者介绍双窗口模式：制作胡杨林效果的操作方法。

素材文件	素材 \ 第 3 章 \ 胡杨林 .ezp
效果文件	效果 \ 第 3 章 \ 胡杨林 .ezp
视频文件	3.2.2　双窗口模式：制作胡杨林效果 .mp4

【操练＋视频】
——双窗口模式：制作胡杨林效果

STEP 01 选择"文件"|"打开工程"命令，打开一个工程文件，如图 3-19 所示。

图 3-19　打开一个工程文件

STEP 02 选择"视图"|"双窗口模式"命令，如图 3-20 所示。

图 3-20　选择相应命令

STEP 03 执行操作后，即可切换至双窗口模式，如图 3-21 所示。

▶ **专家指点**

除了以上的方法切换到双窗口模式，还可以在 EDIUS 9 工作界面中，单击"视图"菜单，在弹出的菜单列表中，按 D 键，也可以快速进入双窗口模式，而且双窗口模式比较适合一些双显示器的用户使用，在双显示器上，用户可以将播放窗口或者录制窗口拖放到另一显示器的显示区域中，使用时空间就会比较宽敞。

图 3-21　切换至双窗口模式

图 3-23　选择相应命令

3.2.3　全屏预览窗口：制作花朵效果

在 EDIUS 9 中，使用全屏预览窗口的模式，可以更加清晰地预览视频的画面效果。下面向读者介绍"全屏预览窗口：制作花朵效果"的操作方法。

素材文件	素材\第 3 章\花朵 .ezp
效果文件	效果\第 3 章\花朵 .ezp
视频文件	3.2.3　全屏预览窗口：制作花朵效果 .mp4

【操练 + 视频】
——全屏预览窗口：制作花朵效果

STEP 01 选择"文件"|"打开工程"命令，打开一个工程文件，如图 3-22 所示。

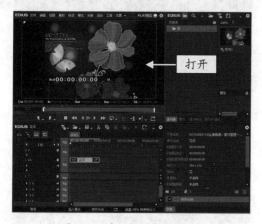

图 3-22　打开一个工程文件

STEP 02 单击"视图"菜单，在弹出的下拉菜单中选择"全屏预览"|"所有"命令，如图 3-23 所示。

STEP 03 执行操作后，即可以全屏的方式预览整个窗口，如图 3-24 所示。

图 3-24　以全屏的方式预览整个窗口

3.2.4　标题模式：使用标准屏幕模式

标准屏幕模式是 EDIUS 软件中默认的屏幕模式，在该屏幕模式中可以使用标准的预览方式预览视频素材。选择"视图"|"预览旋转"|"标准"命令，执行操作后，即可进入标准屏幕模式，如图 3-25 所示。

图 3-25　进入标准屏幕模式

▶ **专家指点**

除了运用上述进入标准屏幕模式的方法，在"预览旋转"子菜单中，按数字键盘上的 0 键，也可以快速进入标准屏幕模式。

3.2.5 向右旋转90度：制作赛道效果

在 EDIUS 工作界面中，运用"向右旋转90度"命令，可以将预览窗口向右旋转90度方向。选择"视图"|"预览旋转"|"向右旋转90度"命令，执行操作后，即可进入向右旋转90度屏幕模式，如图3-26所示。

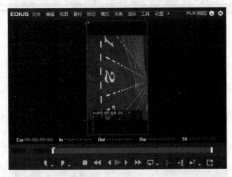

图 3-26　进入向右旋转90度屏幕模式

3.2.6 向左旋转90度：制作赛道效果

在 EDIUS 工作界面中，"向左旋转90度"命令与"向右旋转90度"命令的功能刚好相反，该命令是指将预览窗口向左旋转90度方向。选择"视图"|"预览旋转"|"向左旋转90度"命令，即可进入向左旋转90度屏幕模式，如图3-27所示。

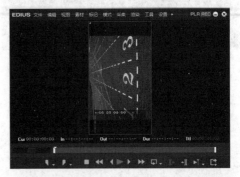

图 3-27　进入向左旋转90度屏幕模式

3.3　视频窗口的叠加显示

在 EDIUS 9 中，窗口叠加显示是指在预览窗口中叠加在画面中的显示内容，如素材/设备、安全区域、中央十字线、标记、斑马纹等内容。本节主要向读者介绍窗口叠加显示的操作方法。

3.3.1 显示设备：显示素材/设备

显示素材/设备是指在播放窗口的上方，显示素材的名称信息。下面介绍显示设备：显示素材/设备的操作方法。

素材文件	素材\第3章\金色麦田.ezp
效果文件	效果\第3章\金色麦田.ezp
视频文件	3.3.1　显示设备：显示素材设备.mp4

【操练＋视频】
——显示设备：显示素材/设备

STEP 01 选择"文件"|"打开工程"命令，打开一个工程文件，如图3-28所示。

STEP 02 在视频轨1中，双击视频素材，即可打开播放窗口，如图3-29所示。

图 3-28　打开一个工程文件

图 3-29　打开播放窗口

STEP 03 选择"视图"|"叠加显示"|"素材/设备"命令，如图 3-30 所示。

图 3-30　选择相应命令

STEP 04 执行操作后，在播放窗口的左上方，显示素材/设备信息，如素材的名称，如图 3-31 所示。

图 3-31　显示了素材/设备信息

3.3.2　显示区域：显示标题安全区域

安全区域是指字幕活动的区域，超出安全区域的标题字幕在输出的视频中显示不出来。下面向读者介绍显示区域：显示标题安全区域的操作方法。

素材文件	素材\第 3 章\动感音乐.ezp
效果文件	效果\第 3 章\动感音乐.ezp
视频文件	3.3.2　显示区域：显示标题安全区域.mp4

【操练 + 视频】
——显示区域：显示标题安全区域

STEP 01 选择"文件"|"打开工程"命令，打开一个工程文件，如图 3-32 所示。

STEP 02 在视频轨 1 中，双击视频素材，即可打开播放窗口，如图 3-33 所示。

图 3-32　打开一个工程文件

图 3-33　打开播放窗口

STEP 03 选择"视图"|"叠加显示"|"安全区域"命令，如图 3-34 所示。

图 3-34　选择相应命令

STEP 04 执行操作后，在播放窗口中将显示白色方框的安全区域，如图 3-35 所示。

图 3-35　显示白色方框的安全区域

STEP 05 单击"播放"按钮，预览视频画面，效果如图 3-36 所示。

图 3-36　预览视频画面

3.3.3　显示十字线：显示画面中央十字线

　　当用户制作画中画视频效果时，中央十字线能很好地分布视频画面效果。在上一例的基础上，选择"视图"|"叠加显示"|"中央十字线"命令，如图 3-37 所示。执行操作后，在播放窗口中即可显示白色的中央十字线，如图 3-38 所示。

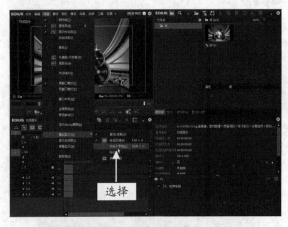

图 3-37　选择相应命令

图 3-38　显示白色的中央十字线

3.3.4　显示状态：显示屏幕时间状态

　　在 EDIUS 9 工作界面中，屏幕状态是指播放、录制以及编辑视频时的时间状态。下面向读者介绍显示状态：显示屏幕时间状态的操作方法。

素材文件	素材 \ 第 3 章 \ 夕阳美景 .ezp
效果文件	效果 \ 第 3 章 \ 夕阳美景 .ezp
视频文件	3.3.4　显示状态：显示屏幕时间状态 .mp4

【操练＋视频】
——显示状态：显示屏幕时间状态

STEP 01 选择"文件"|"打开工程"命令，打开一个工程文件，如图 3-39 所示。

图 3-39　打开一个工程文件

STEP 02 在视频轨 1 中，双击视频素材，即可打开播放窗口，选择"视图"|"屏幕显示"|"状态"命令，如图 3-40 所示。

图 3-40　选择相应命令

STEP 03 执行操作后，在窗口下方即可显示屏幕状态信息，如图 3-41 所示。

STEP 04 单击"播放"按钮，预览视频画面，效果如图 3-42 所示。

图 3-41　显示屏幕状态信息

图 3-42　预览视频画面

▶ 专家指点

　　除了上述显示屏幕状态的方法之外，在 EDIUS 工作界面中，按 Ctrl+G 组合键，也可以快速显示屏幕状态。

第4章

显示：导入与管理视频素材

章前知识导读

在 EDIUS 中，用户可以对素材进行添加和编辑操作，使制作的影片更为生动、美观。本章主要向读者介绍添加与编辑视频素材的操作方法，希望读者能熟练掌握本章内容。

新手重点索引

- 导入视频素材文件
- 添加视频画面剪切点
- 管理与编辑素材文件
- 撤销与恢复操作

效果图片欣赏

4.1　导入视频素材文件

在 EDIUS 9 工作界面中，用户可以在轨道面
板中添加各种不同类型的素材文件，并对单独的素
材文件进行整合，制作成一个内容丰富的影视作
品。本节主要向读者介绍导入视频素材文件的操作
方法。

4.1.1　导入图像：制作大桥视频效果

在 EDIUS 9 中，导入静态图像素材的方式有很
多种，用户可以根据自己的使用习惯选择导入素材
的方式。下面向读者介绍"导入图像：制作大桥视
频效果"的操作方法。

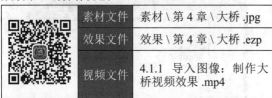

	素材文件	素材 \ 第 4 章 \ 大桥 .jpg
	效果文件	效果 \ 第 4 章 \ 大桥 .ezp
	视频文件	4.1.1　导入图像：制作大桥视频效果 .mp4

【操练 + 视频】
——导入图像：制作大桥视频效果

STEP 01 按 Ctrl+N 组合键，弹出"工程设置"对话框，
❶ 在"工程文件"选项组中设置相应的工程名称以
及保存的路径；❷ 取消选中"创建与工程同名的文
件夹"复选框，如图 4-1 所示。

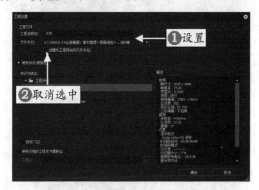

图 4-1　取消选中相应复选框

STEP 02 ❶ 在"预设列表"选项区中选择相应的工
程预设文件；❷ 单击"确定"按钮，如图 4-2 所示。

STEP 03 执行操作后即可新建一个工程文件，❶ 单
击"文件"菜单；❷ 在弹出的下拉菜单中选择"添

加素材"命令，如图 4-3 所示。

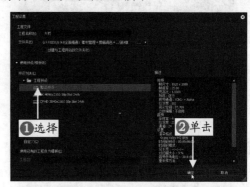

图 4-2　选择预设文件

图 4-3　选择"添加素材"命令

STEP 04 执行操作后，弹出"添加素材"对话框，
选择需要导入的静态图像，如图 4-4 所示。

图 4-4　选择需要导入的静态图像

STEP 05 单击"打开"按钮，执行操作后，在预
览窗口中将选择的静态图像导入至视频轨 1 中，在

轨道面板中可以查看静态图像的缩略图，如图 4-5 所示。

图 4-5　查看静态图像的缩略图

STEP 06　单击"播放"按钮，预览图像画面效果，如图 4-6 所示。

图 4-6　预览图像画面效果

▶ **专家指点**

　　在 EDIUS 9 的工作界面中，按 Shift+Ctrl+O 组合键，也可以快速弹出"添加素材"对话框。

4.1.2　导入视频：制作数码科技视频

　　在 EDIUS 9 中，用户可以直接将视频素材导入至视频轨中，也可以将视频素材先导入至素材库中，再将素材库中的视频文件添加至视频轨中。

素材文件	素材＼第 4 章＼数码科技 .mpg
效果文件	效果＼第 4 章＼数码科技 .ezp
视频文件	4.1.2　导入视频：制作数码科技视频 .mp4

【操练＋视频】
——导入视频：制作数码科技视频

STEP 01　在素材库窗口中的空白位置上，单击鼠标

右键，在弹出的快捷菜单中选择"添加文件"命令，如图 4-7 所示。

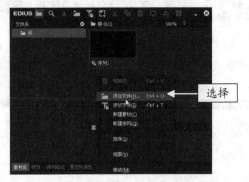

图 4-7　选择"添加文件"命令

STEP 02　弹出"打开"对话框，选择需要导入的视频文件，如图 4-8 所示。

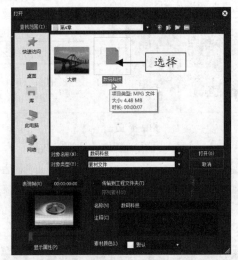

图 4-8　选择需要导入的视频文件

STEP 03　单击"打开"按钮，即可将视频文件导入至素材库窗口中，如图 4-9 所示。

图 4-9　导入至素材库窗口中

STEP 04 选择导入的视频文件，按住鼠标左键并拖曳至视频轨中的开始位置，释放鼠标左键，即可将视频文件添加至视频轨中，如图 4-10 所示。

图 4-10 将视频文件添加至视频轨中

STEP 05 单击录制窗口下方的"播放"按钮，预览视频画面效果，如图 4-11 所示。

图 4-11 预览视频画面效果

> ▶ **专家指点**
>
> 在 EDIUS 9 工作界面中，将鼠标定位至素材库窗口中，然后按 Ctrl+O 组合键，也可以快速弹出"打开"对话框。

4.1.3 导入 PSD：为视频画面添加装饰

PSD 格式是 Photoshop 软件的默认格式，也是唯一支持所有图像模式的文件格式。PSD 格式属于

大型文件，除了具有 PSD 格式文件的所有属性外，最大的特点就是支持宽度和高度最大为 30 万像素的文件，且可以保存图像中的图层、通道和路径等所有信息。下面向读者介绍"导入 PSD：为视频画面添加装饰"的操作方法。

	素材文件	素材 \ 第 4 章 \ 蝴蝶飞舞 .psd
	效果文件	效果 \ 第 4 章 \ 蝴蝶飞舞 .ezp
	视频文件	4.1.3 导入 PSD：为视频画面添加装饰 .mp4

【操练 + 视频】
——导入 PSD：为视频画面添加装饰

STEP 01 按 Ctrl+N 组合键，新建一个工程文件，在视频轨中的空白位置上，单击鼠标右键，在弹出的快捷菜单中选择"添加素材"命令，如图 4-12 所示。

图 4-12 选择"添加素材"命令

STEP 02 弹出"打开"对话框，选择 PSD 格式的图像文件，如图 4-13 所示。

图 4-13 选择 PSD 格式的图像文件

STEP 03 单击"打开"按钮，在播放窗口中将显示添加的图像，如图 4-14 所示。

STEP 04 即可在视频轨中查看素材，如图 4-15 所示。

图 4-14　显示添加的图像

图 4-15　查看素材

STEP 05 单击播放窗口下方的"播放"按钮，预览图像画面效果，如图 4-16 所示。

图 4-16　预览图像画面效果

4.1.4　创建彩条：为画面添加彩条特效

在 EDIUS 9 中，用户可以通过多种方式创建彩条素材。下面详细向读者介绍"创建彩条：为画面添加彩条特效"的操作方法。

素材文件	无
效果文件	效果\第 4 章\彩条 .ezp
视频文件	4.1.4　创建彩条：为画面添加彩条特效 .mp4

【操练 + 视频】
——创建彩条：为画面添加彩条特效

STEP 01 按 Ctrl+N 组合键，新建一个工程文件，如图 4-17 所示。

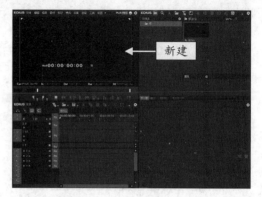

图 4-17　新建一个工程文件

STEP 02 在视频轨中的空白位置上，单击鼠标右键，在弹出的快捷菜单中选择"新建素材"|"彩条"命令，如图 4-18 所示。

图 4-18　选择相应命令

STEP 03 执行上一步操作后，❶弹出"彩条"对话框；❷单击"彩条类型"右侧的按钮；❸弹出下拉列表并选择"SMPTE 彩条"选项，如图 4-19 所示。

图 4-19　选择"SMPTE 彩条"选项

STEP 04 单击"确定"按钮，即可在轨道面板中创建彩条素材，如图 4-20 所示。

图 4-20　在轨道面板中创建彩条素材

STEP 05 在素材库窗口中，自动生成一个彩条序列 1 文件，如图 4-21 所示。

图 4-21　自动生成一个彩条序列 1 文件

STEP 06 在录制窗口中，可以查看已经创建的彩条素材，如图 4-22 所示。

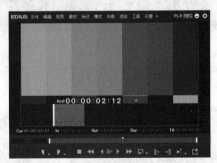

图 4-22　查看已经创建的彩条素材

▶ 专家指点

　　除了利用以上的方法创建彩条素材，在 EDIUS 中，用户还可以通过以下两种方法创建彩条素材。

● 选择"素材"|"创建素材"|"彩条"命令，即可创建彩条素材。

● 在素材库窗口中的空白位置上，单击鼠标右键，在弹出的快捷菜单中选择"新建素材"|"彩条"命令，即可创建彩条素材。

4.1.5　创建色块：制作视频色块效果

　　在 EDIUS 9 中，用户可以根据需要创建色块素材。下面向读者介绍"创建色块：制作视频色块效果"的操作方法。

素材文件	无
效果文件	效果 \ 第 4 章 \ 色块 .ezp
视频文件	4.1.5 创建色块：制作视频色块效果 .mp4

【操练 + 视频】
——创建色块：制作视频色块效果

STEP 01 按 Ctrl+N 组合键，新建一个工程文件，如图 4-23 所示。

图 4-23　新建一个工程文件

STEP 02 在视频轨中的空白位置上，单击鼠标右键，在弹出的快捷菜单中选择"新建素材"|"色块"命令，如图 4-24 所示。

图 4-24　选择相应命令

STEP 03 执行操作后，弹出"色块"对话框，如图 4-25 所示。

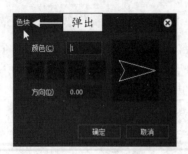

图 4-25 弹出"色块"对话框

STEP 04 ❶在其中设置"颜色"为 4；❷然后单击第 1 个色块，如图 4-26 所示。

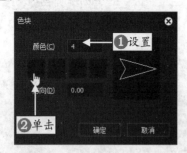

图 4-26 单击第 1 个色块

STEP 05 执行操作后，弹出"色彩选择 -709"对话框，在右侧设置"红"为 -90、"绿"为 27、"蓝"为 225，如图 4-27 所示。

图 4-27 设置相应颜色

STEP 06 单击"确定"按钮，返回"色块"对话框，即可设置第 1 个色块的颜色为蓝色，如图 4-28 所示。

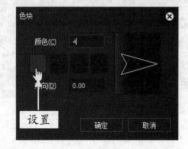

图 4-28 设置第 1 个色块的颜色为蓝色

STEP 07 用与上同样的方法，设置第 2 个色块的颜色为红色（"红"为 193、"绿"为 0、"蓝"为 0）、第 3 个色块的颜色为绿色（"红"为 0、"绿"为 86、"蓝"为 0）、第 4 个色块的颜色为紫色（"红"为 127、"绿"为 0、"蓝"为 246），如图 4-29 所示。

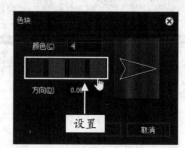

图 4-29 设置其他色块的颜色

STEP 08 单击"确定"按钮，即可在视频轨中创建色块素材，如图 4-30 所示。

图 4-30 在视频轨中创建色块素材

STEP 09 在素材库窗口中，自动生成一个色块序列 1 文件，如图 4-31 所示。

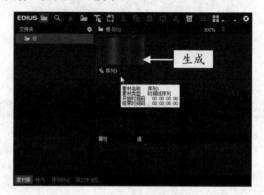

图 4-31 自动生成色块序列 1 文件

STEP 10 单击窗口中的"播放"按钮，预览创建的色块素材，如图 4-32 所示。

图 4-32　预览创建的色块素材

4.2　管理与编辑素材文件

　　当用户将视频素材添加至视频轨后，可以再将视频轨中的视频素材添加至素材库窗口中，方便以后对素材进行重复调用。本节主要介绍管理与编辑素材文件的操作方法。

4.2.1　添加素材：制作城市夜景效果

　　素材库窗口是专门用来管理视频素材的，各种类型的素材都可以放进素材库窗口中。下面向读者介绍"添加素材：制作城市夜景效果"的操作方法。

素材文件	素材\第 4 章\夜景 .ezp
效果文件	效果\第 4 章\夜景 .ezp
视频文件	4.2.1　添加素材：制作城市夜景效果 .mp4

【操练 + 视频】
——添加素材：制作城市夜景效果

STEP 01 选择"文件"|"打开工程"命令，打开一个工程文件，如图 4-33 所示。

图 4-33　打开一个工程文件

STEP 02 在视频轨中，选择相应的视频素材，如图 4-34 所示。

STEP 03 按住鼠标左键的同时，将视频素材拖曳至素材库窗口中的适当位置，释放鼠标左键，即可将视频素材添加到素材库窗口中，如图 4-35 所示。

图 4-34　选择相应的视频素材

图 4-35　将视频素材添加到素材库窗口中

4.2.2　创建静帧：制作精美手链效果

在 EDIUS 中，用户可以将视频素材中单独的静帧画面捕获出来，保存至素材库窗口中。下面向读者介绍"创建静帧：制作精美手链效果"的操作方法。

素材文件	素材\第4章\精美手链.ezp
效果文件	效果\第4章\精美手链.ezp
视频文件	4.2.2　创建静帧：制作精美手链效果.mp4

【操练 + 视频】
——创建静帧：制作精美手链效果

STEP 01 选择"文件"|"打开工程"命令，打开一个工程文件，如图 4-36 所示。

图 4-36　打开一个工程文件

STEP 02 在轨道面板中，将时间线移至 00:00:06:20 的位置处，该处是捕获视频静帧的位置，如图 4-37 所示。

图 4-37　时间线移至相应位置

STEP 03 单击"素材"菜单，在弹出的菜单列表中选择"创建静帧"命令，如图 4-38 所示。

STEP 04 执行操作后，即可在素材库中创建视频的静帧画面，如图 4-39 所示。

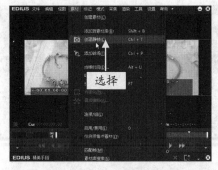

图 4-38　选择"创建静帧"命令

图 4-39　创建视频的静帧画面

4.2.3　添加序列：制作室内广告效果

在 EDIUS 9 中，用户可以将视频轨中的素材作为序列添加到素材库中。下面向读者介绍"添加序列：制作室内广告效果"的操作方法。

素材文件	素材\第4章\室内广告.ezp
效果文件	效果\第4章\室内广告.ezp
视频文件	4.2.3　添加序列：制作室内广告效果.mp4

【操练 + 视频】
——添加序列：制作室内广告效果

STEP 01 选择"文件"|"打开工程"命令，打开一个工程文件，如图 4-40 所示。

图 4-40　打开一个工程文件

STEP 02 在视频轨中，选择需要作为序列添加到素材库的视频文件，如图 4-41 所示。

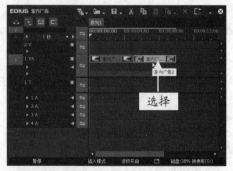

图 4-41 选择相应视频文件

STEP 03 选择"编辑"|"作为序列添加到素材库"|"选定素材"命令，如图 4-42 所示。

图 4-42 选择相应命令

STEP 04 执行操作后，即可将视频文件作为序列添加到素材库窗口中，添加的序列文件如图 4-43 所示。

图 4-43 添加的序列文件

▶ 专家指点

在"作为序列添加到素材库"子菜单中，如果用户选择"所有"命令，则 EDIUS 会将视频轨中所有的素材作为 1 个序列文件添加到素材库窗口中。

4.2.4 复制素材：制作林荫小道效果

在 EDIUS 9 中编辑视频效果时，如果一个素材需要使用多次，这时可以使用复制和粘贴命令来实现。下面向读者介绍"复制素材：制作林荫小道效果"的操作方法。

素材文件	素材\第 4 章\林荫小道 .jpg
效果文件	效果\第 4 章\林荫小道 .ezp
视频文件	4.2.4 复制素材：制作林荫小道效果 .mp4

【操练 + 视频】
——复制素材：制作林荫小道效果

STEP 01 按 Ctrl+N 组合键，新建一个工程文件，如图 4-44 所示。

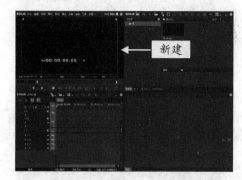

图 4-44 新建一个工程文件

STEP 02 在视频轨 1 中，导入一张静态图像素材，如图 4-45 所示。

图 4-45 导入静态图像素材

STEP 03 在菜单栏中选择"编辑"|"复制"命令，如图 4-46 所示。

STEP 04 在轨道面板中，选择视频轨 2，单击鼠标右键，在弹出的快捷菜单中选择"粘贴"命令，如图 4-47 所示。

图 4-46　选择相应命令

图 4-47　选择"粘贴"命令

STEP 05 执行操作后，即可复制粘贴素材文件至视频轨 2 中，如图 4-48 所示。

图 4-48　复制粘贴素材文件至视频轨 2 中

STEP 06 单击录制窗口下方的"播放"按钮，预览复制的素材画面效果，如图 4-49 所示。

图 4-49　预览复制的素材画面效果

▶ 专家指点

在 EDIUS 9 中，用户还可以通过以下 3 种方法复制粘贴素材文件。

- 按 Ctrl+Insert 组合键，复制素材；按 Ctrl +V 组合键，粘贴素材。
- 在轨道面板的上方，单击"复制"按钮，复制素材；单击"粘贴至指针位置"按钮，粘贴素材。
- 在视频轨中的素材文件上，单击鼠标右键，在弹出的快捷菜单中选择"复制"命令，可以复制素材；选择"粘贴"命令，可以粘贴素材。

4.2.5　剪切素材：剪切多个视频片段

在轨道面板中，用户可以根据需要对素材文件进行剪切操作。下面向读者介绍"剪切素材：剪切多个视频片段"的操作方法。

	素材文件	素材 \ 第 4 章 \ 建筑 .ezp
	效果文件	效果 \ 第 4 章 \ 建筑 .ezp
	视频文件	4.2.5　剪切素材：剪切多个视频片段 .mp4

【操练 + 视频】
——剪切素材：剪切多个视频片段

STEP 01 选择"文件"|"打开工程"命令，打开一个工程文件，如图 4-50 所示。

图 4-50　打开一个工程文件

STEP 02 在视频轨中，选择需要剪切的素材文件，如图 4-51 所示。

STEP 03 在菜单栏中单击"编辑"菜单，在弹出的下拉菜单中选择"剪切"命令，如图 4-52 所示。

图 4-51 选择需要剪切的素材文件

图 4-52 选择"剪切"命令

STEP 04 执行操作后，即可剪切视频轨中的素材文件，如图 4-53 所示。

图 4-53 剪切视频轨中的素材文件

▶ 专家指点

除了运用上述方法剪切文件，还可以在视频轨中的素材文件上单击鼠标右键，在弹出的快捷菜单中选择"剪切"命令，执行操作后，也可以剪切素材。

4.2.6 波纹剪切：制作美丽黄昏效果

在 EDIUS 9 中，使用"剪切"命令一般只剪切所选的素材部分，而"波纹剪切"可以让被剪切部分后面的素材跟进紧贴前段素材，使剪切过后的视频画面更加流畅、自然，不留空隙。下面向读者介

绍"波纹剪切：制作美丽黄昏效果"的操作方法。

素材文件	素材\第 4 章\美丽黄昏 .ezp
效果文件	效果\第 4 章\美丽黄昏 .ezp
视频文件	4.2.6 波纹剪切：制作美丽黄昏效果 .mp4

【操练 + 视频】
——波纹剪切：制作美丽黄昏效果

STEP 01 选择"文件"|"打开工程"命令，打开一个工程文件，如图 4-54 所示。

图 4-54 打开一个工程文件

STEP 02 在视频轨中，选择需要进行波纹剪切的素材文件，如图 4-55 所示。

图 4-55 选择相应的素材文件

STEP 03 在菜单栏中单击"编辑"菜单，在弹出的下拉菜单中选择"纹波剪切"命令，如图 4-56 所示。

图 4-56 选择"纹波剪切"命令

STEP 04 执行操作后，即可对视频轨中的素材文件进行波纹剪切操作，此时后段素材会贴紧前段素材文件，如图 4-57 所示。

图 4-57　对素材文件进行波纹剪切

▶ 专家指点

除了运用上述方法进行波纹剪切素材文件外，在 EDIUS 9 中，用户还可以通过以下 3 种方法波纹剪切素材文件。

- 按 Ctrl+X 组合键，剪切素材。
- 按 Alt+X 组合键，剪切素材。
- 在轨道面板的上方，单击"剪切（波纹）"按钮，剪切素材。

4.2.7　替换素材：制作四季风景画面

在 EDIUS 9 中编辑视频时，用户可以根据需要对素材文件进行替换操作，使制作的视频更加符合用户的需求。下面向读者介绍替换素材文件的操作方法。

素材文件	素材\第 4 章\四季风景 .ezp
效果文件	效果\第 4 章\四季风景 .ezp
视频文件	4.2.7　替换素材：制作四季风景画面 .mp4

【操练 + 视频】
——替换素材：制作四季风景画面

STEP 01 选择"文件"|"打开工程"命令，打开一个工程文件，如图 4-58 所示。

图 4-58　打开一个工程文件

STEP 02 在视频轨中，选择需要替换的素材文件，如图 4-59 所示。

图 4-59　选择需要替换的素材文件

▶ 专家指点

在"替换"子菜单中，用户不仅可以替换素材文件，还可以替换素材文件中的滤镜、混合器以及素材和滤镜等内容。若单击"全部"命令，则替换该素材文件的全部内容。

STEP 03 ❶在菜单栏中单击"编辑"菜单；❷在弹出的下拉菜单中选择"替换"|"素材"命令，如图 4-60 所示。

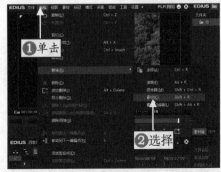

图 4-60　选择相应命令

STEP 04 执行操作后，即可替换视频轨中的素材文件，已经将"春季"素材替换为"秋季"素材文件，单击录制窗口下方的"播放"按钮，预览素材画面效果，如图 4-61 所示。

图 4-61　预览素材画面效果

4.3　添加视频画面剪切点

在 EDIUS 9 中，用户可以将视频剪切成多个不同的片段，使制作的视频更加完美。本节主要向读者介绍添加视频画面剪切点的操作方法。

4.3.1　添加剪切点：剪辑海滩风光视频

当用户在视频文件中添加剪切点后，可以对剪切后的多段视频分别进行编辑和删除操作。下面向读者介绍"添加剪切点：剪辑海滩风光视频"的操作方法。

素材文件	素材 \ 第 4 章 \ 海滩风光 .ezp
效果文件	效果 \ 第 4 章 \ 海滩风光 .ezp
视频文件	4.3.1　添加剪切点：剪辑海滩风光视频 .mp4

【操练 + 视频】
——添加剪切点：剪辑海滩风光视频

STEP 01 选择"文件"|"打开工程"命令，打开一个工程文件，如图 4-62 所示。

图 4-62　打开一个工程文件

STEP 02 在轨道面板中，将时间线移至 00:00:05:00 的位置处，如图 4-63 所示。

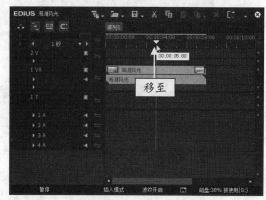

图 4-63　移动时间线的位置

专家指点

在"添加剪切点"子菜单中，如果用户选择"所有轨道"命令，则在所有轨道的时间线位置，添加视频剪切点，对所有轨道中的视频进行剪切操作。

STEP 03 ❶在菜单栏中单击"编辑"菜单；❷在弹出的下拉菜单中选择"添加剪切点"|"选定轨道"命令，如图 4-64 所示。

图 4-64　选择相应命令

STEP 04 执行操作后，即可在视频轨中的时间线位置添加剪切点，将视频文件剪切成两段，如图4-65所示。

STEP 05 用与上同样的方法，在视频轨中的00:00:07:14的位置处，添加第2个剪切点，再次将视频进行剪切操作，如图4-66所示。

STEP 06 剪切完成后，单击录制窗口下方的"播放"按钮，预览剪切后的视频画面效果，如图4-67所示。

图 4-65　将视频文件剪切成两段

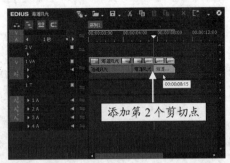

图 4-66　再次将视频进行剪切操作

图 4-67　预览剪切后的视频画面效果

▶ 专家指点

　　除了利用以上的方法对所有轨道中时间线位置的视频文件进行剪切操作之外，在EDIUS的轨道面板中，按Shift+C组合键，也可以快速对所有轨道中时间线位置的视频文件进行剪切操作。

4.3.2　去除剪切点：编辑海滩风光视频

　　在EDIUS 9中，如果用户希望去除视频中间的剪切点，将多段视频再合并成一段视频，此时可以运用"去除剪切点"命令进行操作。

素材文件	效果\第4章\海滩风光.ezp
效果文件	效果\第4章\海滩风光1.ezp
视频文件	4.3.2　去除剪切点：编辑海滩风光视频.mp4

【操练 + 视频】
——去除剪切点：剪辑海滩风光视频

STEP 01 打开上一例的效果文件，在视频轨中，选择第2段和第3段视频文件，如图4-68所示。

STEP 02 ❶在菜单栏中单击"编辑"菜单；❷在弹出的下拉菜单中选择"去除剪切点"命令，如图4-69所示。

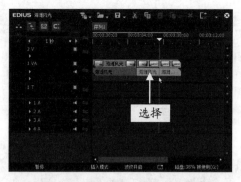

图 4-68　选择第 2 段和第 3 段视频文件

图 4-69　选择"去除剪切点"命令

STEP 03　执行上一步操作后，即可去除视频文件中的剪切点，将两段视频合为一段，如图 4-70 所示。

图 4-70　将两段视频合为一段

STEP 04　用与上同样的方法，去除视频文件中的其他剪切点，将所有视频合并成一段视频，如图 4-71 所示。

图 4-71　将所有视频合并成一段视频

4.4　撤销与恢复操作

在编辑视频的过程中，用户可以对已完成的操作进行撤销和恢复操作，熟练地运用撤销和恢复功能将会给工作带来极大的方便。本节主要向读者介绍撤销和恢复的操作方法，希望读者可以熟练掌握。

4.4.1　撤销操作：编辑喜庆贺寿视频

在 EDIUS 工作界面中，如果用户对视频素材进行了错误操作，此时可以对错误的操作进行撤销，还原至之前正确的状态。

素材文件	效果\第4章\喜庆贺寿.ezp
效果文件	效果\第4章\喜庆贺寿.ezp
视频文件	4.4.1　撤销操作：编辑喜庆贺寿视频.mp4

【操练 + 视频】
——撤销操作：编辑喜庆贺寿视频

STEP 01　选择"文件"|"打开工程"命令，打开一个工程文件，如图 4-72 所示。

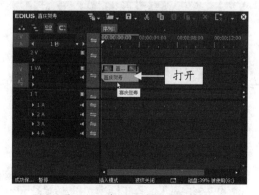

图 4-72　打开一个工程文件

STEP 02 在视频轨道中将时间线移至合适位置，按 Shift+C 组合键，对视频素材进行剪切操作，如图4-73 所示。

图 4-73　对视频素材进行剪切操作

STEP 03 在菜单栏中，选择"编辑"|"撤销"命令，如图4-74所示。

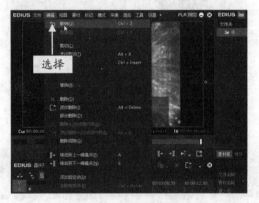

图 4-74　选择相应命令

STEP 04 执行操作后，即可对视频轨中的剪切操作进行撤销，还原至之前未进行剪切的状态，如图4-75 所示。

图 4-75　还原至之前未进行剪切的状态

▶ 专家指点

除了利用以上的方法进行撤销操作之外，在 EDIUS 工作界面中，按 Ctrl+Z 组合键，也可以快速进行撤销操作。

4.4.2　恢复操作：还原撤销视频状态

在 EDIUS 中编辑视频时，用户可以对撤销的操作再次进行恢复操作，恢复至撤销之前的视频状态。恢复操作的方法很简单，用户在撤销文件的操作后，选择"编辑"|"恢复"命令，如图4-76所示，即可恢复至撤销之前的视频状态。

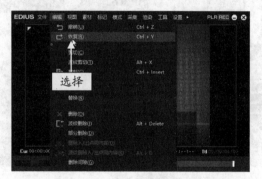

图 4-76　选择"恢复"命令

第5章

精修：剪辑与修整视频素材

章前知识导读

在 EDIUS 9 中，用户可以对视频进行精确剪辑操作，如精确删除视频素材、精确剪辑视频素材以及查看剪辑的视频素材等。在进行视频剪辑时，用户只要掌握好这些剪辑视频的方法，便可以制作出更为完美、流畅的视频画面效果。

新手重点索引

精确删除视频素材　　　　　　　　　精确剪辑视频素材

查看剪辑的视频素材

效果图片欣赏

5.1 精确删除视频素材

在 EDIUS 9 中，提供了精确删除视频素材的方法，包括直接删除视频素材、波纹删除视频素材、删除视频部分内容以及删除入 / 出点之间的内容等，方便用户对视频素材进行更精确的剪辑操作。本节主要向读者介绍精确删除视频素材的操作方法。

5.1.1 直接删除：删除视频中多余的画面

用户在编辑多段视频的过程中，如果中间某段视频无法达到用户的要求，此时用户可以对该段视频进行删除操作。下面向读者介绍"直接删除：删除视频中多余的画面"的操作方法。

素材文件	素材 \ 第 5 章 \ 动画场景 .ezp
效果文件	效果 \ 第 5 章 \ 动画场景 .ezp
视频文件	5.1.1 直接删除：删除视频中多余的画面 .mp4

【操练 + 视频】
——直接删除：删除视频中多余的画面

STEP 01 选择"文件"|"打开工程"命令，打开一个工程文件，如图 5-1 所示。

图 5-1 打开一个工程文件

STEP 02 在视频轨中，选择需要删除的视频片段，如图 5-2 所示。

图 5-2 选择需要删除的视频片段

STEP 03 单击鼠标右键，在弹出的快捷菜单中选择"删除"命令，如图 5-3 所示。

图 5-3 选择"删除"命令

STEP 04 执行操作后，即可删除视频轨中的视频素材，被删除的视频位置呈空白显示，如图 5-4 所示。

图 5-4 被删除的视频位置呈空白显示

▶ **专家指点**

除了上述删除视频素材的方法之外，用户在 EDIUS 9 中，还可以通过以下 3 种方法删除视频素材。

- 选择需要删除的视频文件，按 Delete 键，即可删除视频。
- 选择需要删除的视频文件，在轨道面板的上方，单击"删除"按钮，删除视频素材。
- 选择需要删除的视频文件，选择"编辑"|"删除"命令，删除视频素材。

5.1.2　波纹删除：删除动物画面制作视频

在 EDIUS 中使用波纹删除视频素材时，删除的后段视频将会贴紧前一段视频，使视频画面保持流畅。下面向读者介绍波纹删除：删除动物画面制作视频的操作方法。

素材文件	素材\第5章\动物.ezp
效果文件	效果\第5章\动物.ezp
视频文件	5.1.2　波纹删除：删除动物画面制作视频.mp4

【操练 + 视频】
——波纹删除：删除动物画面制作视频

STEP 01 选择"文件"|"打开工程"命令，打开一个工程文件，如图 5-5 所示。

图 5-5　打开一个工程文件

STEP 02 在视频轨中，选择需要波纹删除的视频片段，如图 5-6 所示。

图 5-6　选择需要波纹删除的视频片段

▶ 专家指点

为了保持视频画面的流畅性，"波纹删除"命令一般在剪辑大型电视节目时运用较多。

STEP 03 单击鼠标右键，弹出快捷菜单，选择"波纹删除"命令，如图 5-7 所示。

图 5-7　选择"波纹删除"命令

STEP 04 执行操作后，即可波纹删除视频素材，被删除的后一段视频将会贴紧前一段视频文件，如图 5-8 所示。

图 5-8　波纹删除视频素材

▶ 专家指点

除了运用上述方法进行波纹删除视频素材，用户在 EDIUS 9 中还可以通过以下 3 种方法波纹删除视频素材。

● 选择需要删除的视频文件，按 Alt+Delete 组合键，即可删除视频。
● 选择需要删除的视频文件，在轨道面板的上方，单击"波纹删除"按钮，即可删除视频素材。
● 选择需要删除的视频文件，选择"编辑"|"波纹删除"命令，即可删除视频素材。

5.1.3　删除部分：将部分视频片段进行删除

在 EDIUS 9 中，用户可以对视频中的部分内容单独进行删除操作，如删除视频中的音频文件、转场效果、混合效果以及各种滤镜特效等属性。

素材文件	素材\第5章\彩色泥人.ezp
效果文件	效果\第5章\彩色泥人.ezp
视频文件	5.1.3 删除部分：将部分视频片段进行删除.mp4

【操练 + 视频】
——删除部分：将部分视频片段进行删除

STEP 01 选择"文件"|"打开工程"命令，打开一个工程文件，如图 5-9 所示。

图 5-9　打开一个工程文件

STEP 02 在视频轨中，选择需要删除部分内容的视频文件，如图 5-10 所示。

图 5-10　选择需要删除部分内容的视频文件

STEP 03 在选择的视频文件上，单击鼠标右键，在弹出的快捷菜单中选择"删除部分"|"波纹删除音频素材"命令，如图 5-11 所示。

STEP 04 执行操作后，即可删除视频中的音频部分，使视频静音，如图 5-12 所示。

> ▶ **专家指点**
>
> 　　除了运用上述的方法删除视频中的部分内容，在 EDIUS 9 中，还可以选择"编辑"|"部分删除"命令，在弹出的子菜单中选择相应的选项，也可以删除视频中的部分内容。

图 5-11　选择相应命令

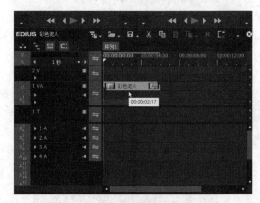

图 5-12　删除视频中的音频部分

5.1.4　删除入 / 出点：删除视频中的入点和出点

　　当用户在视频中标记了入点和出点时间后，此时用户可以对入点和出点之间的视频内容进行删除操作，使制作的视频更符合用户的需求。下面向读者介绍删除入 / 出点：删除视频中的入点和出点的操作方法。

素材文件	素材\第5章\亭亭玉立.ezp
效果文件	效果\第5章\亭亭玉立.ezp
视频文件	5.1.4 删除入出点：删除视频中的入点和出点.mp4

【操练 + 视频】
——删除入 / 出点：删除视频中的入点和出点

STEP 01 选择"文件"|"打开工程"命令，打开一个工程文件，如图 5-13 所示。

STEP 02 在视频轨中，选择已经设置好入点和出点的视频文件，如图 5-14 所示。

图 5-13 打开一个工程文件

图 5-14 选择相应的视频文件

STEP 03 选择"编辑"|"删除入/出点间内容"命令，如图 5-15 所示。

图 5-15 选择相应命令

STEP 04 执行操作后，即可删除入点与出点之间的视频文件，如图 5-16 所示。

▶ 专家指点

除了运用上述方法删除视频中入点和出点之间的内容外，在 EDIUS 9 中，用户还可以通过选择"编辑"|"波纹删除入/出点间内容"命令，来删除视频中入点和出点之间的内容。在轨道面板中，按 Alt+D 组合键，也可以快速删除视频中入点和出点之间的内容。

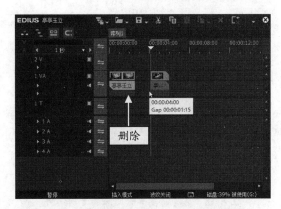

图 5-16 删除入点与出点之间的视频文件

5.1.5 删除间隙：删除多个视频间的缝隙

在 EDIUS 9 中，用户可以对视频轨中视频素材间的间隙进行删除操作，使制作的视频更加流畅。下面向读者介绍删除素材间的间隙的操作方法。

	素材文件	素材\第 5 章\彩虹当空 .ezp
	效果文件	效果\第 5 章\彩虹当空 .ezp
	视频文件	5.1.5 删除间隙：删除多个视频间的缝隙 .mp4

【操练 + 视频】
——删除间隙：删除多个视频间的缝隙

STEP 01 选择"文件"|"打开工程"命令，打开一个工程文件，如图 5-17 所示。

图 5-17 打开一个工程文件

STEP 02 在视频轨中，选择需要删除间隙的素材文件，如图 5-18 所示。

STEP 03 选择"编辑"|"删除间隙"|"选定素材"命令，如图 5-19 所示。

图 5-18　选择需要删除间隙的素材文件

图 5-19　选择相应命令

STEP 04　执行操作后，即可删除选定素材之间的间隙，如图 5-20 所示。

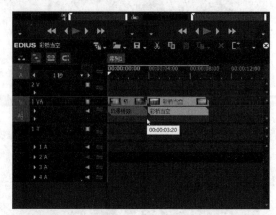

图 5-20　删除选定素材之间的间隙

▶ 专家指点

　　除了运用上述方法删除素材文件之间的间隙，在 EDIUS 9 中，按 Backspace 键，也可以快速删除素材文件之间的间隙。

5.2　精确剪辑视频素材

　　在 EDIUS 中，用户可以对视频素材进行相应的剪辑操作，使制作的视频画面更加完美。本节主要向读者介绍精确剪辑视频素材的操作方法，主要包括设置素材持续时间、设置视频素材速度、设置时间重映射以及将视频解锁分解等内容。希望读者可以熟练掌握本节内容。

5.2.1　调节区间：设置素材持续时间

　　在 EDIUS 9 中，用户可以根据需要设置视频素材的持续时间，从而使视频素材的长度或长或短，使视频中的某画面实现快动作或者慢动作的效果。下面向读者介绍"调节区间：设置素材持续时间"的操作方法。

	素材文件	素材\第 5 章\毛绒公仔 .ezp
	效果文件	效果\第 5 章\毛绒公仔 .ezp
	视频文件	5.2.1　调节区间：设置素材持续时间 .mp4

【操练 + 视频】
——调节区间：设置素材持续时间

STEP 01　选择"文件"|"打开工程"命令，打开一个工程文件，如图 5-21 所示。

图 5-21　打开一个工程文件

STEP 02 在视频轨中，选择需要设置持续时间的素材文件，如图 5-22 所示。

图 5-22　选择需要设置持续时间的素材文件

STEP 03 ❶单击"素材"菜单；❷弹出下拉菜单并选择"持续时间"命令，如图 5-23 所示。

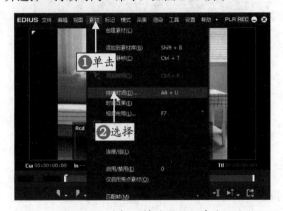

图 5-23　选择"持续时间"命令

STEP 04 执行操作后，❶弹出"持续时间"对话框；❷在"持续时间"数值框中输入 00:00:09:00，如图 5-24 所示。

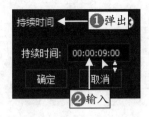

图 5-24　输入持续时间数值

STEP 05 设置完成后，单击"确定"按钮，即可调整素材文件的持续时间，如图 5-25 所示。

STEP 06 单击录制窗口下方的"播放"按钮，预览调整持续时间后的素材画面，如图 5-26 所示。

图 5-25　调整素材文件的持续时间

图 5-26　预览调整持续时间后的素材画面

▶ 专家指点

　　除了利用上述方法调整素材的持续时间，还可以通过以下两种方法调整素材的持续时间。

● 按 Alt+U 组合键，调整素材持续时间。

● 在视频轨中的素材文件上，单击鼠标右键，在弹出的快捷菜单中选择"持续时间"命令，也可以快速调整素材持续时间。

5.2.2　调整速度：设置视频素材速度

　　在 EDIUS 9 中，用户不仅可以通过"持续时间"对话框调整视频的播放速度，还可以通过"素材速度"对话框来调整视频素材的播放速度。

素材文件	素材\第 5 章\日出美景 .ezp
效果文件	效果\第 5 章\日出美景 .ezp
视频文件	5.2.2　调整速度：设置视频素材速度 .mp4

【操练 + 视频】
——调整速度：设置视频素材速度

STEP 01 选择"文件"|"打开工程"命令，打开一个工程文件，如图 5-27 所示。

图 5-27　打开一个工程文件

STEP 02 在视频轨中，选择需要设置速度的素材文件，如图 5-28 所示。

图 5-28　选择需要设置速度的素材文件

▶ 专家指点

　　除了运用上述方法调整素材的速度，在 EDIUS 9 中，还可以通过以下两种方法调整素材的速度。

　🔘 按 Alt+E 组合键，调整素材的速度。
　🔘 在视频轨中的素材文件上，单击鼠标右键，在弹出的快捷菜单中选择"时间效果"|"速度"命令，也可以快速调整素材的速度。

STEP 03 单击"素材"菜单，在弹出的下拉菜单中选择"时间效果"|"速度"命令，如图 5-29 所示。

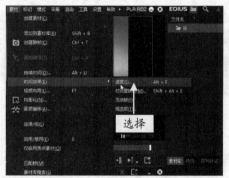

图 5-29　选择相应命令

STEP 04 执行操作后，❶弹出"素材速度"对话框；❷在"比率"右侧的数值框中输入 50，设置素材的速度比率，如图 5-30 所示。

图 5-30　设置素材的速度比率

STEP 05 单击"确定"按钮，返回 EDIUS 工作界面，在视频轨中可以查看调整速度后的素材文件区间变化，如图 5-31 所示。

图 5-31　查看调整速度后的素材

STEP 06 单击录制窗口下方的"播放"按钮，预览调整速度后的视频画面效果，如图 5-32 所示。

图 5-32　预览调整速度后的视频画面效果

5.2.3　设置时间：设置素材时间重映射

　　在 EDIUS 9 中，时间重映射的实质就是用关键帧来控制素材的速度。下面向读者介绍"设置时间：设置素材时间重映射"的操作方法。

素材文件	素材 \ 第 5 章 \ 烟花晚会 .ezp
效果文件	效果 \ 第 5 章 \ 烟花晚会 .ezp
视频文件	5.2.3　设置时间：设置素材时间重映射 .mp4

【操练 + 视频】
——设置时间：设置素材时间重映射

STEP 01 选择 "文件" | "打开工程" 命令，打开一个工程文件，如图 5-33 所示。

图 5-33　打开一个工程文件

STEP 02 在视频轨中，选择需要设置时间重映射的素材文件，如图 5-34 所示。

图 5-34　选择需要设置时间重映射的素材文件

▶ 专家指点

　　除了运用上述方法设置视频时间重映射，在 EDIUS 9 中，还可以通过以下两种方法设置视频时间重映射。

　● 按 Shift+Alt+E 组合键，设置素材的时间重映射。

　● 在视频轨中的素材文件上，单击鼠标右键，在弹出的快捷菜单中选择 "时间效果" | "时间重映射" 命令，也可以快速调整素材的时间重映射。

STEP 03 ❶单击 "素材" 菜单；❷在弹出的下拉菜单中选择 "时间效果" | "时间重映射" 命令，如图 5-35 所示。

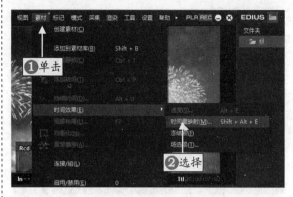

图 5-35　选择相应命令

STEP 04 执行操作后，弹出 "时间重映射" 对话框，❶在中间的时间轨道中将时间线移至 00:00:02:02 的位置处；❷单击上方的 "添加关键帧" 按钮，如图 5-36 所示。

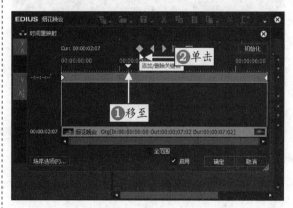

图 5-36　单击 "添加关键帧" 按钮

STEP 05 执行操作后，即可在时间线位置添加一个关键帧，如图 5-37 所示。

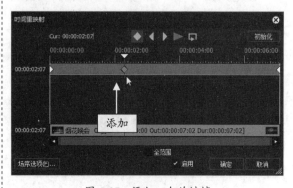

图 5-37　添加一个关键帧

STEP 06 选择刚添加的关键帧，单击鼠标左键并向左拖曳关键帧的位置，设置第一部分的播放时间短于素材原速度，使第一部分的视频播放时间加速，如图 5-38 所示。

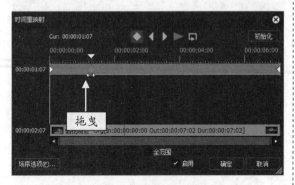

图 5-38 使第一部分的视频播放时间加速

STEP 07 ❶继续将时间线移至 00:00:04:19 的位置处；❷单击"添加关键帧"按钮，再次添加一个关键帧，如图 5-39 所示。

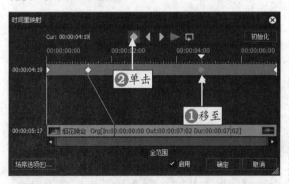

图 5-39 再次添加一个关键帧

STEP 08 选择刚添加的关键帧，单击鼠标左键并向右拖曳关键帧的位置，设置第二部分的播放时间长于素材原速度，使第二部分的视频播放时间变慢，如图 5-40 所示。

图 5-40 使第二部分的视频播放时间变慢

STEP 09 在对话框中，将鼠标移至"烟花晚会"素材文件的第 4 个关键帧的时间线上，此时鼠标指针呈双向箭头形状，单击鼠标左键并向右拖曳至视频结尾处，将关键帧时间线调整为一条直线，如图 5-41 所示。

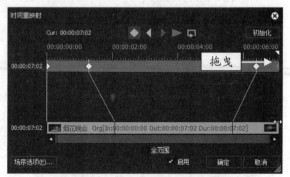

图 5-41 将关键帧时间线调整为一条直线

STEP 10 设置完成后，单击"确定"按钮，返回 EDIUS 工作界面，完成视频素材时间重映射的操作，单击录制窗口下方的"播放"按钮，预览视频时间调整后的画面效果，如图 5-42 所示。

图 5-42 预览视频时间调整后的画面效果

5.2.4 解锁视频：将视频画面解锁分解

在 EDIUS 9 中，用户可以将视频轨中的视频和音频文件进行解锁操作，以便单独对视频或者音频进行剪辑修改。下面介绍"解锁视频：将视频画面解锁分解"的操作方法。

素材文件	素材\第 5 章\高山峻岭 .ezp
效果文件	效果\第 5 章\高山峻岭 .ezp
视频文件	5.2.4 解锁视频：将视频画面解锁分解 .mp4

【操练 + 视频】
——解锁视频：将视频画面解锁分解

STEP 01 选择"文件"|"打开工程"命令，打开一个工程文件，如图 5-43 所示。

图 5-43 打开一个工程文件

STEP 02 在视频轨中，选择需要分解的素材文件，如图 5-44 所示。

图 5-44 选择需要分解的素材文件

STEP 03 ❶ 单击"素材"菜单；❷ 在弹出的下拉菜单中选择"连接 / 组"|"解除连接"命令，如图 5-45 所示。

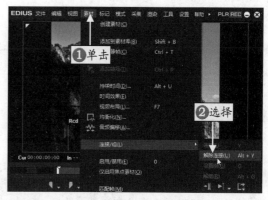

图 5-45 选择相应命令

STEP 04 执行操作后，即可对视频轨中的视频文件进行解锁操作，选择视频轨中被分解出来的音频文件，如图 5-46 所示。

图 5-46 选择视频轨中被分解出来的音频文件

STEP 05 单击鼠标左键并向右拖曳，即可调整音频文件的位置，如图 5-47 所示。

图 5-47 调整音频文件的位置

STEP 06 单击录制窗口下方的"播放"按钮，预览分解后的视频画面效果，如图 5-48 所示。

图 5-48　预览分解后的视频画面效果

▶ 专家指点

　　除了运用上述方法分解视频文件外，还可以通过以下两种方法分解视频文件。

◉ 按 Alt+Y 组合键，分解视频文件。

◉ 在视频轨中的素材文件上，单击鼠标右键，在弹出的快捷菜单中选择"连接/组"|"解锁"命令，也可以快速分解视频文件。

5.2.5　组合视频：将多个素材进行组合

　　在 EDIUS 9 中，用户不仅可以对视频轨中的文件进行解锁分解操作，还可以对分解后的视频或者多段不同的素材文件进行组合操作，方便用户对素材文件进行统一修改。下面向读者介绍"组合视频：将多个素材进行组合"的操作方法。

	素材文件	素材 \ 第 5 章 \ 小熊 .ezp
	效果文件	效果 \ 第 5 章 \ 小熊 .ezp
	视频文件	5.2.5　组合视频：将多个素材进行组合 .mp4

【操练＋视频】
——组合视频：将多个素材进行组合

STEP 01 选择"文件"|"打开工程"命令，打开一个工程文件，如图 5-49 所示。

图 5-49　打开一个工程文件

STEP 02 按住 Ctrl 键的同时，分别选择两段素材文件，在选择的素材文件上单击鼠标右键，在弹出的快捷菜单中选择"连接/组"|"设置组"命令，如图 5-50 所示。

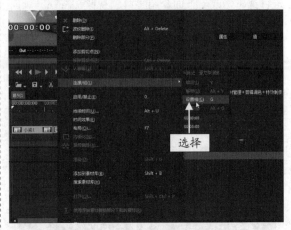

图 5-50　选择相应命令

STEP 03 执行操作后，即可对两段素材文件进行组合操作，在组合的素材文件上，按住鼠标左键并向右拖曳，此时组合的素材将被同时移动，如图 5-51 所示。

图 5-51　单击鼠标左键并向右拖曳

STEP 04 至合适位置后，释放鼠标左键，即可同时移动被组合的素材文件，如图 5-52 所示。

STEP 05 单击录制窗口下方的"播放"按钮，预览被组合、移动后的素材画面效果，如图 5-53 所示。

▶ 专家指点

　　除了运用上述方法对素材文件进行组合操作之外，在 EDIUS 9 中选择需要组合的素材文件后，选择"素材"|"连接/组"|"设置组"命令，也可以快速将素材文件进行组合操作。在"连接/组"子菜单中，用户还可以直接按 G 键，快速对素材文件进行组合操作。

图 5-52　移动被组合的素材文件

图 5-53　预览被组合、移动后的素材画面效果

5.2.6　解组视频：将素材进行解组分开

当用户对素材文件统一剪辑、修改后，此时可以对组合的素材文件进行解组操作。下面向读者介绍"解组视频：将素材进行解组分开"的操作方法。

素材文件	素材＼第 5 章＼创意广告 .ezp
效果文件	效果＼第 5 章＼创意广告 .ezp
视频文件	5.2.6　解组视频：将素材进行解组分开 .mp4

【操练 + 视频】
——解组视频：将素材进行解组分

STEP 01　选择"文件"|"打开工程"命令，打开一个工程文件，如图 5-54 所示。

图 5-54　打开一个工程文件

STEP 02　在视频轨中，选择需要进行解组的素材文件，在选择的素材文件上单击鼠标右键，在弹出的快捷菜单中选择"连接 / 组"|"解组"命令，执行操作后，即可对两段素材文件进行解组操作，在解组的素材文件上，按住鼠标左键并向右拖曳，此时视频轨中的两段素材文件不会被同时移动，只有选择的当前素材才会被移动，如图 5-55 所示。

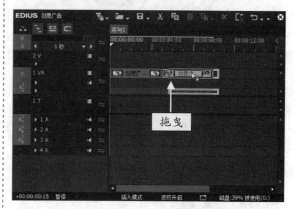

图 5-55　对两段素材进行解组操作

STEP 03　至合适位置后，释放鼠标左键，即可单独移动被解组后的素材文件，如图 5-56 所示。

STEP 04　单击录制窗口下方的"播放"按钮，预览被解组、移动后的素材画面效果，如图 5-57 所示。

> ▶ **专家指点**
>
> 除了运用上述方法解组视频文件外，在 EDIUS 9 中，还可以通过以下两种方法解组视频文件。
>
> ● 按 Alt+G 组合键，解组视频文件。
> ● 选择视频轨中的素材文件，单击"素材"菜单，在弹出的下拉菜单中选择"连接 / 组"|"解组"命令，解组视频文件。

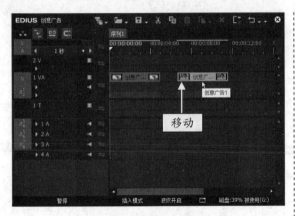

图 5-56　移动解组后的素材文件

图 5-57　预览被解组、移动后的素材画面效果

5.2.7　调整音频：调整视频中的音频均衡化

在 EDIUS 9 中，用户可以根据需要调整视频中的音频均衡化，轻松完成音量的均衡操作。下面向读者介绍"调整音频：调整视频中的音频均衡化"的操作方法。

素材文件	素材\第5章\可爱狗.ezp
效果文件	效果\第5章\可爱狗.ezp
视频文件	5.2.7　调整音频：调整视频中的音频均衡化.mp4

【操练＋视频】
——调整音频：调整视频中的音频均衡化

STEP 01 选择"文件"|"打开工程"命令，打开一个工程文件，在视频轨中选择需要调整的视频素材，如图 5-58 所示。

STEP 02 在选择的素材文件上单击鼠标右键，在弹出的快捷菜单中选择"均衡化"命令，弹出"均衡化"对话框，如图 5-59 所示。

STEP 03 在该对话框中，设置"音量"右侧的数值为 -12，如图 5-60 所示。

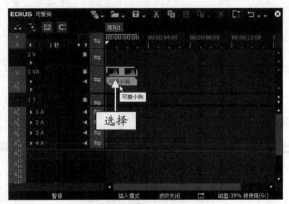

图 5-58　选择需要调整的视频素材

图 5-59　弹出"均衡化"对话框

图 5-60　更改"音量"右侧的数值

STEP 04 设置完成后，单击"确定"按钮，即可调整视频中的音频均衡化效果，单击录制窗口下方的"播放"按钮，预览视频画面效果，聆听音频的声音，如图 5-61 所示。

图 5-61　预览视频画面效果

▶ 专家指点

除了运用上述方法调整视频中的音频均衡化效果，在 EDIUS 9 中，单击"素材"菜单，在弹出的菜单列表中选择"均衡化"命令，也可以弹出"均衡化"对话框，然后设置相应的参数，即可调整视频中的音频均衡化效果。

5.2.8　调整音效：调整视频中的音频偏移

在 EDIUS 的视频文件中，如果视频和声音存在不同步的情况，此时用户可以使用 EDIUS 的音频偏移功能调整音频素材。下面向读者介绍"调整音效：调整视频中的音频偏移"的操作方法。

素材文件	素材 \ 第 5 章 \ 古镇路灯 .ezp
效果文件	效果 \ 第 5 章 \ 古镇路灯 .ezp
视频文件	5.2.8　调整音效：调整视频中的音频偏移 .mp4

【操练 + 视频】
——调整音效：调整视频中的音频偏移

STEP 01 选择"文件"|"打开工程"命令，打开一个工程文件，在视频轨中选择需要调整音频的视频素材，如图 5-62 所示。

图 5-62　选择需要调整音频的视频素材

STEP 02 在选择的素材文件上，单击鼠标右键，在弹出的快捷菜单中选择"音频偏移"命令，弹出"音频偏移"对话框，如图 5-63 所示。

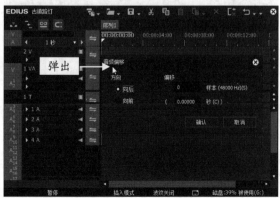

图 5-63　弹出"音频偏移"对话框

STEP 03 在弹出的对话框"方向"选项组中选中"向前"单选按钮，在"偏移"选项区中设置各时间参数，如图 5-64 所示。

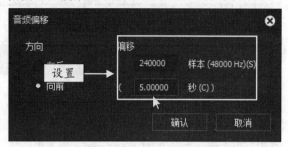

图 5-64　设置各时间参数图

STEP 04 设置完成后，单击"确认"按钮，返回 EDIUS 工作界面，此时视频轨中的素材文件将发生变化，如图 5-65 所示。

图 5-65　素材文件发生变化

STEP 05 在录制窗口下方单击"播放"按钮，预览调整后的视频画面效果，聆听音频的声音，如图 5-66 所示。

图 5-66　预览调整后的视频画面

○ 专家指点

　　除了运用上述方法调整视频中的音频偏移效果，还可以在 EDIUS 9 中，单击"素材"菜单，在弹出的菜单列表中选择"音频偏移"命令，也可以弹出"音频偏移"对话框。

5.3　查看剪辑的视频素材

　　在 EDIUS 工作界面中，当用户对视频素材进行精确剪辑后，可以查看剪辑后的视频素材是否符合用户的需求。本节主要向读者介绍查看剪辑的视频素材的操作方法。

5.3.1　视频显示：在播放窗口显示视频

　　在 EDIUS 9 的工作界面中，被剪辑后的视频素材可以在播放窗口中显示出来，方便用户查看剪辑后的视频素材是否符合要求。下面介绍"视频显示：在播放窗口显示视频"的操作方法。

素材文件	素材\第 5 章\河边风光 .ezp
效果文件	效果\第 5 章\河边风光 .ezp
视频文件	5.3.1　视频显示：在播放窗口显示视频 .mp4

【操练 + 视频】
——视频显示：在播放窗口显示视频

STEP 01 选择"文件"|"打开工程"命令，打开一个工程文件，如图 5-67 所示。

图 5-67　打开一个工程文件

STEP 02 此时，录制窗口中的视频画面效果，如图 5-68 所示。

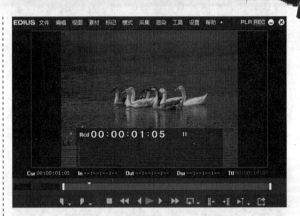

图 5-68　录制窗口中的视频画面效果

STEP 03 在视频轨中，选择需要在播放窗口中显示的素材文件，如图 5-69 所示。

图 5-69　选择相应的素材文件

STEP 04 单击"素材"菜单，在弹出的菜单列表中选择"在播放窗口显示"命令，即可在播放窗口中显示素材文件，如图 5-70 所示。

○ 专家指点

　　除了运用上述方法在播放窗口中显示素材文件之外，在 EDIUS 中，按 Shift+Y 组合键，也可以在播放窗口中显示素材文件。

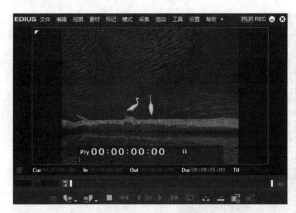

图 5-70　在播放窗口中显示素材文件

5.3.2　查看属性：查看剪辑的视频属性

在 EDIUS 工作界面中，用户可以查看剪辑后的视频属性，包括素材的持续时间、时间码以及帧尺寸等信息。下面向读者介绍"查看属性：查看剪辑的视频属性"的操作方法。

素材文件	素材 \ 第 5 章 \ 荷花 .ezp
效果文件	效果 \ 第 5 章 \ 荷花 .ezp
视频文件	5.3.2　查看属性：查看剪辑的视频属性 .mp4

【操练 + 视频】
——查看属性：查看剪辑的视频属性

STEP 01 选择"文件"|"打开工程"命令，打开一个工程文件，在视频轨中，选择剪辑后的视频文件，如图 5-71 所示。

图 5-71　选择剪辑后的视频文件

STEP 02 单击"素材"菜单，弹出下拉菜单，选择"属

性"命令，如图 5-72 所示。

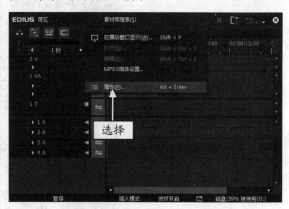

图 5-72　选择"属性"命令

STEP 03 弹出"素材属性"对话框，在"音频信息"选项卡中，可以查看视频文件的音频的相关信息，如图 5-73 所示。

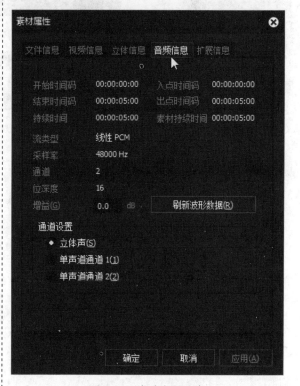

图 5-73　查看音频信息

STEP 04 切换至"视频信息"选项卡，在其中可以查看视频文件的持续时间、时间码以及帧尺寸等信息，如图 5-74 所示。

图 5-74　查看视频信息

▶ 专家指点

除了运用上述方法查看视频各属性之外，在 EDIUS 中，选择相应的素材文件后，按 Alt+Enter 组合键，也可以快速弹出"素材属性"对话框，即可查看视频各属性。

第6章

标记：设置视频入点和出点

章前知识导读

　　在 EDIUS 工作界面中，用户可以在视频素材之间添加入点与出点，用于更精确地标记与剪辑视频素材，使输出后的视频文件更加符合用户的需求。本章主要向读者介绍设置视频入点和出点的操作方法，希望读者熟练掌握本章内容。

新手重点索引

🎤 设置素材入点与出点　　　　　🎤 添加与编辑素材标记

效果图片欣赏

6.1 设置素材入点与出点

在 EDIUS 工作界面中，设置素材的入点与出点是为了更精确地剪辑视频素材。本节主要向读者介绍设置视频素材入点与出点的操作方法，希望读者熟练掌握本节内容。

6.1.1 设置入点：设置枯木黄沙视频

在 EDIUS 工作界面中，设置入点是指标记视频素材的开始位置。下面向读者介绍"设置入点：设置枯木黄沙视频"的操作方法。

素材文件	素材＼第 6 章＼枯木黄沙 .ezp
效果文件	效果＼第 6 章＼枯木黄沙 .ezp
视频文件	6.1.1　设置入点：设置枯木黄沙视频 .mp4

【操练＋视频】
——设置入点：设置枯木黄沙视频

STEP 01 选择"文件"|"打开工程"命令，打开一个工程文件，如图 6-1 所示。

图 6-1　打开一个工程文件

STEP 02 在视频轨中，将时间线移至 00:00:02:00 的位置处，如图 6-2 所示。

图 6-2　将时间线移至相应位置

STEP 03 在菜单栏中，选择"标记"|"设置入点"命令，如图 6-3 所示。

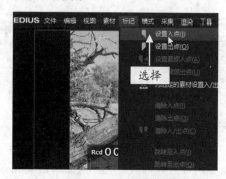

图 6-3　选择相应命令

STEP 04 执行操作后，即可设置视频素材的入点，被标记的入点后部分呈亮色、前部分呈灰色，如图 6-4 所示。

图 6-4　设置视频素材的入点

▶ 专家指点

除了运用上述方法设置视频素材的入点之外，在 EDIUS 中，按 I 键，也可以快速设置视频素材的入点。

STEP 05 单击录制窗口下方的"播放"按钮，即可预览设置入点后的视频画面效果，如图 6-5 所示。

图 6-5　预览设置入点后的视频画面效果

6.1.2　设置出点：设置美丽夜景视频

在 EDIUS 工作界面中，设置出点是指标记视频素材的结束位置。下面向读者介绍"设置出点：设置美丽夜景视频"的操作方法。

素材文件	素材\第6章\美丽夜景.ezp
效果文件	效果\第6章\美丽夜景.ezp
视频文件	6.1.2　设置出点：设置美丽夜景视频.mp4

【操练 + 视频】
——设置出点：设置美丽夜景视频

STEP 01 选择"文件"|"打开工程"命令，打开一个工程文件，如图6-6所示。

图 6-6　打开一个工程文件

STEP 02 在视频轨中，将时间线移至 00:00:08:00 的位置处，如图6-7所示。

> ▶ 专家指点
>
> 在 EDIUS 工作界面中，还有以下 4 种关于设置视频入点与出点的操作。
> - 在录制窗口的下方，单击"设置入点"按钮，即可设置视频入点位置。
> - 在录制窗口的下方，单击"设置出点"按钮，即可设置视频出点位置。
> - 在时间线面板中需要设置视频入点的位置，单击鼠标右键，在弹出的快捷菜单中选择"设置入点"命令，即可设置视频入点位置。
> - 在时间线面板中需要设置视频出点的位置，单击鼠标右键，在弹出的快捷菜单中选择"设置出点"命令，即可设置视频出点位置。

图 6-7　时间线移至相应位置

STEP 03 在菜单栏中，选择"标记"|"设置出点"命令，执行操作后，即可设置视频素材的出点，此时被标记出点部分的视频呈亮色显示，其他没有被标记的视频呈灰色显示，如图6-8所示。

图 6-8　设置视频素材的出点

STEP 04 单击录制窗口下方的"播放"按钮，预览设置出点后视频画面效果，如图6-9所示。

图 6-9　预览设置出点后的视频画面效果

> ▶ 专家指点
>
> 除了运用上述方法设置视频素材的出点，在 EDIUS 9 中，按 O 键，也可以快速设置视频素材的出点。

6.1.3 设置入 / 出点：制作翡翠广告视频

在 EDIUS 工作界面中，用户还可以为选定的素材设置入点与出点。下面向读者介绍"设置入 / 出点：制作翡翠广告视频"的操作方法。

素材文件	素材＼第 6 章＼翡翠广告 .ezp
效果文件	效果＼第 6 章＼翡翠广告 .ezp
视频文件	6.1.3　设置入出点：制作翡翠广告视频 .mp4

【操练 + 视频】
——设置入 / 出点：制作翡翠广告视频

STEP 01 选择"文件"|"打开工程"命令，打开一个工程文件，如图 6-10 所示。

图 6-10　打开一个工程文件

STEP 02 在视频轨中，选择需要设置入点与出点的素材文件，如图 6-11 所示。

图 6-11　选择素材文件

STEP 03 ❶单击"标记"菜单；❷在弹出的下拉菜单中选择"为选定的素材设置入 / 出点"命令，如图 6-12 所示。

STEP 04 执行操作后，即可为视频轨中选定的素材文件设置入点与出点，如图 6-13 所示。

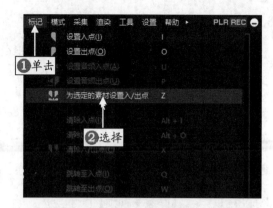

图 6-12　选择"为选定的素材设置入 / 出点"命令

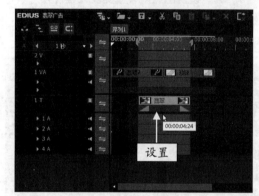

图 6-13　设置入点与出点

STEP 05 单击录制窗口下方的"播放"按钮，预览设置入点与出点后的素材画面，如图 6-14 所示。

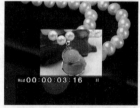

图 6-14　预览设置入点与出点后的素材画面

▶ **专家指点**

除了运用上述方法为选定的素材设置入点与出点之外，在 EDIUS 9 中，按 Z 键，也可以快速为选定的素材设置入点与出点。

6.1.4 清除入 / 出点：制作动漫卡通视频

在 EDIUS 9 工作界面中，为用户还提供了同时清除素材入点与出点的功能，使用该功能可以提高用户编辑视频的效率。下面向读者介绍"清除入 / 出点：制作动漫卡通视频"的操作方法。

素材文件	素材 \ 第 6 章 \ 动漫卡通 .ezp
效果文件	效果 \ 第 6 章 \ 动漫卡通 .ezp
视频文件	6.1.4 清除入出点：制作动漫卡通视频 .mp4

【操练 + 视频】
——清除入 / 出点：制作动漫卡通视频

STEP 01 选择"文件"|"打开工程"命令，打开一个工程文件，如图 6-15 所示。

图 6-15 打开一个工程文件

STEP 02 在视频轨中，将鼠标移至入点标记上，显示入点信息，如图 6-16 所示。

图 6-16 显示入点信息

▶ **专家指点**

在 EDIUS 工作界面中，用户还可以通过以下两种方法同时清除视频中的入点与出点。

● 按 X 键，同时清除视频入点与出点。
● 单击"标记"菜单，在弹出的下拉菜单中选择"清除入 / 出点"命令，也可以同时清除视频中的入点与出点。

STEP 03 在入点标记上，单击鼠标右键，在弹出的快捷菜单中选择"清除入 / 出点"命令，如图 6-17 所示。

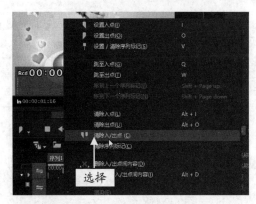

图 6-17 选择"清除入 / 出点"命令

STEP 04 执行操作后，即可同时清除视频轨中的视频素材文件的入点与出点信息，如图 6-18 所示。

图 6-18 清除入点与出点信息

STEP 05 单击录制窗口下方的"播放"按钮，预览清除入点与出点后的视频画面效果，如图 6-19 所示。

图 6-19 预览清除入点与出点后的视频画面效果

6.1.5 跳转至入 / 出点：制作美味佳肴视频

在 EDIUS 9 中，用户可以使用软件中提供的"跳转至入点"与"跳转至出点"功能，快速跳转至视频中的入点与出点部分，然后对视频文件进行编辑操作。下面向读者介绍"跳转至入 / 出点：制作美味佳肴视频"的操作方法。

素材文件	素材\第6章\美味佳肴.ezp
效果文件	效果\第6章\美味佳肴.ezp
视频文件	6.1.5 跳转至入出点：制作美味佳肴视频.mp4

【操练＋视频】
——跳转至入／出点：制作美味佳肴视频

STEP 01 选择"文件"|"打开工程"命令，打开一个工程文件，视频轨中的素材文件被设置了入点与出点部分，如图6-20所示。

图 6-20 打开一个工程文件

STEP 02 单击"标记"菜单，在弹出的下拉菜单中选择"跳转至入点"命令，执行操作后，即可跳转至视频中的入点位置，如图6-21所示。

STEP 03 在菜单栏中，选择"标记"|"跳转至出点"命令，即可跳转至视频中的出点位置，如图6-22所示。

STEP 04 单击"播放"按钮，预览入点与出点部分的视频画面，如图6-23所示。

图 6-21 跳转至视频中的入点位置

图 6-22 跳转至视频中的出点位置

图 6-23 预览入点与出点部分的视频画面

▶ 专家指点

除了运用上述方法跳转至视频中的出点与入点位置，还可以在 EDIUS 9 中，按 Q 键，可以快速跳转至视频的入点位置；按 W 键，可以快速跳转至视频的出点位置。

6.2 添加与编辑素材标记

在 EDIUS 9 中，用户可以为时间线上的视频素材添加标记点。在编辑视频的过程中，用户可以快速地跳到上一个或下一个标记点，来查看所标记的视频画面内容，并在视频标记点上添加注释信息，对当前的视频画面进行讲解。本节主要向读者介绍添加与编辑素材标记的操作方法。

6.2.1 添加标记：制作创意视频

在 EDIUS 工作界面中，标记主要用来记录视频中的某个画面，使用户更加方便地对视频进行编辑。下面向读者介绍添加标记：制作创意视频的操作方法。

素材文件	素材 \ 第 6 章 \ 创意视频 .ezp
效果文件	效果 \ 第 6 章 \ 创意视频 .ezp
视频文件	6.2.1 添加标记：制作创意视频 .mp4

【操练 + 视频】
——添加标记：制作创意视频

STEP 01 选择"文件"|"打开工程"命令，打开一个工程文件，如图 6-24 所示。

图 6-24 打开一个工程文件

STEP 02 在视频轨中，将时间线移至 00:00:02:00 的位置处，如图 6-25 所示，该处是准备添加标记的位置。

图 6-25 时间线移至相应的位置

▶ 专家指点

在 EDIUS 中，按 Shift+PageUp 组合键，可以跳转至上一个标记点；按 Shift+PageDown 组合键，可以跳转至下一个标记点。

STEP 03 单击"标记"菜单，在弹出的下拉菜单中选择"添加标记"命令，如图 6-26 所示。

STEP 04 执行操作后，即可在 00:00:02:00 的位置处添加素材标记，如图 6-27 所示。

图 6-26 选择"添加标记"命令

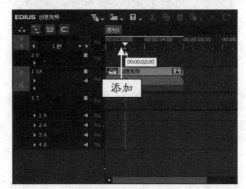

图 6-27 添加素材标记

▶ 专家指点

除了运用上述方法添加素材标记之外，在 EDIUS 中，按 V 键，也可以快速地在时间线位置添加一个素材标记。

STEP 05 将时间线移至素材的开始位置，单击录制窗口下方的"播放"按钮，预览添加标记后的视频画面效果，如图 6-28 所示。

图 6-28 预览添加标记后的视频画面效果

6.2.2 标记到入 / 出点：制作东江美景视频

在 EDIUS 9 中，用户可以在视频素材的入点与出点位置添加标记。下面向读者介绍"标记到入 / 出点：制作东江美景视频"的操作方法。

	素材文件	素材\第6章\东江美景.ezp
	效果文件	效果\第6章\东江美景.ezp
	视频文件	6.2.2 标记到入出点：制作东江美景视频.mp4

【操练＋视频】
——标记到入/出点：制作东江美景视频

STEP 01 选择"文件"|"打开工程"命令，打开一个工程文件，如图6-29所示。

图6-29 打开一个工程文件

STEP 02 在菜单栏中，选择"标记"|"添加标记到入/出点"命令，即可在入点与出点之间添加素材标记，如图6-30所示。

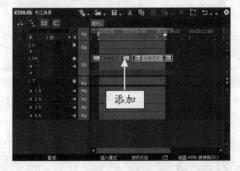

图6-30 在入点与出点之间添加素材标记

STEP 03 单击录制窗口下方的"播放"按钮，预览视频画面效果，如图6-31所示。

图6-31 预览视频画面效果

6.2.3 添加注释：制作缘分之花视频

在 EDIUS 9 中，用户可以为素材标记添加注释内容，用于对视频画面进行解说。下面向读者介绍"添加注释：制作缘分之花视频"的操作方法。

	素材文件	素材\第6章\缘分之花.ezp
	效果文件	效果\第6章\缘分之花.ezp
	视频文件	6.2.3 添加注释：制作缘分之花视频.mp4

【操练＋视频】
——添加注释：制作缘分之花视频

STEP 01 选择"文件"|"打开工程"命令，打开一个工程文件，如图6-32所示。

图6-32 打开一个工程文件

STEP 02 在视频轨中，将时间线移至 00:00:02:00 的位置处，如图6-33所示。

图6-33 时间线移至相应位置

STEP 03 按 V 键，在该时间线位置添加一个素材标记，如图6-34所示。

STEP 04 单击"标记"菜单，在弹出的下拉菜单中选择"编辑标记"命令，弹出"标记注释"对话框，如图6-35所示。

图 6-34 添加一个素材标记

图 6-35 弹出"标记注释"对话框

STEP 05 在对话框的"注释"文本框中输入相应注释内容，如图 6-36 所示。

图 6-36 输入相应注释内容

STEP 06 单击"确定"按钮，即可添加标记注释内容，将时间线移至素材的开始位置，单击录制窗口下方的"播放"按钮，预览视频画面效果，如图 6-37 所示。

图 6-37 预览视频画面效果

6.2.4 清除标记：制作荷花视频

在 EDIUS 9 中，如果用户不再需要素材标记，此时可以对视频轨中添加的素材标记进行清除操作，保持视频轨的整洁。下面向读者介绍"清除标记：制作荷花视频"的操作方法。

素材文件	素材 \ 第 6 章 \ 荷花视频 .ezp
效果文件	效果 \ 第 6 章 \ 荷花视频 .ezp
视频文件	6.2.4 清除标记：制作荷花视频 .mp4

【操练 + 视频】
——清除标记：制作荷花视频

STEP 01 选择"文件"|"打开工程"命令，打开一个工程文件，如图 6-38 所示。

图 6-38 打开一个工程文件

STEP 02 在视频轨中，选择需要删除的素材标记，如图 6-39 所示。

图 6-39 选择需要删除的素材标记

STEP 03 在菜单栏中，选择"标记"|"清除标记"|"所有"命令，如图 6-40 所示。

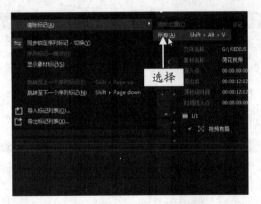

图 6-40　选择相应命令

STEP 04 执行上一步操作后，即可清除视频轨中的所有标记，如图 6-41 所示。

图 6-41　清除视频轨中的所有标记

STEP 05 单击录制窗口下方的"播放"按钮，预览清除素材标记后的视频画面效果，如图 6-42 所示。

图 6-42　预览清除素材标记后的视频画面效果

▶ 专家指点

　　除了运用上述清除视频轨中所有标记的方法之外，选择需要删除的素材标记，按 Delete 键，也可以快速删除素材标记。

6.2.5　导入标记：制作元旦节日视频

　　在 EDIUS 9 中，用户可以将计算机中已经存在

的标记列表导入到"序列标记"面板中，被导入的标记也会附于当前编辑的视频文件中。下面向读者介绍导入标记：制作元旦节日视频的操作方法。

素材文件	素材 \ 第 6 章 \ 元旦节日 .ezp
效果文件	效果 \ 第 6 章 \ 元旦节日 .ezp
视频文件	6.2.5　导入标记：制作元旦节日视频 .mp4

【操练＋视频】
——导入标记：制作元旦节日视频

STEP 01 选择"文件"|"打开工程"命令，打开一个工程文件，如图 6-43 所示。

图 6-43　打开一个工程文件

STEP 02 在"序列标记"面板中，单击"导入标记列表"按钮，如图 6-44 所示。

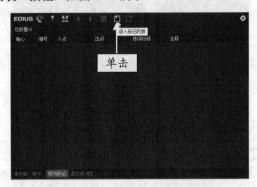

图 6-44　单击"导入标记列表"按钮

STEP 03 执行操作后，弹出"打开"对话框，在其中用户可根据需要选择硬盘中已存储的标记列表文件，如图 6-45 所示。

STEP 04 单击"打开"按钮，即可导入到"序列标记"面板中，如图 6-46 所示。

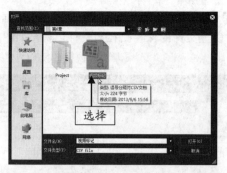

图 6-45 选择硬盘中已存储的标记列表文件

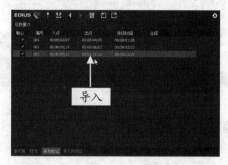

图 6-46 导入到"序列标记"面板

STEP 05 导入的标记列表直接应用于当前视频轨中的视频文件上，时间线上显示了多处素材标记，如图 6-47 所示。

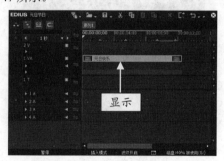

图 6-47 显示了多处素材标记

STEP 06 单击录制窗口下方的"播放"按钮，预览添加标记后的视频画面效果，如图 6-48 所示。

图 6-48 预览添加标记后的视频画面效果

6.2.6 导出标记：制作风土人情视频

在 EDIUS 工作界面中，用户可以导出视频中的标记列表，将标记列表存储于计算机中，方便日后对相同的素材进行相同标记操作。

素材文件	素材\第6章\风土人情.ezp
效果文件	效果\第6章\风土人情.ezp
视频文件	6.2.6 导出标记：制作风土人情视频.mp4

【操练+视频】
——导出标记：制作风土人情视频

STEP 01 选择"文件"|"打开工程"命令，打开一个工程文件，如图 6-49 所示。

图 6-49 打开一个工程文件

STEP 02 用户可以运用前面所学的知识点，在视频轨中的视频文件上创建多处入点与出点标记，如图 6-50 所示。

STEP 03 在"序列标记"面板中，显示了多条创建的标记具体时间码，显示了入点与出点的具体时间，如图 6-51 所示。

图 6-50　创建多处入点与出点标记

图 6-51　显示入点与出点的具体时间

STEP 04 在"序列标记"面板的右上角，单击"导出标记列表"按钮，如图 6-52 所示。

图 6-52　单击"导出标记列表"按钮

STEP 05 执行操作后，弹出"另存为"对话框，在其中设置文件的保存路径与文件名称，如图 6-53 所示。

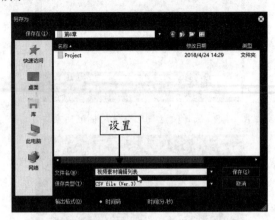

图 6-53　设置文件的保存路径与文件名称

STEP 06 单击"保存"按钮，即可保存标记列表文件，单击录制窗口下方的"播放"按钮，预览视频画面效果，如图 6-54 所示。

图 6-54　预览视频画面效果

第**7**章

调色：视频画面的色彩校正

章前知识导读

  EDIUS 拥有多种强大的颜色调整功能，可以轻松调整图像的色相、饱和度、对比度和亮度，修正有色彩失衡、曝光不足或过度等缺陷的素材文件，甚至能为黑白素材上色，制作出更多特殊的影视画面效果。希望读者可以熟练掌握本章内容。

新手重点索引

  🎤 视频画面色彩的控制   🎤 运用 EDIUS 校正视频画面

  🎤 运用 Photoshop 校正素材画面

效果图片欣赏

7.1 视频画面色彩的控制

在视频制作过程中，由于电视系统能显示的亮度范围要小于计算机显示器的显示范围，一些在电脑屏幕上鲜亮的画面也许在电视机上将出现细节缺失等影响画质的问题。因此，专业的制作人员必须知道应根据播出要求来控制画面的色彩。本节主要向读者介绍视频画面色彩的控制方法。

7.1.1 "矢量图 / 示波器"对话框

视频信号由亮度信号和色差信号编码而成，因此，示波器按功能可分为矢量示波器和波形示波器。在EDIUS中，"矢量图/示波器"对话框如图7-1所示。

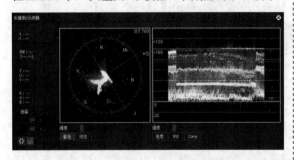

图 7-1 "矢量图 / 示波器"对话框

面板上最左侧是信息区，然后向右依次是矢量图和示波器。

矢量图是一种检测色相和饱和度的工具，它以极坐标的方式显示视频的色度信息。矢量图中矢量的大小，也就是某一点到坐标原点的距离，代表色饱和度。矢量的相位，即某一点和原点的连线与水平YL-B轴的夹角，代表色相。在矢量图中，R、G、B、MG、CY、YL分别代表彩色电视信号中的红色、绿色、蓝色及其对应的补色青色、口红和黄色。

圆心位置代表色饱和度为0，因此黑白图像的色彩矢量都在圆心处，离圆心越远饱和度越高。矢量图上有一些"田"字格，广播标准彩条颜色都落在相应"田"字的中心。如果饱和度向外超出相应"田"字的中心，就表示饱和度超标（广播安全播出标准），必须进行调整。对一段视频来讲，只要色彩饱和度不超过由这些"田"字围成的区域，就

可认为色彩符合播出标准。

波形示波器主要用于检测视频信号的幅度和单位时间内所有脉冲扫描图形，让用户看到当前画面亮度信号的分布，如图7-2所示。

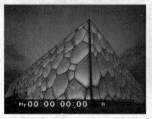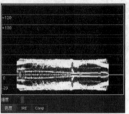

图 7-2 亮度信号的分布

波形示波器的横坐标表示当前帧的水平位置，纵坐标在NTSC制式下表示图像每一列的色彩密度，单位是IRE（代表创造该名词的组织：无线电工程学会）；在PAL制式下则表示视频信号的电压值。在NTSC制式下，以消隐电平0.3V为0IRE，将0.3～1V进行10等分，每一等分定义为10IRE。

我国PAL/D制电视技术标准对视频信号的要求是，全电视信号幅度的标准值是1.0V（p-p值），以消隐电平为零基准电平，其中同步脉冲幅度为向下的-0.3V，图像信号峰值白电平为向上的0.7V（即100%），允许突破但不能大于0.8V（更准确地说，亮度信号的瞬间峰值电平≤0.77V，全电视信号的最高峰值电平≤0.8V）。

7.1.2 通过命令启动矢量图与示波器

矢量图是一种检测色相和饱和度的工具，而示波器主要用于检测视频信号的幅度和单位时间内所有脉冲扫描图形，让用户看到当前画面亮度信号的分布情况。下面向读者介绍在EDIUS中通过命令启动矢量图与示波器的操作方法。

将时间线定位到相应的画面帧位置，在录制窗口中可以查看画面效果，如图7-3所示。在菜单栏中单击"视图"菜单，在弹出的下拉菜单中选择"矢量图/示波器"命令，如图7-4所示。

图 7-3　查看画面效果

图 7-4　选择"矢量图 / 示波器"命令

执行以上操作后，即可弹出"矢量图 / 示波器"对话框，对话框的左侧是信息区，中间是矢量图，右侧是示波器，在其中用户可以查看和检测视频画面的颜色分布情况，如图 7-5 所示。

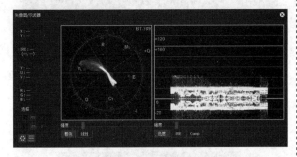

图 7-5　查看和检测视频画面的颜色分布情况

▶ 专家指点

除了运用上述方法弹出"矢量图 / 示波器"对话框之外，在 EDIUS 工作界面出现"视图"菜单时，依次按 W、Enter 键，也可以快速弹出"矢量图 / 示波器"对话框。

在矢量图下方，单击"线性"按钮，执行操作后，矢量图将以线性的方式检测视频颜色，如图 7-6 所示。

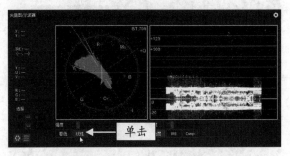

图 7-6　以线性的方式检测视频颜色

在示波器下方，单击 Comp 按钮，执行操作后，示波器将以白色波形显示颜色分布情况，如图 7-7 所示。

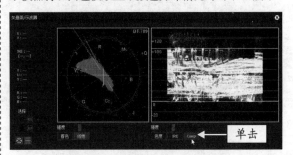

图 7-7　以白色波形显示颜色分布情况

7.1.3　通过按钮启动矢量图与示波器

在 EDIUS 工作界面中，用户不仅可以通过"矢量图 / 示波器"命令，启动"矢量图 / 示波器"对话框，还可以通过"切换矢量图 / 示波器显示"按钮来启动该功能。

将时间线定位到相应的画面帧位置，在录制窗口中可以查看画面效果，如图 7-8 所示。在轨道面板上方，单击"切换矢量图 / 示波器显示"按钮，如图 7-9 所示。

图 7-8　查看画面效果

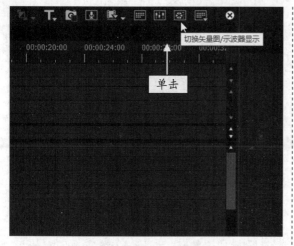

图 7-9　单击"切换矢量图 / 示波器显示"按钮

执行操作后，即可弹出"矢量图 / 示波器"对

话框，在其中用户可以查看和检测视频画面的颜色分布情况，如图 7-10 所示。

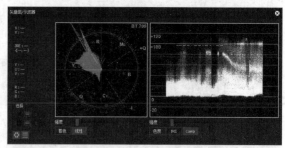

图 7-10　查看和检测视频画面的颜色分布情况

> ▶ 专家指点
>
> 　　在"矢量图 / 示波器"对话框左下角，单击"矢量图"按钮或"示波器"按钮，可以隐藏或显示矢量图与示波器窗格。

7.2　运用 EDIUS 校正视频画面

　　本节主要向读者介绍运用 EDIUS 校正视频画面的方法。

7.2.1　YUV 曲线：调整视频明暗色调

　　在 EDIUS 工作界面中，YUV 曲线滤镜的使用非常频繁，常用来校正视频画面的色彩，该滤镜主要是通过曲线的调整影响画面质量。下面向读者介绍"YUV 曲线：调整视频明暗色调"的操作方法。

素材文件	素材 \ 第 7 章 \ 冰天雪地 .jpg
效果文件	效果 \ 第 7 章 \ 冰天雪地 .ezp
视频文件	7.2.1　YUV 曲线：调整视频明暗色调 .mp4

【操练 + 视频】
——YUV 曲线：调整视频明暗色调

STEP 01 按 Ctrl+N 组合键新建一个工程文件，在视频轨中，导入一张静态图像，如图 7-11 所示。

STEP 02 在录制窗口中，可以查看导入的素材画面效果，如图 7-12 所示。

STEP 03 ❶展开特效面板；❷在"视频滤镜"下

方的"色彩校正"滤镜组中选择"YUV 曲线"滤镜效果，如图 7-13 所示。

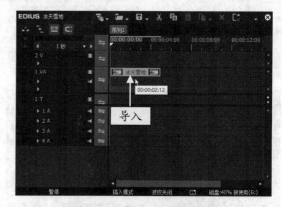

图 7-11　导入一张静态图像

图 7-12　查看导入的素材画面效果

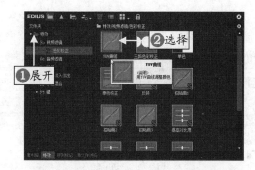

图 7-13 选择"YUV 曲线"滤镜效果

STEP 04 在选择的滤镜效果上，按住鼠标左键并拖曳至视频轨中的图像素材上方，如图 7-14 所示，释放鼠标左键，即可添加"YUV 曲线"滤镜效果。

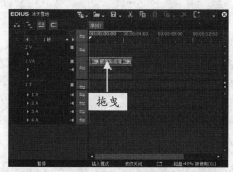

图 7-14 添加"YUV 曲线"滤镜效果

▶ 专家指点

　　在"YUV 曲线"滤镜中，亮度信号被称作 Y，色度信号是由两个互相独立的信号组成。视颜色系统和格式的不同，两种色度信号经常被称作 U 和 V、Pb 和 Pr，或 Cb 和 Cr。

STEP 05 在"信息"面板中，❶选择添加的"YUV曲线"滤镜；❷单击鼠标右键，在弹出的快捷菜单中选择"打开设置对话框"命令，如图 7-15 所示。

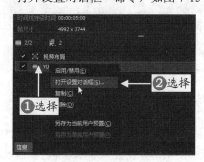

图 7-15 选择"打开设置对话框"命令

STEP 06 执行上一步操作后，弹出"YUV 曲线"对话框，在上方第 1 个预览窗口中的斜线上，添加

一个关键帧，并调整关帧的位置，如图 7-16 所示，用来调整图像的颜色。

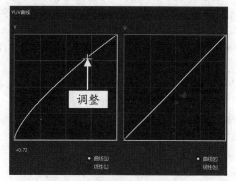

图 7-16 调整图像的颜色

▶ 专家指点

　　在 YUV 曲线中，U、V 曲线代表的是色差，U 和 V 是构成彩色的两个分量。与常见的 RGB 方式相比，YUV 曲线更适合广播电视，从而大大加快了运行和处理效率。

STEP 07 用与上同样的方法，在第 2 个与第 3 个预览窗口中，分别添加关键帧，并调整关键帧的位置，如图 7-17 所示。

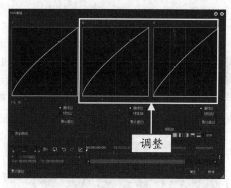

图 7-17 调整关键帧的位置

STEP 08 设置完成后，单击"确定"按钮，返回EDIUS 工作界面，在录制窗口中可以查看添加"YUV曲线"滤镜后的视频画面效果，如图 7-18 所示。

图 7-18 查看设置后的视频画面效果

▶ **专家指点**

在对"YUV 曲线"对话框中的曲线进行调整时首先要了解"YUV 曲线"对话框中的各个按钮、窗格所代表的含义。

◉ Y 曲线窗格：该曲线窗格是用来调整图像中明暗画面平衡的。

◉ U 曲线窗格：该曲线窗格是用来调整图像中蓝色与黄色调平衡的。

◉ V 曲线窗格：该曲线窗格是用来调整图像中红色与绿色调平衡的。

◉ "曲线"单选按钮：选中该单选按钮，可以以曲线的方式校正图像色彩。

◉ "线性"单选按钮：选中该单选按钮，可以以线性的方式校正图像色彩。

◉ "默认值"按钮：单击该按钮，将还原软件默认值设置。

◉ "安全色"复选框：选中该复选框，计算机可自动调节画面中过暗或过亮的颜色，保护颜色的可视安全性。

◉ 关键帧效果控制面板：在该控制面板中，用户通过添加与删除关键帧，并设置相应关键帧的参数，来制作画面颜色变化效果。

隐藏 YUV 曲线滤镜特效：

当用户为素材添加 YUV 曲线滤镜特效后，如果用户想查看没有添加 YUV 曲线滤镜之前的画面效果，此时可以在"信息"面板中，取消选中"YUV 曲线"复选框，如图 7-19 所示，即可将 YUV 曲线滤镜效果进行隐藏，还原画面之前的效果。

图 7-19　隐藏 YUV 曲线滤镜特效

7.2.2　三路色彩校正：调整视频色彩色调

在"三路色彩校正"滤镜中，可以分别控制画面的高光、中间调和暗调区域的色彩。可以提供一次二级校色（多次运用该滤镜以实现多次二级校

色），是 EDIUS 中使用最频繁的校色滤镜之一。下面向读者详细介绍"三路色彩校正：调整视频色彩色调"的操作方法。

素材文件	素材 \ 第 7 章 \ 蛋香奶茶 .jpg
效果文件	效果 \ 第 7 章 \ 蛋香奶茶 .ezp
视频文件	7.2.2　三路色彩校正：调整视频色彩色调 .mp4

【操练 + 视频】
——三路色彩校正：调整视频色彩色调

STEP 01 按 Ctrl+N 组合键新建一个工程文件，在视频轨中，导入一张静态图像，如图 7-20 所示。

图 7-20　导入一张静态图像

STEP 02 在录制窗口中，可以查看导入的素材画面效果，如图 7-21 所示。

图 7-21　查看导入的素材画面效果

STEP 03 展开特效面板，在"视频滤镜"下方的"色彩校正"滤镜组中，选择"三路色彩校正"滤镜效果，单击鼠标左键并拖曳至视频轨中的图像素材上方，如图 7-22 所示，释放鼠标左键，即可添加"三路色彩校正"滤镜效果。

STEP 04 在"信息"面板中，选择刚添加的"三路色彩校正"滤镜效果，单击鼠标右键，在弹出的快

捷菜单中选择"打开设置对话框"命令，弹出"三
路色彩校正"对话框，如图 7-23 所示。

图 7-22 添加"三路色彩校正"滤镜

图 7-23 弹出"三路色彩校正"对话框

▶ 专家指点

　　除了运用上述方法弹出"三路色彩校正"
对话框之外，在"信息"面板中，选择"三路
色彩校正"滤镜，单击面板中的"打开设置对
话框"按钮，也可以快速弹出"三路色彩校正"
对话框。

STEP 05 在"黑平衡"选项组中，设置 Cb 为
11.8、Cr 为 58.8，如图 7-24 所示。

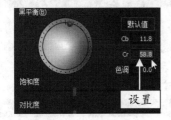

图 7-24 设置黑平衡参数

STEP 06 在"灰平衡"选项组中，设置 Cb 为 -56.2、
Cr 为 21.1，如图 7-25 所示。

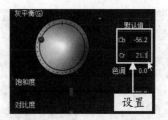

图 7-25 设置灰平衡参数

STEP 07 在"白平衡"选项组中，设置 Cb 为
55.0、Cr 为 -23.9，如图 7-26 所示。

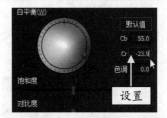

图 7-26 设置白平衡参数

STEP 08 设置完成后，单击"确定"按钮，即可运
用"三路色彩校正"滤镜调整图像色彩，在录制窗
口中单击"播放"按钮，预览视频的画面效果，如
图 7-27 所示。

图 7-27 预览视频的画面效果

7.2.3 单色：制作视频单色画面效果

　　在 EDIUS 工作界面中，"单色"滤镜效果可
以将视频画面调成某种单色效果。下面向读者介绍
"单色：制作视频单色画面效果"的操作方法。

素材文件	素材＼第 7 章＼凉亭 .jpg
效果文件	效果＼第 7 章＼凉亭 .ezp
视频文件	7.2.3 单色：制作视频单色画面效果 .mp4

【操练 + 视频】
——单色：制作视频单色画面效果

STEP 01 按 Ctrl+N 组合键新建一个工程文件，在视
频轨中，导入一张静态图像，如图 7-28 所示。

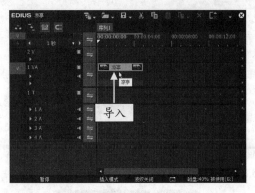

图 7-28 导入一张静态图像

STEP 02 在录制窗口中，可以查看导入的素材画面效果，如图 7-29 所示。

图 7-29 查看导入的素材画面效果

STEP 03 展开特效面板，在"色彩校正"滤镜组中选择"单色"滤镜效果，单击鼠标左键并拖曳至视频轨中的图像素材上方，释放鼠标左键，即可添加"单色"滤镜效果，如图 7-30 所示。

图 7-30 添加"单色"滤镜效果

STEP 04 此时查看录制窗口中的素材效果，如图 7-31 所示。

STEP 05 在"信息"面板中，选择刚添加的"单色"滤镜效果，单击鼠标右键，在弹出的快捷菜单中选择"打开设置对话框"命令，弹出"单色"对话框，如图 7-32 所示。

图 7-31 查看录制窗口中的素材效果

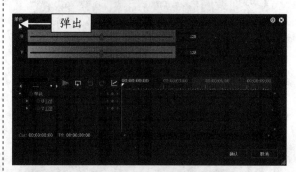

图 7-32 弹出"单色"对话框

STEP 06 在对话框的上方，拖曳 U 右侧的滑块至 33 的位置处，拖曳 V 右侧的滑块至 168 的位置处，调整图像色调，如图 7-33 所示。

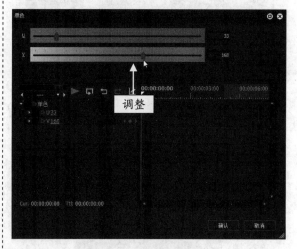

图 7-33 调整图像色调

STEP 07 设置完成后，单击"确认"按钮，即可运用"单色"滤镜调整图像的色彩，在录制窗口中可以查看素材的画面效果，如图 7-34 所示。

▶ 专家指点

在后期的视频剪辑与特效制作中，单色滤镜一般在回忆某些画面和故事情节时，经常被使用，用得最多的一般是灰色。

图 7-34 查看素材的画面效果

7.2.4 反转：制作视频色彩反转效果

在 EDIUS 工作界面中，"反转"滤镜主要用于制作类似照片底片的效果，也就是将黑色变成白色，或者从扫描的黑白阴片中得到一个阳片。下面向读者介绍"反转：制作视频色彩反转效果"的操作方法。

素材文件	素材 \ 第 7 章 \ 大船 .jpg
效果文件	效果 \ 第 7 章 \ 大船 .ezp
视频文件	7.2.4 反转：制作视频色彩反转效果 .mp4

【操练 + 视频】
——反转：制作视频色彩反转效果

STEP 01 按 Ctrl+N 组合键新建一个工程文件，在视频轨中，导入一张静态图像，如图 7-35 所示。

图 7-35 导入一张静态图像

STEP 02 在录制窗口中，可以查看导入的素材画面效果，如图 7-36 所示。

图 7-36 查看导入的素材画面效果

STEP 03 展开特效面板，在"色彩校正"滤镜组中选择"反转"滤镜效果，单击鼠标左键并拖曳至视频轨中的图像素材上方，释放鼠标左键，即可在视频素材上添加"反转"滤镜效果，如图 7-37 所示。

图 7-37 添加"反转"滤镜效果

STEP 04 在"信息"面板中，可以查看添加的滤镜效果，如图 7-38 所示，由此可见，"反转"滤镜效果是由"YUV 曲线"色彩滤镜设置转变而成的。

图 7-38 查看添加的滤镜效果

STEP 05 为图像素材添加"反转"滤镜后，在预览窗口中可以查看素材的画面效果，如图 7-39 所示。

图 7-39 查看素材的画面效果

7.2.5 对比度：调整视频素材对比度

使用"提高对比度"滤镜可以对图像素材进行

简单的对比度调整，该滤镜是由"色彩平衡"滤镜的参数设置转变而来的。下面向读者介绍"对比度：调整视频素材对比度"的操作方法。

素材文件	素材 \ 第 7 章 \ 阳光 .jpg
效果文件	效果 \ 第 7 章 \ 阳光 .ezp
视频文件	7.2.5 对比度：调整视频素材对比度 .mp4

【操练 + 视频】
——对比度：调整视频素材对比度

STEP 01 按 Ctrl+N 组合键新建一个工程文件，在视频轨中，导入一张静态图像，如图 7-40 所示。

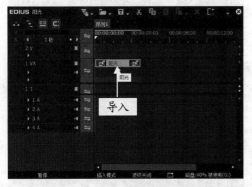

图 7-40　导入一张静态图像

STEP 02 在录制窗口中，可以查看导入的素材画面效果，如图 7-41 所示。

图 7-41　查看导入的素材画面效果

STEP 03 展开特效面板，在"色彩校正"滤镜组中选择"提高对比度"滤镜效果，按住鼠标左键并拖曳至视频轨中的图像素材上方，释放鼠标左键，即可添加"提高对比度"滤镜效果，如图 7-42 所示。

STEP 04 在"信息"面板中，可以查看添加的滤镜效果，如图 7-43 所示。由此可见，"提高对比度"

滤镜效果是由"色彩平衡"滤镜设置转变而成的。

图 7-42　添加"提高对比度"滤镜效果

图 7-43　查看添加的滤镜效果

STEP 05 为素材图像添加"提高对比度"滤镜后，在录制窗口中可以查看素材的画面效果，如图 7-44 所示。

图 7-44　查看素材的画面效果

7.2.6　色彩平衡：调整视频画面的偏色

在 EDIUS 的"色彩平衡"滤镜中，除了可以调整画面的色彩倾向以外，还可以调节色度、亮度和对比度参数，也是 EDIUS 软件中使用最频繁的校色滤镜之一。

素材文件	素材 \ 第 7 章 \ 风车 .jpg
效果文件	效果 \ 第 7 章 \ 风车 .ezp
视频文件	7.2.6　色彩平衡：调整视频画面的偏色 .mp4

【操练 + 视频】
——色彩平衡：调整视频画面的偏色

STEP 01 按 Ctrl+N 组合键新建一个工程文件，在视频轨中，导入一张静态图像，如图 7-45 所示。

图 7-45　导入一张静态图像

STEP 02 在录制窗口中，可以查看导入的素材画面效果，如图 7-46 所示。

图 7-46　查看导入的素材画面效果

▶ 专家指点

在"色彩平衡"对话框中，用户不仅可以通过手动拖曳的方式来调整各参数值，还可以通过手动输入数值的方式，输入相应的参数值。

- "色度"滑块：拖曳该滑块，可以调整图像的色度值。
- "亮度"滑块：拖曳该滑块，可以调整图像的亮度值。
- "对比度"滑块：拖曳该滑块，可以调整图像的对比度值。
- "青 - 红"滑块：拖曳该滑块，可以调整图像的青色、红色值。

- "品红 - 绿"滑块：拖曳该滑块，可以调整图像的品红、绿色值。
- "黄 - 蓝"滑块：拖曳该滑块，可以调整图像的黄色、蓝色值。

STEP 03 展开特效面板，在"色彩校正"滤镜组中选择"色彩平衡"滤镜效果，如图 7-47 所示。

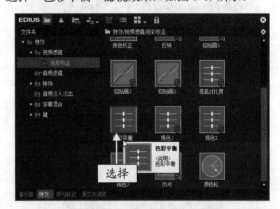

图 7-47　选择"色彩平衡"滤镜效果

STEP 04 在选择的滤镜效果上，按住鼠标左键并拖曳至视频轨中的图像素材上方，释放鼠标左键，即可添加"色彩平衡"滤镜，在"信息"面板中，选择"色彩平衡"滤镜效果，如图 7-48 所示。

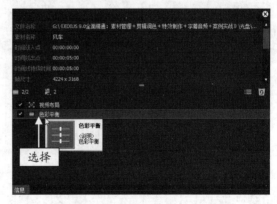

图 7-48　选择"色彩平衡"滤镜效果

STEP 05 在选择的滤镜效果上，双击鼠标左键，即可弹出"色彩平衡"对话框，在其中设置"色度"为 32、"亮度"为 9、"对比度"为 -2、"红"为 10、"绿"为 13、"蓝"为 32，调整色彩平衡参数值，如图 7-49 所示。

STEP 06 设置完成后，单击"确定"按钮，即可运用"色彩平衡"滤镜调整图像的色彩，在录制窗口中可以查看素材的画面效果，如图 7-50 所示。

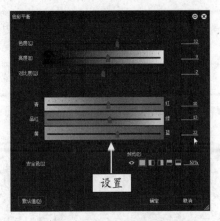

图 7-49　调整色彩平衡参数值

图 7-50　查看素材的画面效果

7.2.7　负片：制作视频负片效果

在 EDIUS 工作界面中，"负片"滤镜效果与"反转"滤镜效果的作用类似。下面向读者介绍"负片：制作视频负片效果"的操作方法。

素材文件	素材\第7章\情人节.jpg
效果文件	效果\第7章\情人节.ezp
视频文件	7.2.7　负片：制作视频负片效果.mp4

【操练 + 视频】
——负片：制作视频负片效果

STEP 01 按 Ctrl+N 组合键新建一个工程文件，在视频轨中，导入一张静态图像，如图 7-51 所示。

STEP 02 在录制窗口中，可以查看导入的素材画面效果，如图 7-52 所示。

STEP 03 展开特效面板，在"色彩校正"滤镜组中选择"负片"滤镜效果，按住鼠标左键并拖曳至视频轨中的图像素材上方，释放鼠标左键，即可添加"负片"滤镜效果，在"信息"面板中，可以查看添加的滤镜效果，如图 7-53 所示。由此可见，"负片"滤镜效果是由"YUV曲线"色彩滤镜设置转变而成的。

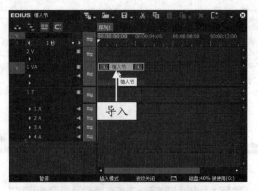

图 7-51　导入一张静态图像

图 7-52　查看导入的素材画面效果

图 7-53　查看添加的滤镜效果

STEP 04 为素材添加"负片"滤镜后，在录制窗口中单击"播放"按钮，可以查看素材的画面效果，如图 7-54 所示。

图 7-54　查看素材的画面效果

7.2.8 颜色轮：替换视频画面的色调

在 EDIUS 的"颜色轮"滤镜中，提供色轮的功能，对于颜色的转换比较有用。下面向读者介绍"颜色轮：替换视频画面的色调"的操作方法。

素材文件	素材 \ 第 7 章 \ 对视 .jpg
效果文件	效果 \ 第 7 章 \ 对视 .ezp
视频文件	7.2.8 颜色轮：替换视频画面的色调 .mp4

【操练 + 视频】
——颜色轮：替换视频画面的色调

STEP 01 按 Ctrl+N 组合键新建一个工程文件，在视频轨中，导入一张静态图像，如图 7-55 所示。

图 7-55 导入一张静态图像

STEP 02 在录制窗口中，可以查看导入的素材画面效果，如图 7-56 所示。

图 7-56 查看导入的素材画面效果

STEP 03 展开特效面板，在"色彩校正"滤镜组中选择"颜色轮"滤镜效果，按住鼠标左键并拖曳至视频轨中的图像素材上方，释放鼠标左键，即可添加"颜色轮"滤镜效果，如图 7-57 所示。

STEP 04 在"信息"面板中，选择"颜色轮"滤镜效果，如图 7-58 所示。

图 7-57 添加"颜色轮"滤镜效果

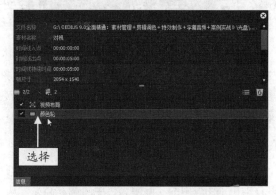

图 7-58 选择"颜色轮"滤镜效果

STEP 05 在选择的滤镜效果上，双击鼠标左键，即可弹出"颜色轮"对话框，在其中设置"色调"为 -20、"饱和度"为 13，如图 7-59 所示。

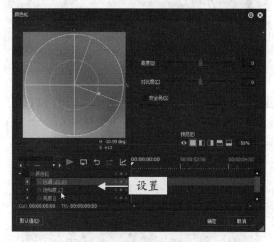

图 7-59 设置相应参数

STEP 06 设置完成后，单击"确定"按钮，即可运用"颜色轮"滤镜调整图像的色彩，在录制窗口中可以查看素材的画面效果，如图 7-60 所示。

图 7-60　查看素材的画面效果

7.3　运用 Photoshop 校正素材画面

　　用户不仅可以运用 EDIUS 校正视频的画面，还可以运用非常专业的图像处理软件——Photoshop，来校正图像的画面色彩。Photoshop 拥有多种强大的颜色调整功能，使用"曲线""色阶"等命令可以轻松调整图像的色相、饱和度、对比度和亮度，修正有色彩平衡、曝光不足或过度等缺陷的图像。本节主要向读者介绍运用 Photoshop 校正素材画面的操作方法。

7.3.1　自动颜色：自动校正素材偏色

　　在 Photoshop 中，使用"自动颜色"命令，可以自动识别图像中的实际阴影、中间调和高光，从而自动更正图像的颜色。下面向读者介绍"自动颜色：自动校正素材偏色"的操作方法。

素材文件	素材＼第 7 章＼奔驰的思念 .jpg
效果文件	效果＼第 7 章＼奔驰的思念 .jpg
视频文件	视 7.3.1　自动颜色：自动校正素材偏色 .mp4

【操练＋视频】
——自动颜色：自动校正素材偏色

STEP 01 打开 Photoshop 软件，选择"文件"｜"打开"命令，通过弹出的对话框打开一幅素材图像，如图 7-61 所示。

图 7-61　打开一幅素材图像

STEP 02 在菜单栏中选择"图像"｜"自动颜色"命令，如图 7-62 所示。

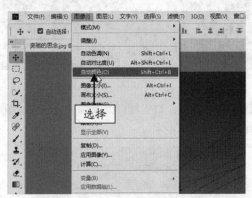

图 7-62　选择相应命令

STEP 03 执行操作后，即可自动校正图像偏色，如图 7-63 所示为使用"自动颜色"命令校正图像偏色后的前后对比效果。

调整前图像效果　　　　调整后图像效果
图 7-63　校正图像偏色后的前后对比效果

7.3.2　自动色调：自动调整素材明暗

　　在 Photoshop 中，"自动色调"命令根据图像整体颜色的明暗程度进行自动调整，使得亮部与暗部的颜色按一定的比例分布。

素材文件	素材 \ 第 7 章 \ 盘蜓的精彩 .jpg
效果文件	效果 \ 第 7 章 \ 盘蜓的精彩 .jpg
视频文件	7.3.2　自动色调：自动调整素材明暗 .mp4

【操练 + 视频】
——自动色调：自动调整素材明暗

STEP 01 打开 Photoshop 软件，选择"文件"|"打开"命令，通过弹出的对话框打开一幅素材图像，如图 7-64 所示。

图 7-64　打开一幅素材图像

STEP 02 在菜单栏中选择"图像"|"自动色调"命令，如图 7-65 所示。

图 7-65　选择相应命令

STEP 03 执行操作后，即可自动调整图像明暗，如图 7-66 所示为使用"自动色调"命令调整图像明暗后的前后对比效果。

　　调整前图像效果　　　　　调整后图像效果
图 7-66　调整图像明暗后的前后对比效果

7.3.3　自动对比度：自动调整素材对比度

　　使用"自动对比度"命令可以让 Photoshop 自动调整图像中颜色的总体对比度和混合颜色，它将图像中最亮和最暗的像素映射为白色和黑色，使高光显得更亮而暗调显得更暗。下面介绍"自动对比度：自动调整素材对比度"的操作方法。

素材文件	素材 \ 第 7 章 \ 杯子 .jpg
效果文件	效果 \ 第 7 章 \ 杯子 .jpg
视频文件	7.3.3　自动对比度：自动调整素材对比度 .mp4

【操练 + 视频】
——自动对比度：自动调整素材对比度

STEP 01 打开 Photoshop 软件，选择"文件"|"打开"命令，通过弹出的对话框打开一幅素材图像，如图 7-67 所示。

图 7-67　打开一幅素材图像

STEP 02 在菜单栏中选择"图像"|"自动对比度"命令，如图 7-68 所示。

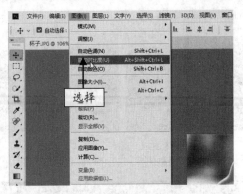

图 7-68　选择相应命令

STEP 03 执行操作后，即可调整图像对比度，如图 7-69 所示为使用"自动对比度"命令调整图像对比度后的前后对比效果。

调整前图像效果　　　　调整后图像效果

图 7-69　调整图像对比度后的前后对比效果

7.3.4　曲线：调整素材整体色调

"曲线"命令是功能强大的图像校正命令，该命令可以在图像的整个色调范围内调整不同的色调，还可以对图像中的个别颜色通道进行精确的调整。下面讲解"曲线：调整素材整体色调"的操作方法。

素材文件	素材\第 7 章\补水仪广告 .jpg
效果文件	效果\第 7 章\补水仪广告 .jpg
视频文件	视频\第 7 章\7.3.4　曲线：调整素材整体色调 .mp4

【操练 + 视频】
——曲线：调整素材整体色调

STEP 01 选择"文件"|"打开"命令，通过弹出的对话框打开一幅素材图像，如图 7-70 所示。

STEP 02 选择"图像"|"调整"|"曲线"命令，如图 7-71 所示。

图 7-70　打开一幅素材图像

图 7-71　选择相应命令

STEP 03 弹出"曲线"对话框，设置"输出"和"输入"分别为 197、189，如图 7-72 所示。

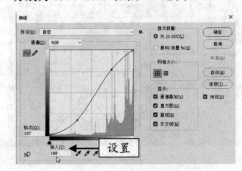

图 7-72　输入相应参数

STEP 04 单击"确定"按钮，即可调整图像的整体色调，此时图像编辑窗口中的图像显示如图 7-73 所示。

图 7-73　调整图像的整体色调

在"曲线"对话框中，若要使曲线网格显示得更精细，可以按住 Alt 键的同时用鼠标单击网格，将 Photoshop 默认的 4×4 的网格变成 10×10 的网格，如果需要设置前的默认网格，可以在该网格上再次按住 Alt 键的同时单击鼠标左键，即可恢复至默认的状态。另外，在 Photoshop 工作界面中，按 Ctrl+M 组合键，也可以快速弹出"曲线"对话框，设置图像的明暗对比。

7.3.5　色阶：调整素材亮度范围

色阶是指图像中的颜色或颜色中的某一个组成部分的亮度范围。"色阶"命令通过调整图像的阴影、中间调和高光的强度级别，校正图像的色调范围和色彩平衡。下面介绍"色阶：调整素材亮度范围"的操作方法。

素材文件	素材 \ 第 7 章 \ 花 .jpg
效果文件	效果 \ 第 7 章 \ 花 .jpg
视频文件	7.3.5　色阶：调整素材亮度范围 .mp4

【操练 + 视频】
——色阶：调整素材亮度范围

STEP 01 选择"文件"|"打开"命令，通过弹出的对话框打开一幅素材图像，如图 7-74 所示。

图 7-74　打开一幅素材图像

STEP 02 在菜单栏中选择"图像"|"调整"|"色阶"命令，弹出"色阶"对话框，如图 7-75 所示。

STEP 03 在对话框中单击"自动"按钮，如图 7-76 所示。

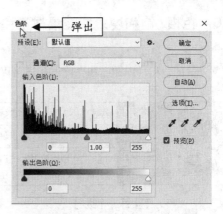

图 7-75　弹出"色阶"对话框

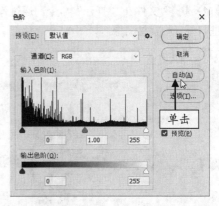

图 7-76　单击"自动"按钮

STEP 04 执行操作后，单击"确定"按钮，即可使用"色阶"命令调整图像亮度范围，如图 7-77 所示。

图 7-77　调整图像亮度范围

除了运用上述方法调整图像的亮度范围，在 Photoshop 工作界面中，按 Ctrl+L 组合键，也可以快速弹出"色阶"对话框，在其中设置色阶的相关参数，单击"确定"按钮，即可调整图像的亮度范围。

7.3.6 色相 / 饱和度：调整素材饱和度

"色相 / 饱和度"命令可以调整整幅图像或单个颜色分量的色相、饱和度和亮度值，还可以同步调整图像中所有的颜色。

素材文件	素材 \ 第 7 章 \ 往前走好 .jpg
效果文件	效果 \ 第 7 章 \ 往前走好 .jpg
视频文件	7.3.6 色相饱和度：调整素材饱和度 .mp4

【操练 + 视频】
——色相 / 饱和度：调整素材饱和度

STEP 01 选择"文件"|"打开"命令，通过弹出的对话框打开一幅素材图像，如图 7-78 所示。

图 7-78 打开一幅素材图像

STEP 02 在菜单栏中，选择"图像"|"调整"|"色相 / 饱和度"命令，弹出"色相 / 饱和度"对话框，如图 7-79 所示。

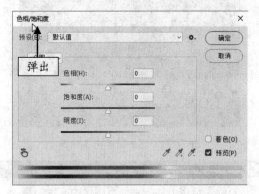

图 7-79 弹出"色相 / 饱和度"对话框

STEP 03 在对话框中设置"色相"为 -20、"饱和度"为 30、"明度"为 -2，如图 7-80 所示。

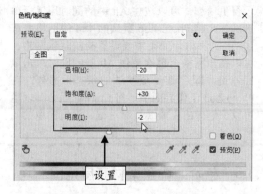

图 7-80 设置相应参数

STEP 04 单击"确定"按钮，即可使用"色相 / 饱和度"命令调整图像色彩，效果如图 7-81 所示。

图 7-81 调整图像色相

> ▶ **专家指点**
>
> 下面介绍"色相/饱和度"对话框中的内容。
> ● 预设：在"预设"列表框中提供了 8 种色相 / 饱和度预设。
> ● 通道：在"通道"列表框中可选择全图、红色、黄色、绿色、青色、蓝色和洋红通道进行调整。
> ● 着色：选中该复选框后，图像会整体偏向于单一的红色调。
> ● 在图像上单击并拖动可修改饱和度：使用该工具在图像上单击设置取样点以后，向右拖曳鼠标可以增加图像的饱和度；向左拖曳鼠标可以降低图像的饱和度。

第 8 章

转场：制作视频转场特效

章前知识导读

在 EDIUS 9 中，从某种角度来说，转场就是一种特殊的滤镜效果，它可以在两个图像或视频素材之间创建某种过渡效果。运用转场效果，可以让素材之间的过渡效果更加生动、美丽，使视频之间的播放更加流畅。

新手重点索引

- 认识视频转场效果
- 编辑视频转场效果
- 应用精彩转场特效

效果图片欣赏

Rcd 00:00:06:00

Rcd 00:00:05:00

Rcd 00:00:04:21

Rcd 00:00:05:08

8.1 认识视频转场效果

转场主要利用一些特殊的效果，在素材与素材之间产生自然、平滑、美观以及流畅的过渡效果，让视频画面更富有表现力。合理地运用转场效果，可以制作出让人赏心悦目的视频画面。本节主要向读者介绍转场效果的基础知识，包括转场效果简介以及认识转场特效面板等内容。

8.1.1 转场效果简介

在视频编辑工作中，素材与素材之间的连接称为切换。最常用的切换方法是一个素材与另一个素材紧密连接，使其直接过渡，这种方法称为"硬切换"；另一种方法称为"软切换"，它使用了一些特殊的效果，在素材与素材之间产生自然、流畅和平滑的过渡，如图 8-1 所示。

图 8-1 各种"软切换"转场方式

▶ 专家指点

"转场"是很实用的一种功能，在电视节目中，这种"软切换"的转场方式运用得比较多。希望读者可以熟练掌握此方法。

8.1.2 转场特效面板

在 EDIUS 9 中，提供了多种转场效果，都存在于"特效"面板中，如图 8-2 所示。合理地运用这些转场效果，可以让素材之间的过渡更加生动、自然，从而制作出绚丽多姿的视频作品。

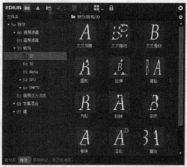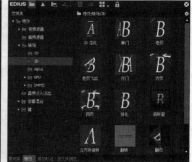

2D 转场组　　　　　　　　　　　3D 转场组

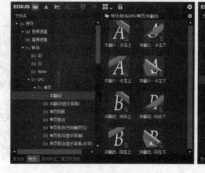

GPU 转场组　　　　　　　　SMPTE 转场组

图 8-2 "特效"面板中的转场组

8.2 编辑视频转场效果

视频是由镜头与镜头之间的连接组建起来的，因此在许多镜头与镜头之间的切换过程中，难免会显得过于僵硬。此时，用户可以在两个镜头之间添加转场效果，使得镜头与镜头之间的过渡更为平滑。本节主要向读者介绍编辑转场效果的操作方法，主要包括手动添加转场、设置默认转场、复制转场效果以及移动转场效果等内容。

8.2.1 手动添加：制作真爱永恒视频特效

在 EDIUS 工作界面中，转场效果被放置在特效面板中，用户只需要将转场效果拖入视频轨道中的两段素材之间，即可应用转场效果。下面向读者介绍"手动添加：制作真爱永恒视频特效"的操作方法。

素材文件	素材＼第 8 章＼真爱永恒 1.jpg 和真爱永恒 2.jpg
效果文件	效果＼第 8 章＼真爱永恒 .ezp
视频文件	8.2.1 手动添加：制作真爱永恒视频特效 .mp4

【操练 + 视频】
——手动添加：制作真爱永恒视频特效

STEP 01 按 Ctrl+N 组合键新建一个工程文件，在视频轨中的适当位置，导入两张静态图像，如图 8-3 所示。

图 8-3 导入两张静态图像

STEP 02 选择"视图"|"面板"|"特效面板"命令，打开特效面板，如图 8-4 所示。

STEP 03 在左侧窗格中，❶依次展开"特效"|"转场"| GPU |"单页"|"单页卷动"选项；❷进

入"单页卷动"转场素材库选择"单页卷入 - 从右上"转场效果，如图 8-5 所示。

图 8-4 打开特效面板

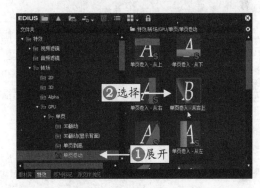

图 8-5 选择相应转场效果

STEP 04 在选择的转场效果上，按住鼠标左键并拖曳至视频轨中的两段素材文件之间，释放鼠标左键，即可添加"单页卷入 - 从右上"转场效果，如图 8-6 所示。

图 8-6 添加"单页卷入 - 从右上"转场效果

STEP 05 单击录制窗口下方的"播放"按钮，预览手动添加的"单页卷入 - 从右上"转场效果，如图 8-7 所示。

图 8-7　预览手动添加的"单页卷入 - 从右上"转场效果

▶ 专家指点

在 EDIUS 工作界面中添加完转场效果后，也可以按空格键，播放添加的转场效果。

8.2.2　默认转场：制作幸福新娘视频特效

在 EDIUS 工作界面中，当用户需要在大量的静态照片之间加入转场效果时，此时设置默认转场效果最为方便。下面向读者介绍"默认转场：制作幸福新娘视频特效"的操作方法。

素材文件	素材 \ 第 8 章 \ 幸福新娘 1.jpg 和幸福新娘 2.jpg
效果文件	效果 \ 第 8 章 \ 幸福新娘 .ezp
视频文件	8.2.2　默认转场：制作幸福新娘视频特效 .mp4

【操练＋视频】
——默认转场：制作幸福新娘视频特效

STEP 01 按 Ctrl+N 组合键，新建一个工程文件，在视频轨中的适当位置导入两张静态图像，如图 8-8 所示。

图 8-8　导入两张静态图像

STEP 02 在轨道面板上方，❶单击"设置默认转场"按钮；❷在弹出的列表中选择"添加到素材出点"选项，如图 8-9 所示。

STEP 03 执行上一步操作后，即可在素材出点添加默认的转场效果，单击录制窗口下方的"播放"按钮，预览添加的默认转场效果，如图 8-10 所示。

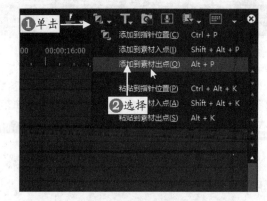

图 8-9　选择"添加到素材出点"选项

图 8-10　预览添加的默认转场效果

▶ 专家指点

在 EDIUS 工作界面中，按 Ctrl+P 组合键，可以在指针位置添加默认转场效果；按 Shift+Alt+P 组合键，可以在素材入点位置添加默认转场效果；按 Alt+P 组合键，可以在素材出点位置添加默认转场效果。

8.2.3　复制转场：制作精美建筑视频特效

在 EDIUS 工作界面中，对于需要重复使用的转场效果，用户可以进行复制与粘贴操作，提高编辑视频的效率。下面向读者介绍"复制转场：制作精美建筑视频特效"的操作方法。

素材文件	素材 \ 第 8 章 \ 精美建筑 1 ～ 3.jpg
效果文件	效果 \ 第 8 章 \ 精美建筑 .ezp
视频文件	8.2.3　复制转场：制作精美建筑视频特效 .mp4

【操练＋视频】
——复制转场：制作精美建筑视频特效

STEP 01 按 Ctrl+N 组合键，新建一个工程文件，在视频轨中的适当位置导入 3 张静态图像，如图 8-11 所示。

图 8-11　导入 3 张静态图像

STEP 02 打开特效面板，❶依次展开"特效"|"转场"| 3D 选项；❷进入 3D 转场素材库，选择"卷页飞出"转场效果，如图 8-12 所示。

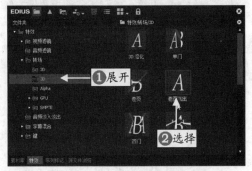

图 8-12　选择"卷页飞出"转场效果

STEP 03 在选择的转场效果上，按住鼠标左键并拖曳至视频轨中的第 1 张与第 2 张素材文件之间，释放鼠标左键，即可添加"卷页飞出"转场效果，如图 8-13 所示。

图 8-13　添加"卷页飞出"转场效果

STEP 04 选择添加的"卷页飞出"转场效果，单击鼠标右键，在弹出的快捷菜单中选择"复制"命令，复制转场效果，如图 8-14 所示。

图 8-14　复制转场效果

▶ **专家指点**

除了运用上述方法复制转场效果之外，在 EDIUS 工作界面中，按 Ctrl+Insert 组合键，也可以快速复制转场效果。

STEP 05 在视频轨中，选择需要粘贴转场效果的素材文件，如图 8-15 所示。

图 8-15　选择需要粘贴转场效果的素材文件

STEP 06 在轨道面板上方，单击"设置默认转场"按钮，在弹出的列表中选择"粘贴到素材出点"选项，即可将转场效果粘贴至选择的素材出点位置，如图 8-16 所示。

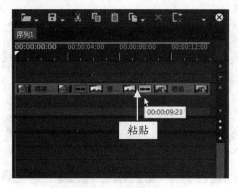

图 8-16　粘贴至选择的素材出点位置

STEP 07 单击"播放"按钮，预览复制的转场效果，如图 8-17 所示。

图 8-17　预览复制的转场效果

▶ 专家指点

在 EDIUS 工作界面中，按 Ctrl+Alt+K 组合键，可以将转场效果粘贴到指针位置；按 Shift+Alt+K 组合键，可以将转场效果粘贴到素材入点位置；按 Alt+K 组合键，可以将转场效果粘贴到素材出点位置。

8.2.4　移动转场：制作项链广告视频特效

在 EDIUS 工作界面中，用户可以根据实际需要对转场效果进行移动，将转场效果放置到合适的位置上。下面向读者介绍"移动转场：制作项链广告视频特效"的操作方法。

	素材文件	素材 \ 第 8 章 \ 项链广告 1 ～ 3.jpg
	效果文件	效果 \ 第 8 章 \ 项链广告 .ezp
	视频文件	8.2.4　移动转场：制作项链广告视频特效 .mp4

【操练 + 视频】
——移动转场：制作项链广告视频特效

STEP 01 按 Ctrl+N 组合键，新建一个工程文件，在视频轨中的适当位置导入 3 张静态图像，如图 8-18 所示。

图 8-18　导入 3 张静态图像

STEP 02 展开特效面板，在 2D 转场组中，选择"圆形"转场效果，按住鼠标左键并拖曳至视频轨中第 1 段素材与第 2 段素材中间，添加"圆形"转场效果，如图 8-19 所示。

图 8-19　选择"圆形"转场效果

STEP 03 在录制窗口中，单击"播放"按钮，预览添加的"圆形"转场效果，如图 8-20 所示。

图 8-20　预览添加的"圆形"转场效果

STEP 04 在视频轨中的转场效果上，单击鼠标右键，在弹出的快捷菜单中选择"剪切"命令，剪切视频轨中的转场效果，将时间线移至第 2 段素材与第 3 段素材的中间，如图 8-21 所示。

图 8-21　将时间线移至相应素材中间

除了运用上述方法对转场效果进行剪切操作，还可以在 EDIUS 工作界面中，按 Ctrl+X 组合键，将时间线移至需要粘贴转场效果的位置，然后选择第 2 段素材，按 Ctrl+V 组合键，可以快速对剪辑的转场效果进行粘贴操作，实现转场效果的移动操作。

STEP 05 选择第 2 段素材，在菜单栏中，选择"编辑"|"粘贴"|"指针位置"命令，如图 8-22 所示。

图 8-22 选择相应命令

STEP 06 执行上一步操作后，即可将剪切的转场效果粘贴至时间线面板中的指针位置，实现了移动转场效果的操作，如图 8-23 所示。

图 8-23 粘贴至时间线面板中的指针位置

STEP 07 在录制窗口中，单击"播放"按钮，预览移动转场效果后的视频画面效果，如图 8-24 所示。

图 8-24 预览移动转场效果后的视频画面效果

在"粘贴"子菜单中，若用户选择"素材入点"选项，则可以将转场效果插入选择的素材入点位置；若用户选择"素材出点"选项，则可以将转场效果插入选择的素材出点位置，用户可以根据自身的实际需求进行选择。

8.2.5 替换转场：制作绿色盆栽视频特效

在 EDIUS 工作界面中，如果用户对当前添加的转场效果不满意，此时可以对转场效果进行替换操作，使视频画面更加符合用户的需求。下面向读者介绍"替换转场：制作绿色盆栽视频特效"的操作方法。

素材文件	素材 \ 第 8 章 \ 绿色盆栽 1.jpg 和绿色盆栽 2.jpg
效果文件	效果 \ 第 8 章 \ 绿色盆栽 .ezp
视频文件	8.2.5 替换转场：制作绿色盆栽视频特效 .mp4

【操练 + 视频】
——替换转场：制作绿色盆栽视频特效

STEP 01 按 Ctrl+N 组合键，新建一个工程文件，在视频轨中的适当位置导入两张静态图像，如图 8-25 所示。

图 8-25 导入两张静态图像

STEP 02 展开特效面板，在 2D 转场组中，选择"条纹"转场效果，在视频轨中的素材之间，添加条纹转场效果，如图 8-26 所示。

STEP 03 单击录制窗口下方的"播放"按钮，预览已经添加的视频转场效果，如图 8-27 所示。

图 8-26 添加条纹转场效果

图 8-27 预览已经添加的视频转场效果

STEP 04 在特效面板的 3D 素材库中，选择"双门"转场效果，按住鼠标左键并拖曳至视频轨中已经添加的转场效果上方，如图 8-28 所示，释放鼠标左键，即可替换之前添加的转场效果。

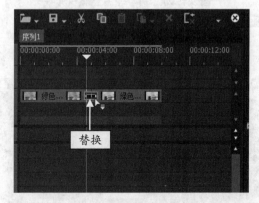

图 8-28 替换之前添加的转场效果

STEP 05 单击"播放"按钮，预览替换之后的视频转场效果，如图 8-29 所示。

图 8-29 预览替换之后的视频转场效果

8.2.6 删除转场：制作按摩枕广告视频特效

在制作视频特效的过程中，如果用户对视频轨中添加的转场效果不满意，此时可以对转场效果进行删除操作。下面向读者介绍"删除转场：制作按摩枕广告视频特效"的操作方法。

	素材文件	素材 \ 第 8 章 \ 按摩枕广告 1.jpg 和按摩枕广告 2.jpg
	效果文件	效果 \ 第 8 章 \ 按摩枕广告 .ezp
	视频文件	8.2.6 删除转场：制作按摩枕广告视频特效 .mp4

【操练＋视频】
——删除转场：制作按摩枕广告视频特效

STEP 01 按 Ctrl+N 组合键，新建一个工程文件，在视频轨中的适当位置导入两张静态图像，如图 8-30 所示。

图 8-30 导入两张静态图像

STEP 02 展开特效面板，在 2D 转场组中，选择"拉伸"转场效果，在视频轨中的素材之间，添加拉伸转场效果，如图 8-31 所示。

图 8-31 添加拉伸转场效果

STEP 03 单击录制窗口下方的"播放"按钮，预览已经添加的视频转场效果，如图 8-32 所示。

图 8-32　预览已经添加的视频转场效果

STEP 04 在视频轨中，选择需要删除的视频转场效果，如图 8-33 所示。

图 8-33　选择需要删除的视频转场效果

STEP 05 在转场效果上，单击鼠标右键，在弹出的快捷菜单中选择"删除"命令，即可删除视频轨中的转场效果，如图 8-34 所示。

图 8-34　删除视频轨中的转场效果

STEP 06 单击"播放"按钮，预览删除转场效果后的视频画面效果，如图 8-35 所示。

图 8-35　预览删除转场效果后的视频画面

专家指点

除了利用上述方法删除视频转场效果之外，在 EDIUS 工作界面中，还可以通过以下 3 种方法删除视频转场效果。

- 在视频轨中选择需要删除的转场效果，选择"编辑"|"删除"命令，可以删除当前选择的转场效果。
- 在视频轨中选择需要删除的转场效果，单击鼠标右键，在弹出的快捷菜单中选择"删除部分"|"转场"|"全部"或"素材转场"命令，可以删除全部转场效果或当前选择的转场效果。
- 按 Delete 键，可以删除当前选择的转场效果。

8.2.7　转场边框：制作成长记录视频特效

在 EDIUS 9 中，在图像素材之间添加转场效果后，可以为转场效果设置相应的边框样式，从而为转场效果锦上添花，加强效果的审美度。

素材文件	素材 \ 第 8 章 \ 成长记录 .ezp
效果文件	效果 \ 第 8 章 \ 成长记录 .ezp
视频文件	8.2.7 转场边框：制作成长记录视频特效 .mp4

【操练 + 视频】
——转场边框：制作成长记录视频特效

STEP 01 选择"文件"|"打开工程"命令，打开一个工程文件，如图 8-36 所示。

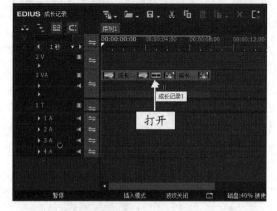

图 8-36　打开一个工程文件

STEP 02 在录制窗口中，单击"播放"按钮，预览已经添加的转场效果，如图 8-37 所示。

117

图 8-37　预览已经添加的转场效果

STEP 03 在视频轨中，选择需要设置的转场效果，单击鼠标右键，在弹出的快捷菜单中选择"设置"命令，如图 8-38 所示。

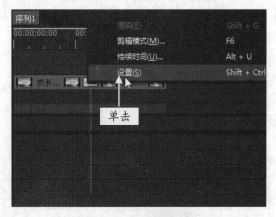

图 8-38　选择"设置"命令

STEP 04 执行操作后，弹出"圆形"对话框，在"边框"选项组中，❶选中"颜色"复选框；❷在右侧设置"宽度"为 3，如图 8-39 所示。

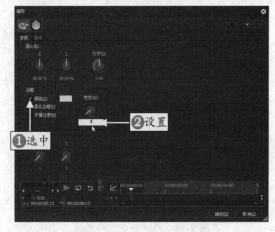

图 8-39　设置"宽度"为 3

▶ 专家指点

在 EDIUS 工作界面的"色彩选择 -709"对话框中，颜色设置功能非常强大，用户不仅可以在左侧的预览窗口中通过手动拖曳的方式选择合适的色彩，还可以在右上方的色块中选择相应的色块颜色，还可以在下方的"红""绿""蓝"数值框中输入相应的数值，来设置色彩范围。

STEP 05 单击中间的白色色块，弹出"色彩选择 -709"对话框，在右侧设置"红"为 298、"绿"为 239、"蓝"为 284，如图 8-40 所示。

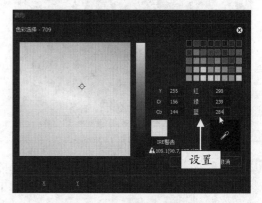

图 8-40　设置相应参数

STEP 06 单击"确定"按钮，返回"圆形"对话框，在"边框"选项组中选中"柔化边框"复选框，如图 8-41 所示。

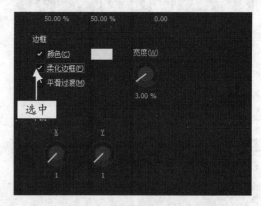

图 8-41　选中"柔化边框"复选框

▶ 专家指点

除了利用上述方法弹出"圆形"对话框，在 EDIUS 工作界面中，选择需要设置的转场效果，按 Shift+Ctrl+E 组合键，也可以快速弹出"圆形"对话框。

STEP 07 执行操作后，单击"确定"按钮，即可为转场添加边框特效并且柔化转场的边缘，单击"播放"按钮，预览添加边框后的视频转场效果，如图 8-42 所示。

图 8-42　预览添加边框后的视频转场效果

8.3　应用精彩转场特效

在 EDIUS 9 中，转场效果的种类繁多，某些转场效果独具特色，可以为视频添加非凡的视觉体验。本节主要向读者介绍转场效果的精彩应用。

8.3.1　2D 特效：制作情定一生视频特效

在 EDIUS 工作界面中，2D 转场组中包括 13 个转场特效，用户可以根据需要选择相应的转场效果应用于视频中。下面向读者介绍"2D 特效：制作情定一生视频特效"的操作方法。

素材文件	素材\第8章\情定一生 1.jpg 和情定一生 2.jpg
效果文件	效果\第8章\情定一生 .ezp
视频文件	8.3.1　2D 特效：制作情定一生视频特效 .mp4

【操练 + 视频】
——2D 特效：制作情定一生视频特效

STEP 01 按 Ctrl+N 组合键，新建一个工程文件，在视频轨中的适当位置导入两张静态图像，如图 8-43 所示。

图 8-43　导入两张静态图像

STEP 02 展开"特效"面板，在 2D 转场组中，选择"交叉划像"转场效果，按住鼠标左键并拖曳至视频轨中的两幅图像素材之间，即可添加"交叉划像"转

场效果，如图 8-44 所示。

图 8-44　添加"交叉划像"转场效果

STEP 03 单击"播放"按钮，预览"交叉划像"转场效果，如图 8-45 所示。

图 8-45　预览"交叉划像"转场效果

▶ 专家指点

在 EDIUS 工作界面中，"交叉划像"转场效果的运动方式很简单，两段视频都不动，它们的可见区域作条状穿插，从视频 A 慢慢地显示为视频 B。

8.3.2　3D 特效：制作动漫视频特效

3D 转场组中包括 13 个转场特效，与 2D 转场不同的是 3D 转场动画是在三维空间里面运动的。下面向读者介绍"3D 特效：制作动漫视频特效"的操作方法。

素材文件	素材 \ 第 8 章 \ 动漫 1.jpg 和动漫 2.jpg
效果文件	效果 \ 第 8 章 \ 动漫 .ezp
视频文件	8.3.2　3D 特效：制作动漫视频特效 .mp4

【操练＋视频】
——3D 特效：制作动漫视频特效

STEP 01 按 Ctrl+N 组合键，新建一个工程文件，在视频轨中的适当位置导入两张静态图像，如图 8-46 所示。

图 8-46　导入两张静态图像

STEP 02 展开"特效"面板，在 3D 转场组中，选择"四页"转场效果，单击鼠标左键并拖曳至视频轨中的两幅图像素材之间，即可添加"四页"转场效果，如图 8-47 所示。

图 8-47　添加"四页"转场效果

STEP 03 单击"播放"按钮，预览"四页"转场效果，如图 8-48 所示。

图 8-48　预览"四页"转场效果

8.3.3　单页特效：制作精美翡翠视频特效

在 EDIUS 工作界面中，"单页"转场效果是指素材 A 以单页翻入或翻出的方式显示素材 B。下面向读者介绍"单页特效：制作精美翡翠视频特效"的操作方法。

素材文件	素材 \ 第 8 章 \ 精美翡翠（1）.jpg 和精美翡翠（2）.jpg
效果文件	效果 \ 第 8 章 \ 精美翡翠 .ezp
视频文件	8.3.3　单页特效：制作精美翡翠视频特效 .mp4

【操练＋视频】
——单页特效：制作精美翡翠视频特效

STEP 01 按 Ctrl+N 组合键，新建一个工程文件，在视频轨中的适当位置导入两张静态图像，如图 8-49 所示。

图 8-49　导入两张静态图像

STEP 02 展开"特效"面板，在"单页"转场组中，选择"3D 翻出 - 向左下"转场效果，按住鼠标左键并拖曳至视频轨中的两幅图像素材之间，释放鼠标左键，即可添加"3D 翻出 - 向左下"转场效果，如图 8-50 所示。

图 8-50　添加"3D 翻出 - 向左下"转场效果

STEP 03 单击"播放"按钮，预览"3D 翻出 - 向左下"转场效果，如图 8-51 所示。

图 8-51 预览"3D 翻出 - 向左下"转场效果

▶ 专家指点

在"单页"转场组中，选择相应的转场效果后，单击鼠标右键，在弹出的快捷菜单中选择"设置为默认特效"命令，即可将选择的转场效果设置为软件默认的转场效果。

8.3.4 双页特效：制作城市的夜视频特效

在 EDIUS 工作界面中，"双页"转场效果是指素材 A 以双页剥入或剥离的方式显示素材 B。下面向读者介绍"双页特效：制作城市的夜视频特效"的操作方法。

素材文件	素材 \ 第 8 章 \ 城市的夜 1.jpg 和城市的夜 2.jpg
效果文件	效果 \ 第 8 章 \ 城市的夜 .ezp
视频文件	8.3.4 双页特效：制作城市的夜视频特效 .mp4

【操练 + 视频】
——双页特效：制作城市的夜视频特效

STEP 01 按 Ctrl+N 组合键，新建一个工程文件，在视频轨中的适当位置导入两张静态图像，如图 8-52 所示。

图 8-52 导入两张静态图像

STEP 02 展开"特效"面板，在"双页"转场组中，选择"双页剥入 - 从右"转场效果，单击鼠标左键

并拖曳至视频轨中的两幅图像素材之间，释放鼠标左键，即可添加"双页剥入 - 从右"转场效果，如图 8-53 所示。

图 8-53 添加"双页剥入 - 从右"转场效果

▶ 专家指点

在"双页"转场组中，选择相应的转场效果后，单击面板上方的"添加到时间线"按钮右侧的下三角按钮，在弹出的列表框中选择"入点" | "中心"选项，即可在视频轨中素材的入点中心位置添加选择的转场效果。

STEP 03 单击"播放"按钮，预览"双页剥入 - 从右"转场效果，如图 8-54 所示。

图 8-54 预览"双页剥入 - 从右"转场效果

8.3.5 四页特效：制作水边白鹭视频特效

在 EDIUS 工作界面中，"四页"转场效果是指素材 A 以四页卷动或剥离的方式显示素材 B。下面向读者介绍"四页特效：制作水边白鹭视频特效"的操作方法。

素材文件	素材 \ 第 8 章 \ 水边白鹭 1.jpg 和水边白鹭 2.jpg
效果文件	效果 \ 第 8 章 \ 水边白鹭 .ezp
视频文件	8.3.5 四页特效：制作水边白鹭视频特效 .mp4

【操练 + 视频】
——四页特效：制作水边白鹭视频特效

STEP 01 按 Ctrl+N 组合键，新建一个工程文件，在视频轨中的适当位置导入两张静态图像，如图 8-55 所示。

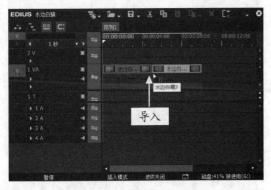

图 8-55 导入两张静态图像

STEP 02 展开"特效"面板，在"四页"转场组中，选择"四页剥离（纵深）-2"转场效果，按住鼠标左键并拖曳至视频轨中的两幅图像素材之间，释放鼠标左键，即可添加"四页剥离（纵深）-2"转场效果，如图 8-56 所示。

图 8-56 添加"四页剥离（纵深）-2"转场效果

STEP 03 单击"播放"按钮，预览"四页剥离（纵深）-2"转场效果，如图 8-57 所示。

图 8-57 预览"四页剥离（纵深）-2"转场效果

▶ 专家指点

在"四页"转场组中，选择相应的转场效果后，单击面板上方的"添加到时间线"按钮右侧的下三角按钮，在弹出的列表框中选择"出点"|"中心"选项，即可在视频轨中素材的出点中心位置添加选择的转场效果。

8.3.6 扭转特效：制作古典艺术视频特效

在 EDIUS 工作界面中，"扭转"转场效果是指素材 A 以各种扭转的方式显示素材 B。下面向读者介绍"扭转特效：制作古典艺术视频特效"的操作方法。

	素材文件	素材\第 8 章\古典艺术 1.jpg 和古典艺术 2.jpg
	效果文件	效果\第 8 章\古典艺术 .ezp
	视频文件	8.3.6 扭转特效：制作古典艺术视频特效 .mp4

【操练 + 视频】
——扭转特效：制作古典艺术视频特效

STEP 01 按 Ctrl+N 组合键，新建一个工程文件，在视频轨中的适当位置导入两张静态图像，如图 8-58 所示。

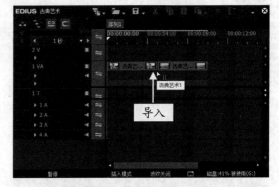

图 8-58 导入两张静态图像

STEP 02 展开"特效"面板，在"扭转"转场组中，选择"扭转（环绕）- 向上扭转 1"转场效果，按住鼠标左键并拖曳至视频轨中的两幅图像素材之间，释放鼠标左键，即可添加"扭转（环绕）- 向上扭转 1"转场效果，如图 8-59 所示。

图 8-59　添加"扭转（环绕）- 向上扭转 1"转场效果

STEP 03 单击"播放"按钮，预览"扭转（环绕）- 向上扭转 1"转场效果，如图 8-60 所示。

图 8-60　预览"扭转（环绕）- 向上扭转 1"转场效果

▶ 专家指点

　　在"特效"面板中选择的转场效果上，单击鼠标右键，在弹出的快捷菜单中选择"持续时间"|"转场"命令，将弹出"特效持续时间"对话框，在其中用户可以根据需要设置转场效果的持续时间，单击"确定"按钮，即可完成持续时间的设置。

8.3.7　旋转特效：制作克拉恋人视频特效

　　在 EDIUS 工作界面中，"旋转"转场效果是指素材 A 以各种旋转运动的方式显示素材 B。下面向读者介绍"旋转特效：制作克拉恋人视频特效"的操作方法。

素材文件	素材 \ 第 8 章 \ 克拉恋人 1.jpg 和克拉恋人 2.jpg
效果文件	效果 \ 第 8 章 \ 克拉恋人 .ezp
视频文件	8.3.7　旋转特效：制作克拉恋人视频特效 .mp4

【操练 + 视频】
——旋转特效：制作克拉恋人视频特效

STEP 01 按 Ctrl+N 组合键，新建一个工程文件，在视频轨中的适当位置导入两张静态图像，如图 8-61 所示。

图 8-61　导入两张静态图像

STEP 02 展开"特效"面板，在"旋转"转场组中，选择"分割旋转转出 - 顺时针"转场效果，按住鼠标左键并拖曳至视频轨中的两幅图像素材之间，释放鼠标左键，即可添加"分割旋转转出 - 顺时针"转场效果，如图 8-62 所示。

图 8-62　添加"分割旋转转出 - 顺时针"转场效果

STEP 03 单击"播放"按钮，预览"分割旋转转出 - 顺时针"转场效果，如图 8-63 所示。

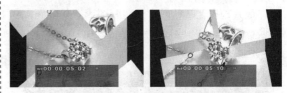

图 8-63　预览"分割旋转转出 - 顺时针"转场效果

▶ 专家指点

　　在"特效"面板中的空白位置上，单击鼠标右键，在弹出的快捷菜单中选择"导入"命令，弹出"打开"对话框，在其中选择需要导入的转场效果，单击"打开"按钮，即可将选择的转场效果导入到"特效"面板中。

8.3.8 爆炸特效：制作美味蛋糕视频特效

在 EDIUS 9 工作界面中，"爆炸"转场效果是指素材 A 以各种爆炸运动的方式显示素材 B，用户可以根据实际需求选择相应的"爆炸"场景效果。下面向读者介绍"爆炸特效：制作美味蛋糕视频特效"的操作方法。

素材文件	素材\第 8 章\美味蛋糕（1）.jpg 和美味蛋糕（2）.jpg
效果文件	效果\第 8 章\美味蛋糕 .ezp
视频文件	8.3.8 爆炸特效：制作美味蛋糕视频特效 .mp4

【操练 + 视频】
——爆炸特效：制作美味蛋糕视频特效

STEP 01 按 Ctrl+N 组合键，新建一个工程文件，在视频轨中的适当位置导入两张静态图像，如图 8-64 所示。

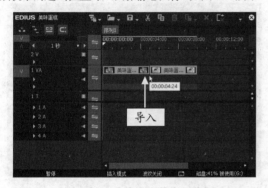

图 8-64　导入两张静态图像

STEP 02 展开"特效"面板，在"爆炸"转场组中，选择"爆炸转入 3D 1- 从右上"转场效果，按住鼠标左键并拖曳至视频轨中的两幅图像素材之间，释放鼠标左键，即可添加"爆炸转入 3D 1- 从右上"转场效果，如图 8-65 所示。

图 8-65　添加"爆炸转入 3D 1- 从右上"转场效果

STEP 03 单击"播放"按钮，预览"爆炸转入 3D 1- 从右上"转场效果，如图 8-66 所示。

图 8-66　预览"爆炸转入 3D 1- 从右上"转场效果

8.3.9 管状特效：制作西藏美景视频特效

在 EDIUS 工作界面中，"管状"转场效果是指素材 A 以各种管状运动的方式显示素材 B，用户可以根据自身的需求选择场景效果。下面向读者介绍"管状特效：制作西藏美景视频特效"的操作方法。

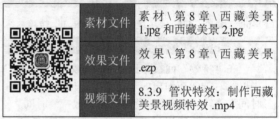

素材文件	素材\第 8 章\西藏美景 1.jpg 和西藏美景 2.jpg
效果文件	效果\第 8 章\西藏美景 .ezp
视频文件	8.3.9 管状特效：制作西藏美景视频特效 .mp4

【操练 + 视频】
——管状特效：制作西藏美景视频特效

STEP 01 按 Ctrl+N 组合键，新建一个工程文件，在视频轨中的适当位置导入两张静态图像，如图 8-67 所示。

图 8-67　导入两张静态图像

STEP 02 展开"特效"面板，在"管状"转场组中，选择"横管出现（淡出 . 环转）-3"转场效果，按住鼠标左键并拖曳至视频轨中的两幅图像素材之间，释放鼠标左键，即可添加"横管出现（淡出.环转）-3"转场效果，如图 8-68 所示。

图 8-68　添加"横管出现（淡出.环转）-3"转场效果

STEP 03 单击"播放"按钮，预览"横管出现（淡出.环转）-3"转场效果，如图 8-69 所示。

图 8-69　预览"横管出现（淡出.环转）-3"转场效果

第 9 章

滤镜：制作视频滤镜特效

章 前 知 识 导 读

　　在 EDIUS 工作界面中，向用户提供了各种各样的滤镜特效，使用这些滤镜特效，用户无须耗费大量的时间和精力就可以快速地制作出如滚动、模糊、马赛克、手绘、浮雕以及各种混合滤镜效果。

新 手 重 点 索 引

　　🎤 视频滤镜简介　　　　　　　　　　🎤 滤镜的添加与删除

　　🎤 视频滤镜特效的精彩应用

效 果 图 片 欣 赏

9.1 视频滤镜简介

视频滤镜可以说是 EDIUS 9 软件的一大亮点，越来越多的滤镜特效出现在各种电视节目中，它可以使美丽的画面更加生动、绚丽多彩，从而创作出非常神奇的、变幻莫测的媲美好莱坞大片的视觉效果。本节主要向读者介绍视频滤镜简介。

9.1.1 滤镜效果简介

对素材添加视频滤镜后，滤镜效果将会应用到视频素材的每一幅画面上，通过调整滤镜的属性，可以控制起始帧到结束帧之间的滤镜强度、效果、速度等。下面为添加了各种视频滤镜后的视频画面特效，如图 9-1 所示。

"光栅滚动"视频滤镜　　　　　　　　　"浮雕"视频滤镜

"宽银幕"视频滤镜　　　　　　　　　"平滑马赛克"视频滤镜

图 9-1　添加各种视频滤镜后的视频画面特效

▶ 专家指点

在 EDIUS 工作界面中，左侧的播放窗口中显示的是视频素材原画面；右侧的录制窗口中显示的是已经添加视频滤镜后的视频画面特效。

9.1.2 滤镜特效面板

在 EDIUS 9 中，提供了多种视频滤镜特效，都存在于"特效"面板中，如图 9-2 所示。在视频中合理地运用这些滤镜特效，可以模拟制作出各种艺术效果，对素材进行美化操作。

 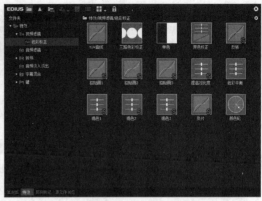

图 9-2　"视频滤镜"和"色彩校正"特效

▶ 专家指点

　　在 EDIUS 工作界面中，当用户为视频轨中的视频素材添加相应的滤镜效果后，添加的滤镜效果会显示在"信息"面板中。

9.2　滤镜的添加与删除

　　视频滤镜是指可以应用到视频素材上的效果，它可以改变视频文件的外观和样式。本节主要向读者介绍滤镜的添加与删除的操作方法，主要包括添加视频滤镜、添加多个视频滤镜以及删除视频滤镜等内容。

9.2.1　添加滤镜：制作金鱼视频特效

　　在素材上添加相应的视频滤镜效果，可以制作出特殊的视频画面。下面向读者介绍"添加滤镜：制作金鱼视频特效"的操作方法。

素材文件	素材 \ 第 9 章 \ 金鱼 .jpg	
效果文件	效果 \ 第 9 章 \ 金鱼 .ezp	
视频文件	9.2.1　添加滤镜：制作金鱼视频特效 .mp4	

【操练 + 视频】
——添加滤镜：制作金鱼视频特效

STEP 01 按 Ctrl+N 组合键，新建一个工程文件，在视频轨中的适当位置导入一张静态图像，如图 9-3 所示。

STEP 02 在录制窗口中，可以查看导入的素材画面效果，如图 9-4 所示。

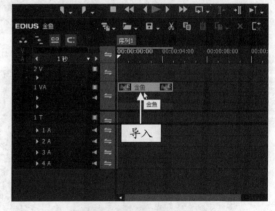

图 9-3　导入一张静态图像

图 9-4　查看导入的素材画面效果

STEP 03 展开特效面板，在滤镜组中选择"铅笔画"滤镜，如图 9-5 所示。

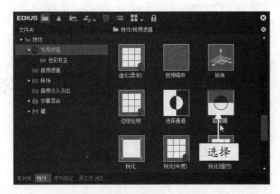

图 9-5　选择"铅笔画"滤镜

STEP 04 按住鼠标左键并拖曳至视频轨中的静态图像上，释放鼠标左键，即可在素材上添加"铅笔画"滤镜效果，如图 9-6 所示。

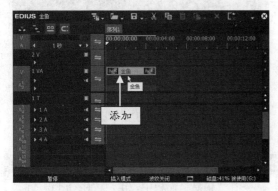

图 9-6　添加"铅笔画"滤镜效果

STEP 05 此时录制窗口中的素材画面如图 9-7 所示。

图 9-7　素材画面

STEP 06 在"信息"面板中的滤镜效果上，单击鼠标右键，在弹出的快捷菜单中选择"打开设置对话框"命令，弹出"铅笔画"对话框，如图 9-8 所示。

STEP 07 ❶在弹出的对话框中设置"密度"为 7.63；❷选中"平滑"复选框，如图 9-9 所示。

STEP 08 单击"确认"按钮设置滤镜属性，在录制窗口中可以查看添加"铅笔画"滤镜后的视频效果，如图 9-10 所示。

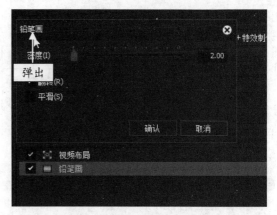

图 9-8　弹出"铅笔画"对话框

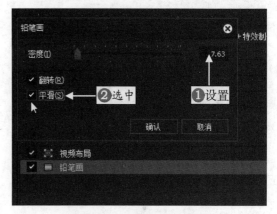

图 9-9　选中"平滑"复选框

图 9-10　查看添加"铅笔画"滤镜后的视频效果

▶ 专家指点

　　在 EDIUS 工作界面中，用户可以对视频特效进行多次复制与粘贴操作，将视频特效粘贴至其他素材图像上，让制作的视频特效重复使用，提高效率。

9.2.2　多个滤镜：制作婚纱影像视频特效

　　在 EDIUS 工作界面中，用户可以根据需要为素材图像添加多个视频滤镜效果，使素材画面效果更加丰富。下面向读者介绍"多个滤镜：制作婚纱影像视频特效"的操作方法。

素材文件	素材＼第9章＼婚纱影像.jpg
效果文件	效果＼第9章＼婚纱影像.ezp
视频文件	9.2.2 多个滤镜：制作婚纱影像视频特效.mp4

【操练＋视频】
——多个滤镜：制作婚纱影像视频特效

STEP 01 按 Ctrl+N 组合键，新建一个工程文件，在视频轨中的适当位置导入一张静态图像，如图 9-11 所示。

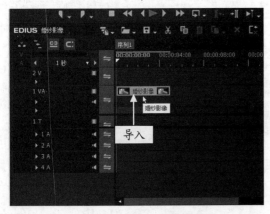

图 9-11　导入一张静态图像

STEP 02 在录制窗口中，可以查看导入的素材画面效果，如图 9-12 所示。

图 9-12　查看导入的素材画面效果

STEP 03 展开特效面板，在"视频滤镜"滤镜组中选择"平滑模糊"滤镜，按住鼠标左键并拖曳至视频轨中的图像上，释放鼠标左键，即可添加"平滑模糊"滤镜，如图 9-13 所示。

STEP 04 在"视频滤镜"滤镜组中选择"循环幻灯"滤镜，按住鼠标左键并拖曳至视频轨中的图像上，释放鼠标左键，即可添加"循环幻灯"滤镜，在"信息"面板中显示了添加的两个视频滤镜效果，如图 9-14 所示。

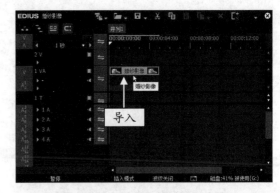

图 9-13　添加"平滑模糊"滤镜

图 9-14　显示添加的两个视频滤镜效果

▶ 专家指点

在"信息"面板中，用户按住 Ctrl 键的同时，可以选择多个视频滤镜特效，在选择的多个滤镜效果上，单击鼠标右键，在弹出的快捷菜单中选择"启用／禁用"命令，可以启用或禁用设置的滤镜效果。

STEP 05 在录制窗口中可以查看添加多个滤镜后的视频画面特效，如图 9-15 所示。

图 9-15　添加多个滤镜后的视频画面特效

9.2.3　删除滤镜：制作室内风光视频特效

如果用户在素材图像上添加滤镜效果后，发现所添加的滤镜效果不是自己需要的效果时，可以将该滤镜效果删除。下面向读者介绍"删除滤镜：制作室内风光视频特效"的操作方法。

素材文件	素材 \ 第 9 章 \ 室内风光 .ezp
效果文件	效果 \ 第 9 章 \ 室内风光 .ezp
视频文件	9.2.3 删除滤镜：制作室内风光视频特效 .mp4

【操练 + 视频】

——删除滤镜：制作室内风光视频特效

STEP 01 选择"文件"|"打开工程"命令，打开一个工程文件，如图 9-16 所示。

图 9-16　打开一个工程文件

STEP 02 在录制窗口中，单击"播放"按钮，预览现有的视频滤镜画面特效，如图 9-17 所示。

▶ 专家指点

　　除了运用上述方法删除视频滤镜之外，在"信息"面板中，选择需要删除的滤镜效果后，单击鼠标右键，在弹出的快捷菜单中选择"删除"命令，也可以快速删除选择的视频滤镜效果；或者在"信息"面板中，选择需要删除的视频滤镜后，按 Delete 键，也可以快速删除视频滤镜。

图 9-17　预览现有的视频滤镜画面特效

STEP 03 在"信息"面板中，选择需要删除的视频滤镜，这里选择"铅笔画"选项，然后单击右侧的"删除"按钮，如图 9-18 所示。

图 9-18　单击右侧的"删除"按钮

STEP 04 执行操作后，即可删除选择的视频滤镜特效，在录制窗口中可以查看删除视频滤镜后的视频画面，如图 9-19 所示。

图 9-19　查看删除视频滤镜后的视频画面

▶ 专家指点

　　在"信息"面板中，"视频布局"选项是软件默认放在"信息"面板中的视频功能，该选项是不允许被用户所删除的，用户只能对"视频布局"功能进行相应布局动画设置。

9.3　视频滤镜特效的精彩应用

　　在 EDIUS 工作界面中，为用户提供了大量的滤镜效果，主要包括"光栅滚动"滤镜、"动态模糊"滤镜、"块颜色"滤镜、"浮雕"滤镜以及"老电影"滤镜等。用户可以根据需要应用这些滤镜效果，制作出精美的视频画面。本节主要向读者介绍视频滤镜特效的精彩应用的操作方法。

9.3.1 浮雕滤镜：制作视频浮雕特效

在 EDIUS 工作界面中，"浮雕"滤镜可以让图像立体感看起来像石版画。下面向读者介绍"浮雕滤镜：制作视频浮雕特效"的操作方法。

素材文件	素材 \ 第 9 章 \ 相守一生 .jpg
效果文件	效果 \ 第 9 章 \ 相守一生 .ezp
视频文件	9.3.1 浮雕滤镜：制作视频浮雕特效 .mp4

【操练 + 视频】
——浮雕滤镜：制作视频浮雕特效

STEP 01 按 Ctrl+N 组合键，新建一个工程文件，在视频轨中的适当位置导入一张静态图像，如图 9-20 所示。

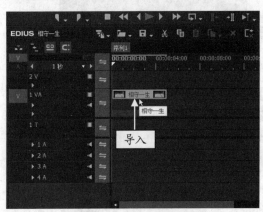

图 9-20 导入一张静态图像

STEP 02 在录制窗口中，可以查看导入的素材画面效果，如图 9-21 所示。

图 9-21 查看导入的素材画面效果

STEP 03 展开特效面板，在"视频滤镜"滤镜组中选择"浮雕"滤镜效果，如图 9-22 所示。

图 9-22 选择"浮雕"滤镜效果

STEP 04 将选择的滤镜添加至视频轨中的图像素材上，在"信息"面板中选择"浮雕"选项，单击"打开设置对话框"按钮，弹出"浮雕"对话框，如图 9-23 所示。

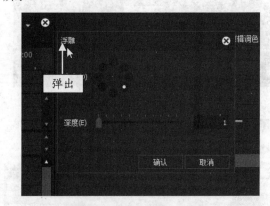

图 9-23 弹出"浮雕"对话框

STEP 05 在弹出的对话框中设置"深度"为 3，如图 9-24 所示。

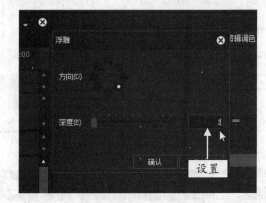

图 9-24 设置相应参数

STEP 06 设置完成后，单击"确认"按钮，返回 EDIUS 工作界面，单击录制窗口下方的"播放"按钮，预览添加"浮雕"滤镜后的视频画面效果，如图 9-25 所示。

图 9-25 预览添加滤镜后的视频画面效果

9.3.2 回忆画面：制作视频老电影特效

在"老电影"滤镜中，惟妙惟肖地模拟了老电影中特有的帧跳动、落在胶片上的毛发杂物等效果，配合色彩校正使其变得泛黄或者黑白化，可能真的无法分辨出哪个才是真正的"老古董"，也是使用频率较高的一类特效。下面向读者介绍"回忆画面：制作视频老电影特效"的操作方法。

素材文件	素材 \ 第 9 章 \ 回忆 .jpg
效果文件	效果 \ 第 9 章 \ 回忆 .ezp
视频文件	9.3.2 回忆画面：制作视频老电影特效 .mp4

【操练 + 视频】
——回忆画面：制作视频老电影特效

STEP 01 按 Ctrl+N 组合键，新建一个工程文件，在视频轨中的适当位置导入一张静态图像，如图 9-26 所示。

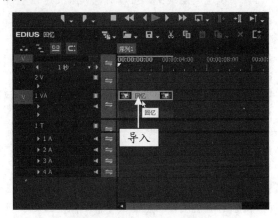

图 9-26 导入一张静态图像

STEP 02 在录制窗口中，可以查看导入的素材画面效果，如图 9-27 所示。

图 9-27 查看导入的素材画面效果

▶ **专家指点**

在 EDIUS 视频特效制作后，老电影滤镜配合色彩校正类滤镜的使用，可以使视频画面产生泛黄或者黑白化的特效。

STEP 03 展开特效面板，在"视频滤镜"滤镜组中选择"老电影"滤镜效果，如图 9-28 所示。

图 9-28 选择"老电影"滤镜效果

STEP 04 在选择的滤镜效果上，按住鼠标左键并拖曳至"信息"面板下方，如图 9-29 所示，可以看到该"老电影"滤镜是由"色彩平衡"滤镜与"视频噪声"滤镜设置转变而成的。

图 9-29 查看添加的滤镜

STEP 05 再次在特效面板中，选择另一个"老电影"滤镜效果，按住鼠标左键并拖曳至"信息"面板下方，再次添加一个"老电影"视频滤镜，如图 9-30 所示。

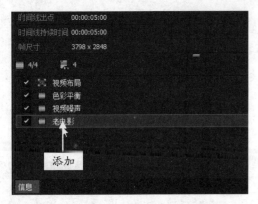

图 9-30 添加一个"老电影"视频滤镜

STEP 06 在"信息"面板的"色彩平衡"滤镜上，单击鼠标右键，在弹出的快捷菜单中选择"打开设置对话框"选项，❶弹出"色彩平衡"对话框，在其中设置"色度"为 -128；❷设置"红"为 19、"绿"为 4、"蓝"为 -38，如图 9-31 所示。

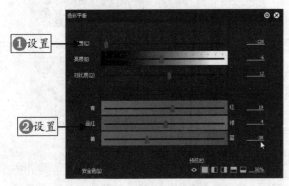

图 9-31 设置相应参数

▶ 专家指点

在"信息"面板中，取消相应滤镜选项前的对勾符号，即可取消该视频滤镜在素材中的应用操作。

STEP 07 设置完成后，单击对话框下方的"确定"按钮，完成"色彩平衡"滤镜的设置，在"信息"面板的"老电影"滤镜上，双击鼠标左键，弹出"老电影"对话框，在"尘粒和毛发"选项组中，设置"毛发比率"为 52、"大小"为 48、"数量"为 60、"亮度"为 40、"持续时间"为 8；在"刮痕和噪声"选项组中，设置"数量"为 30、"亮度"为 40、"移动性"为 128、"持续时间"为 80；在"帧跳动"选项组中，设置"偏移"为 60、"概率"为 10；在"闪烁"选项组中，设置"幅度"为 16，如图 9-32 所示。

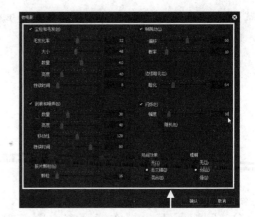

图 9-32 设置相应参数

STEP 08 设置完成后，单击"确认"按钮，完成对"老电影"滤镜效果的设置，在录制窗口中，单击"播放"按钮，即可预览添加"老电影"滤镜后的视频画面效果，如图 9-33 所示。

图 9-33 预览添加滤镜后的视频画面效果

9.3.3 画面叠加：制作视频镜像特效

在"镜像"滤镜中，可以对视频画面进行垂直或者水平镜像操作。下面向读者介绍"画面叠加：制作视频镜像特效"的操作方法。

素材文件	素材 \ 第 9 章 \ 荷花特效 .jpg
效果文件	效果 \ 第 9 章 \ 荷花特效 .ezp
视频文件	9.3.3 画面叠加：制作视频镜像特效 .mp4

【操练 + 视频】
——画面叠加：制作视频镜像特效

STEP 01 按 Ctrl+N 组合键，新建一个工程文件，在视频轨中的适当位置导入一张静态图像，如图 9-34 所示。

STEP 02 在录制窗口中，可以查看导入的素材画面效果，如图 9-35 所示。

图 9-34 导入一张静态图像

图 9-35 查看导入的素材画面效果

STEP 03 展开"特效"面板，在"视频滤镜"滤镜组中选择"镜像"滤镜效果，按住鼠标左键并拖曳至"信息"面板下方，如图 9-36 所示。

图 9-36 拖曳至"信息"面板下方

STEP 04 执行操作后，即可在视频中应用"镜像"滤镜效果，在录制窗口中，即可预览添加"镜像"滤镜后的视频画面效果，如图 9-37 所示。

图 9-37 预览添加滤镜后的视频画面效果

9.3.4 铅笔手绘：制作视频铅笔画特效

在 EDIUS 工作界面中，"铅笔画"滤镜可以让画面看起来好像是铅笔素描一样的效果。下面向读者介绍"铅笔手绘：制作视频铅笔画特效"的操作方法。

素材文件	素材 \ 第 9 章 \ 手镯 .jpg
效果文件	效果 \ 第 9 章 \ 手镯 .ezp
视频文件	9.3.4 铅笔手绘：制作视频铅笔画特效 .mp4

【操练 + 视频】
——铅笔手绘：制作视频铅笔画特效

STEP 01 按 Ctrl+N 组合键，新建一个工程文件，在视频轨中的适当位置导入一张静态图像，如图 9-38 所示。

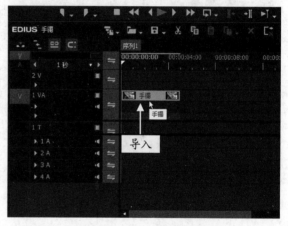

图 9-38 导入一张静态图像

STEP 02 在录制窗口中，可以查看导入的素材画面效果，如图 9-39 所示。

图 9-39 查看导入的素材画面效果

STEP 03 展开"特效"面板，在"视频滤镜"滤镜组中选择"铅笔画"滤镜效果，按住鼠标左键并拖曳至"信息"面板下方，如图 9-40 所示。

STEP 04 在"信息"面板中的"铅笔画"滤镜上，

单击鼠标右键，在弹出的快捷菜单中选择"打开设置对话框"命令，弹出"铅笔画"对话框，如图 9-41 所示。

图 9-40　拖曳至"信息"面板下方

图 9-41　弹出"铅笔画"对话框

STEP 05 ❶在对话框中设置"密度"为 3；❷选中"翻转"复选框与"平滑"复选框，如图 9-42 所示。

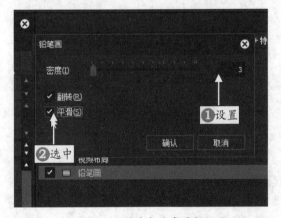

图 9-42　选中相应复选框

STEP 06 设置完成后，单击"确认"按钮，完成对"铅笔画"滤镜的设置，在录制窗口中，可以预览添加"铅笔画"滤镜后的视频画面效果，如图 9-43 所示。

图 9-43　预览添加滤镜后的视频画面效果

9.3.5　光栅滚动：制作特色风景视频特效

在 EDIUS 工作界面中，使用"光栅滚动"滤镜，可以创建视频画面的波浪扭动变形效果，可以为变形程度设置关键帧。下面向读者介绍"光栅滚动：制作特色风景视频特效"的操作方法。

素材文件	素材 \ 第 9 章 \ 特色风景 .jpg
效果文件	效果 \ 第 9 章 \ 特色风景 .ezp
视频文件	9.3.5　光栅滚动：制作特色风景视频特效 .mp4

【操练＋视频】
——光栅滚动：制作特色风景视频特效

STEP 01 按 Ctrl+N 组合键，新建一个工程文件，在视频轨中的适当位置导入一张静态图像，如图 9-44 所示。

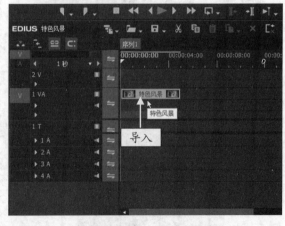

图 9-44　导入一张静态图像

STEP 02 在录制窗口中，可以查看导入的素材画面效果，如图 9-45 所示。

图 9-45　查看导入的素材画面效果

STEP 03 展开特效面板，在"视频滤镜"滤镜组中选择"光栅滚动"滤镜效果，按住鼠标左键并拖曳至视频轨中的图像素材上方，释放鼠标左键，即可添加"光栅滚动"滤镜效果，如图 9-46 所示。

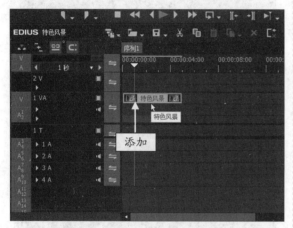

图 9-46　添加"光栅滚动"滤镜效果

STEP 04 即可在录制窗口中查看添加"光栅滚动"滤镜后的素材画面效果，如图 9-47 所示。

图 9-47　添加滤镜后的素材画面效果

STEP 05 在"信息"面板中，选择添加的"光栅滚动"滤镜效果，在选择的滤镜效果上，双击鼠标左键，弹出"光栅滚动"对话框，在其中设置"波长"为 890、"振幅"为 50、"频率"为 50，如图 9-48 所示。

STEP 06 设置完成后，单击"确认"按钮，单击录制窗口下方的"播放"按钮，预览添加"光栅滚动"滤镜后的视频画面效果，如图 9-49 所示。

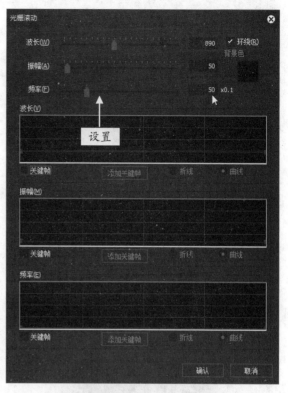

图 9-48　设置相应参数

图 9-49　预览添加"光栅滚动"滤镜后的
视频画面效果

9.3.6　焦点柔化：制作林中少女视频特效

在 EDIUS 工作界面中，焦点柔化滤镜类似于一个柔焦效果，可以为视频画面添加一层梦幻般的光晕特效。下面向读者介绍"焦点柔化：制作林中少女视频特效"的操作方法。

	素材文件	素材\第 9 章\林中少女 .jpg
	效果文件	效果\第 9 章\林中少女 .ezp
	视频文件	9.3.6　焦点柔化：制作林中少女视频特效 .mp4

【操练 + 视频】
——焦点柔化：制作林中少女视频特效

STEP 01 按 Ctrl+N 组合键，新建一个工程文件，在视频轨中的适当位置导入一张静态图像，如图 9-50 所示。

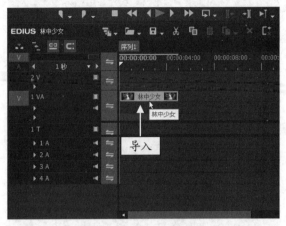

图 9-50　导入一张静态图像

STEP 02 在录制窗口中，可以查看导入的素材画面效果，如图 9-51 所示。

图 9-51　查看导入的素材画面效果

STEP 03 展开特效面板，在"视频滤镜"滤镜组中选择"焦点柔化"滤镜，将选择的滤镜添加至视频轨中的图像素材上，如图 9-52 所示。

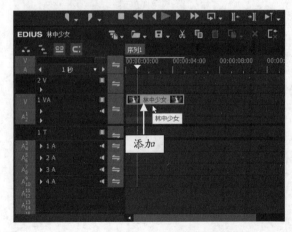

图 9-52　在图像上添加相应视频滤镜

STEP 04 在"信息"面板中选择"焦点柔化"选项，单击"打开设置对话框"按钮，弹出"焦点柔化"对话框，如图 9-53 所示。

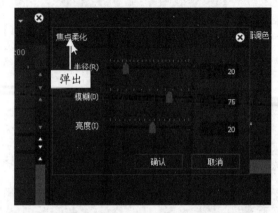

图 9-53　弹出"焦点柔化"对话框

STEP 05 在对话框中设置"半径"为 30、"模糊"为 70、"亮度"为 10，如图 9-54 所示。

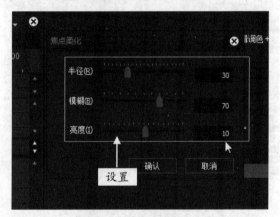

图 9-54　设置相应参数

STEP 06 设置完成后，单击"确认"按钮，返回 EDIUS 工作界面，单击录制窗口下方的"播放"按钮，预览添加"焦点柔化"视频滤镜后的效果，如图 9-55 所示。

图 9-55　预览添加视频滤镜后的效果

9.3.7 模糊效果：制作视频图像马赛克特效

在 EDIUS 工作界面中，平滑马赛克滤镜可以使视频画面产生马赛克的效果。使用较大的马赛克值时，马赛克效果更好。下面向读者介绍"模糊效果：制作视频图像马赛克特效"的操作方法。

素材文件	素材\第 9 章\首饰.jpg
效果文件	效果\第 9 章\首饰.ezp
视频文件	9.3.7 模糊效果：制作视频图像马赛克特效.mp4

【操练 + 视频】
——模糊效果：制作视频图像马赛克特效

STEP 01 按 Ctrl+N 组合键，新建一个工程文件，在视频轨中的适当位置导入一张静态图像，如图 9-56 所示。

图 9-56 导入一张静态图像

STEP 02 在录制窗口中，可以查看导入的素材画面效果，如图 9-57 所示。

图 9-57 查看导入的素材画面效果

STEP 03 展开特效面板，在"视频滤镜"滤镜组中选择"平滑马赛克"滤镜，将选择的滤镜添加至视频轨中的图像素材上，在"信息"面板中选择"马赛克"选项，单击"打开设置对话框"按钮，❶弹出"马赛克"对话框；❷在其中设置"块大小"为 10，如图 9-58 所示。

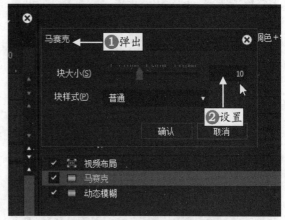

图 9-58 设置相应参数

STEP 04 设置完成后，单击"确认"按钮，返回 EDIUS 工作界面，由此可见，"平滑马赛克"滤镜效果是由"马赛克"与"动态模糊"两种视频滤镜设置转变而成的，单击录制窗口下方的"播放"按钮，预览添加"平滑马赛克"滤镜后的视频画面效果，如图 9-59 所示。

图 9-59 预览添加滤镜后的视频画面效果

▶ 专家指点

在"马赛克"对话框中，单击"块样式"选项右侧的下三角按钮，在弹出的下拉列表中，用户可以选择马赛克的样式与形状。

9.3.8　组合滤镜：制作壮丽景色视频特效

在 EDIUS 工作界面中，组合滤镜可以同时设置 5 个不同的滤镜效果，该滤镜通过不同滤镜的组合应用，可以得到一个全新的视频滤镜效果。下面向读者介绍"组合滤镜：制作壮丽景色视频特效"的操作方法。

素材文件	素材 \ 第 9 章 \ 壮丽景色 .jpg
效果文件	效果 \ 第 9 章 \ 壮丽景色 .ezp
视频文件	9.3.8　组合滤镜：制作壮丽景色视频特效 .mp4

【操练 + 视频】
——组合滤镜：制作壮丽景色视频特效

STEP 01 按 Ctrl+N 组合键，新建一个工程文件，在视频轨中的适当位置导入一张静态图像，如图 9-60 所示。

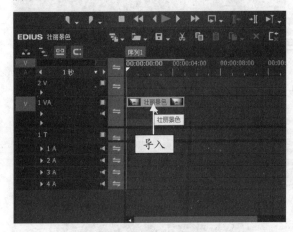

图 9-60　导入一张静态图像

STEP 02 在录制窗口中，可以查看导入的素材画面效果，如图 9-61 所示。

图 9-61　查看导入的素材画面效果

STEP 03 展开特效面板，在"视频滤镜"滤镜组中选择"组合滤镜"效果，将选择的滤镜添加至视频轨中的图像素材上，如图 9-62 所示。

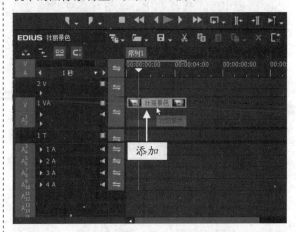

图 9-62　在图像素材上添加视频滤镜

STEP 04 在"信息"面板中选择"组合滤镜"选项，单击鼠标右键，在弹出的快捷菜单中选择"打开设置对话框"命令，弹出"组合滤镜"对话框，❶取消选中最后 2 个复选框；❷选中前面 3 个复选框，表示同时应用 3 个滤镜效果，如图 9-63 所示。

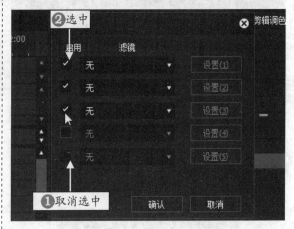

图 9-63　选中相应复选框

STEP 05 设置第 1 个滤镜为"色彩平衡"，单击右侧的"设置"按钮，如图 9-64 所示。

STEP 06 执行操作后，弹出"色彩平衡"对话框，在其中设置"红"为 6、"绿"为 -13、"蓝"为 6，如图 9-65 所示，设置色彩平衡滤镜参数。

STEP 07 设置完成后，单击"确定"按钮，返回"组合滤镜"对话框，设置第 2 个滤镜为"颜色轮"，单击右侧的"设置"按钮，如图 9-66 所示。

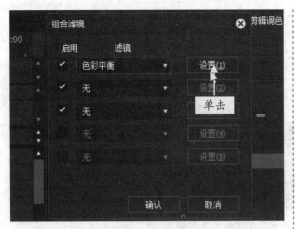

图 9-64　单击右侧的"设置"按钮

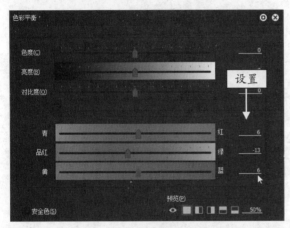

图 9-65　设置色彩平衡滤镜参数

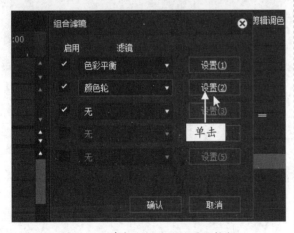

图 9-66　单击右侧的"设置"按钮

STEP 08 执行操作后，弹出"颜色轮"对话框，在其中设置"色调"为8.50、"饱和度"为-16，如图9-67所示，设置颜色轮滤镜参数。

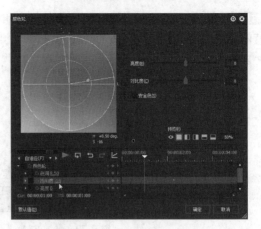

图 9-67　设置颜色轮滤镜参数

STEP 09 设置完成后，单击"确定"按钮，返回"组合滤镜"对话框，设置第3个滤镜为"锐化"，单击右侧的"设置"按钮，如图9-68所示。

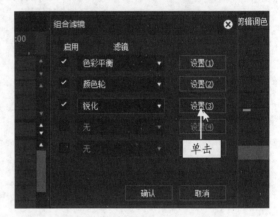

图 9-68　单击右侧的"设置"按钮

STEP 10 执行操作后，❶弹出"锐化"对话框；❷设置"清晰度"为25，如图9-69所示。

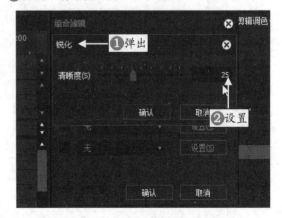

图 9-69　设置"清晰度"为25

STEP 11 设置完成后，单击"确认"按钮，返回"组合滤镜"对话框，继续单击"确认"按钮，完成"组合滤镜"特效设置，单击录制窗口下方的"播放"按钮，预览添加"组合滤镜"滤镜后的画面效果，如图 9-70 所示。

图 9-70　预览添加"组合滤镜"滤镜后的画面效果

第10章

合成：制作合成运动特效

章前知识导读

　　合成运动特效是指在原有的视频画面中合成或创建移动、变形和缩放等运动效果。在 EDIUS 9 中，为静态的素材加入适当的运动效果，可以让画面活动起来，显得更加逼真、生动。本章主要向读者介绍合成运动特效的制作方法。

新手重点索引

🎤 制作二维与三维空间动画　　　🎤 制作视频混合模式特效
🎤 制作视频抠像与遮罩特效

效果图片欣赏

10.1 制作二维与三维空间动画

在 EDIUS 9 中，用户不仅可以设置滤镜参数的动画效果，更多的时候还需要设置图像的移动、旋转、缩放等动画，尤其是三维空间中的动画，这就是视频布局动画。本节将向读者介绍制作二维与三维空间动画的操作方法，主要包括裁剪图像和三维变换图像等内容，希望读者可以熟练掌握。

10.1.1 视频布局概述

在 EDIUS 工作界面中，单击"素材"菜单，在弹出的下拉菜单中选择"视频布局"命令，即可弹出"视频布局"对话框，如图 10-1 所示。

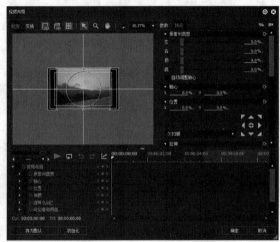

图 10-1 "视频布局"对话框

"视频布局"对话框中各部分的含义如下。

● 功能按钮：在"视频布局"对话框中，包含许多控制和功能按钮，来决定图像不同的布局方式。比如，选择"裁剪"选项，图像只有裁剪功能可用，而 2D 模式、3D 模式和显示参考按钮变成灰色不可用状态。

● 预览窗口：预览窗口中显示源素材视频和在布局窗口中对图像所作的变换。在"显示比例"列表框中，可以选择预览窗口的尺寸。或按 Ctrl+O 组合键，使预览窗口自动匹配布局窗口的尺寸。

● 效果控制面板：在效果控制面板中，可以指定布局参数的数值，并设置相应的参数关键帧。

● "参数"面板：在"参数"面板中，显示了在布局窗口中与选择功能对应的可用的参数设置。

● "预设"面板：在"预设"面板中，可以应用 EDIUS 软件中预设的多种功能来调整图像的布局。

10.1.2 裁剪特效：制作裁剪图像动画

为了构图的需要，有时候用户需要重新裁剪素材的画面。单击"裁剪"选项卡，在预览窗口中直接拖曳裁剪控制框，就可以裁剪素材画面了，也可以在"参数"面板中设置"左""右""顶""底"的裁剪比例来裁剪图像画面。下面向读者介绍"裁剪特效：制作裁剪图像动画"的操作方法。

素材文件	素材\第10章\甜蜜恋人 .ezp
效果文件	效果\第10章\甜蜜恋人 .ezp
视频文件	10.1.2 裁剪特效：制作裁剪图像动画 .mp4

【操练 + 视频】
——裁剪特效：制作裁剪图像动画

STEP 01 选择"文件"|"打开工程"命令，打开一个工程文件，如图 10-2 所示。

图 10-2 打开一个工程文件

STEP 02 在视频轨中，选择需要进行裁剪的图像素材，如图 10-3 所示。

STEP 03 在菜单栏中，选择"素材"|"视频布局"命令，弹出"视频布局"对话框，在"裁剪"选项卡的"参数"面板中，设置"左"为 14.10%、"右"为 13.80%、"顶"为 288.1px、"底"为 12.20%，如图 10-4 所示。

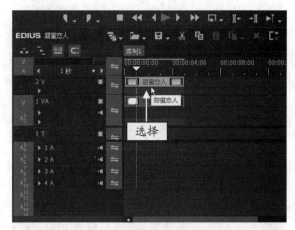

图 10-3 选择需要进行裁剪的图像素材

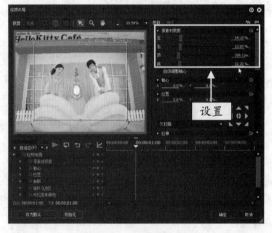

图 10-4 设置相应参数

STEP 04 设置完成后，单击"确定"按钮，返回 EDIUS 工作界面，在录制窗口中可以查看裁剪后的素材画面，效果如图 10-5 所示。

图 10-5 查看裁剪后的素材画面

10.1.3 变换特效：制作二维变换动画

在 EDIUS 9 中，除了裁剪素材外，对素材的操作大多都是变换操作。下面向读者介绍"变换特效：制作二维变换动画"的操作方法。

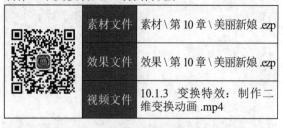	素材文件	素材\第 10 章\美丽新娘 .ezp
	效果文件	效果\第 10 章\美丽新娘 .ezp
	视频文件	10.1.3 变换特效：制作二维变换动画 .mp4

【操练 + 视频】
——变换特效：制作二维变换动画

STEP 01 选择"文件"|"打开工程"命令，打开一个工程文件，如图 10-6 所示。

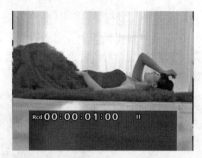

图 10-6 打开一个工程文件

STEP 02 在视频轨中，选择需要进行变换的图像素材，如图 10-7 所示。

图 10-7 选择需要进行变换的图像素材

STEP 03 选择"素材"|"视频布局"命令，弹出"视频布局"对话框，❶切换至"变换"选项卡；❷在"参数"面板中设置"左"为 7.20%，对图像进行裁剪操作，如图 10-8 所示。

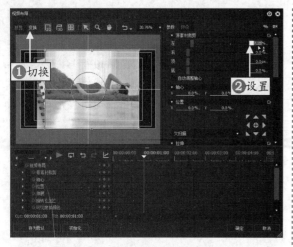

图 10-8　对图像进行裁剪操作

STEP 04 在左侧的预览窗口中，通过拖曳四周的控制柄，调整素材的大小与位置，并对素材进行旋转操作，如图 10-9 所示。

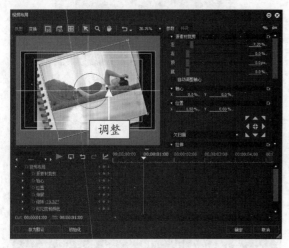

图 10-9　对素材进行旋转操作

STEP 05 设置完成后，单击"确定"按钮，返回 EDIUS 工作界面，在录制窗口中可以查看变换后的素材画面，效果如图 10-10 所示。

图 10-10　查看变换后的素材画面

▶ **专家指点**

在 EDIUS 9 中，用户还可以通过以下两种方法打开"视频布局"对话框。
- ◉ 按 F7 键，可以快速弹出"视频布局"对话框。
- ◉ 在"信息"面板中，双击"视频布局"选项，也可以弹出"视频布局"对话框。

10.1.4　空间变换：制作三维空间变换特效

在"视频布局"对话框中，单击"3D 模式"按钮，激活三维空间，在预览窗口中可以看到图像的变换轴向与二维空间的不同，在该空间中可以对图像进行三维空间变换。下面向读者介绍"空间变换：制作三维空间变换特效"的操作方法。

素材文件	素材 \ 第 10 章 \ 山清水秀 .jpg
效果文件	效果 \ 第 10 章 \ 山清水秀 .ezp
视频文件	10.1.4　空间变换：制作三维空间变换特效 .mp4

【操练＋视频】
——空间变换：制作三维空间变换特效

STEP 01 按 Ctrl+N 组合键，新建一个工程文件，在视频轨中的适当位置导入两张静态图像，如图 10-11 所示。

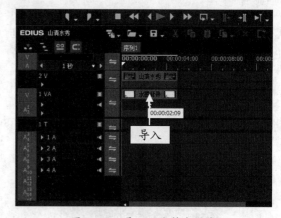

图 10-11　导入两张静态图像

STEP 02 在录制窗口中，可以查看导入的素材画面效果，如图 10-12 所示。

STEP 03 在视频轨中，选择需要进行三维空间变换的素材，如图 10-13 所示。

图 10-12 查看导入的素材画面效果

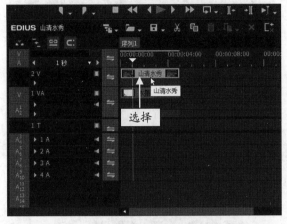

图 10-13 选择需要进行三维空间变换的素材

STEP 04 选择"素材"|"视频布局"命令，❶弹出"视频布局"对话框；❷单击上方的"3D 模式"按钮，如图 10-14 所示。

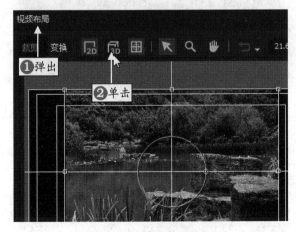

图 10-14 单击相应按钮

STEP 05 执行操作后，进入"3D 模式"编辑界面，如图 10-15 所示。

STEP 06 ❶在"参数"面板的"轴心"选项组中设置 X 为 -20px、Y 为 20%、Z 为 -10%；❷在"位置"选项组中，设置 X 为 -75.5px、Y 为 4.4%、

Z 为 -8.2%；❸在"拉伸"选项组中，设置 X 为 850.9px、Y 为 638.3px，如图 10-16 所示。

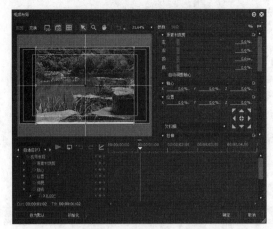

图 10-15 进入"3D 模式"编辑界面

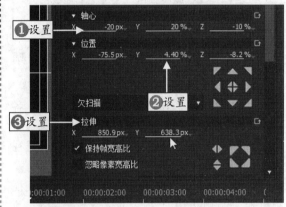

图 10-16 设置相应参数

STEP 07 在"旋转"选项组中，设置 X 为 1.8°、Y 为 20.6°、Z 为 14°；在"透视"选项组中，设置"透视"为 0.5，如图 10-17 所示。

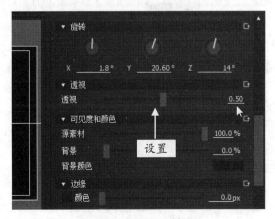

图 10-17 设置相应参数

STEP 08 设置完成后，单击"确定"按钮，返回 EDIUS 工作界面，在录制窗口中可以查看三维空间变换后的素材画面，效果如图 10-18 所示。

图 10-18 查看三维空间变换后的素材画面

▶ 专家指点

在"参数"面板的"旋转"选项组中，用户还可以拖曳各旋转按钮，通过上下拖曳的方式调整"旋转"的参数值。

10.1.5 空间动画：制作三维空间视频动画

在"视频布局"对话框的"参数"面板中，各参数值的设置可以用来控制关键帧的动态效果，主要包括素材的裁剪、位置、旋转、背景颜色、透视以及边框等参数关键帧的创建、复制以及粘贴等操作。下面向读者介绍"空间动画：制作三维空间视频动画"的操作方法。

素材文件	素材 \ 第 10 章 \ 礼盒 .jpg
效果文件	效果 \ 第 10 章 \ 礼盒 .ezp
视频文件	10.1.5 空间动画：制作三维空间视频动画 .mp4

【操练 + 视频】
——空间动画：制作三维空间视频动画

STEP 01 按 Ctrl+N 组合键，新建一个工程文件，在视频轨中的适当位置导入两张静态图像，如图 10-19 所示。

STEP 02 在录制窗口中，可以查看导入的素材画面效果，如图 10-20 所示。

STEP 03 在 2V 视频轨中选择"礼盒"素材文件，选择"素材"|"视频布局"命令，弹出"视频布局"对话框，单击上方的"3D 模式"按钮，进入"3D模式"编辑界面，添加"位置""伸展""旋转"

关键帧，如图 10-21 所示。

图 10-19 导入两张静态图像

图 10-20 查看导入的素材画面效果

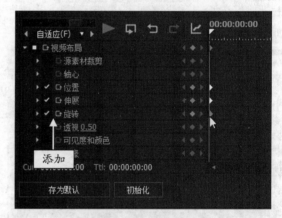

图 10-21 添加相应关键帧

STEP 04 ❶在"参数"面板的"位置"选项组中设置 X 为 32.1%、Y 为 22.1%；❷在"拉伸"选项组中设置 X 为 54.2%、Y 为 320.1px，如图 10-22 所示。

STEP 05 在"旋转"选项组中，设置 Z 为 -29.9°，如图 10-23 所示。

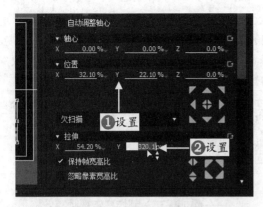

图 10-22　设置相应参数

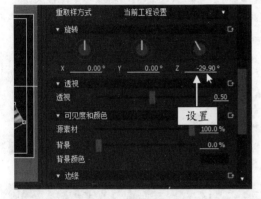

图 10-23　设置相应参数

STEP 06 用与上同样的方法，在效果控制面板中的时间线位置，分别添加相应的关键帧，并在"参数"

面板中设置关键帧的运动属性，如图 10-24 所示。

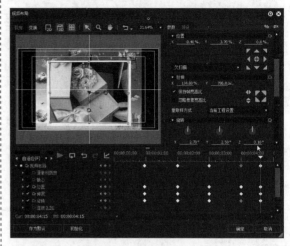

图 10-24　设置关键帧的运动属性

STEP 07 设置完成后，单击"确定"按钮，返回 EDIUS 工作界面，单击录制窗口下方的"播放"按钮，预览制作的三维空间动画效果，如图 10-25 所示。

图 10-25　预览制作的三维空间动画效果

10.2 制作视频混合模式特效

在 EDIUS 工作界面中，用户可以使用一些特定的色彩混合算法将两个轨道的视频叠加在一起，这对于某些特效的合成来说非常有效。本节主要向读者介绍制作视频混合模式特效等内容。

10.2.1 变暗模式：制作女孩写真特效

在 EDIUS 9 中，变暗模式是指取上下两像素中较低的值作为混合后的颜色，总的颜色灰度级降低，造成变暗的效果。下面向读者介绍"变暗模式：制作女孩写真特效"的操作方法。

素材文件	素材 \ 第 10 章 \ 女孩 .jpg
效果文件	效果 \ 第 10 章 \ 女孩写真 .ezp
视频文件	10.2.1　变暗模式：制作女孩写真特效 .mp4

【操练 + 视频】
——变暗模式：制作女孩写真特效

STEP 01 按 Ctrl+N 组合键，新建一个工程文件，在视频轨中的适当位置导入两张静态图像，如图 10-26 所示。

图 10-26　导入两张静态图像

STEP 02 ❶展开"特效"面板；❷选择"变暗模式"特效，如图 10-27 所示。

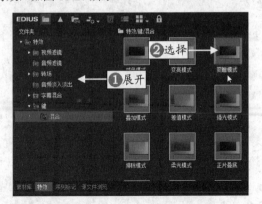

图 10-27　选择"变暗模式"特效

STEP 03 单击鼠标左键并拖曳至视频轨中图像缩略图的下方，如图 10-28 所示。

STEP 04 释放鼠标左键，即可添加"变暗模式"特效，在录制窗口中可以预览添加"变暗模式"特效后的视频画面效果，如图 10-29 所示。

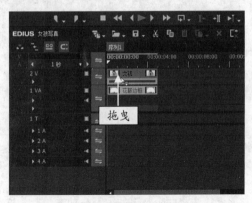

图 10-28　添加"变暗模式"特效

图 10-29　添加"变暗模式"特效后的视频画面效果

10.2.2　叠加模式：制作广告视频特效

在 EDIUS 9 中，叠加模式是指以中性灰

（RGB=128，128，128）为中间点，大于中性灰（更亮），则提高背景图亮度；反之则变暗，中性灰不变。下面向读者介绍"叠加模式：制作广告视频特效"的操作方法。

素材文件	素材\第 10 章\油漆艺术 .jpg
效果文件	效果\第 10 章\广告 .ezp
视频文件	10.2.2　叠加模式：制作广告视频特效 .mp4

【操练 + 视频】
——叠加模式：制作广告视频特效

STEP 01 按 Ctrl+N 组合键，新建一个工程文件，在视频轨中的适当位置导入两张静态图像，如图 10-30 所示。

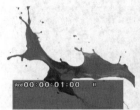

图 10-30　导入两张静态图像

▶ **专家指点**

　　在"特效"面板的"混合"特效组中，选择"叠加模式"特效后，单击鼠标右键，在弹出的快捷菜单中选择"添加到时间线"命令，也可以快速将该特效添加到素材画面上。

STEP 02 展开"特效"面板，选择"叠加模式"特效，按住鼠标左键将其拖曳至视频轨中的图像缩略图下方，如图 10-31 所示。

图 10-31　拖曳特效至视频轨中的图像缩略图下方

STEP 03 释放鼠标左键，即可添加"叠加模式"特效，在录制窗口中可以预览添加"叠加模式"特效后的画面效果，如图 10-32 所示。

图 10-32 预览添加特效后的视频画面

> ▶ **专家指点**
>
> 在"特效"面板的"混合"特效组中，其他部分特效的含义如下。
>
> ● **变亮模式**：将上下两像素进行比较后，取高值作为混合后的颜色，因而总的颜色灰度级升高，造成变亮的效果。用黑色合成图像时无作用，用白色时则仍为白色。
> ● **差值模式**：将上下两像素相减后取绝对值，常用来创建类似负片的效果。
> ● **排除模式**：与差值模式的作用类似，但效果比较柔和，产生的对比度比较低。
> ● **强光模式**：根据图像像素与中性灰的比较，进行提亮或变暗，幅度较大，效果特别强烈。
> ● **柔光模式**：同样以中性灰为中间点，大于中性灰，则提高背景图亮度；反之则变暗，中性灰不变。只不过无论提亮还是变暗的幅度都比较小，效果柔和，所以称之为"柔光"。
> ● **滤色模式**：应用到一般画面上的主要效果是提高亮度。比较特殊的是，黑色与任何背景叠加得到原背景，白色与任何背景叠加得到白色。
> ● **正片叠底**：应用到一般画面上的主要效果是降低亮度。比较特殊的是，白色与任何背景叠加得到原背景，黑色与任何背景叠加得到黑色，与滤色模式正好相反。
> ● **减色模式**：与正片叠底的作用类似，但效果更为强烈和夸张。
> ● **相加模式**：将上下两像素相加成为混合后的颜色，因而画面变亮的效果非常强烈。
> ● **线性光模式**：与柔光、强光等特效原理相同，只是在效果程度上有些许差别。
> ● **艳光模式**：仍然是根据图像像素与中性灰的比较进行提亮或变暗，与强光模式相比效果显得更为强烈和夸张。
> ● **颜色加深**：应用到一般画面上的主要效果是加深画面，且根据叠加的像素颜色相应增加底层的对比度。
> ● **颜色减淡**：与颜色加深效果正好相反，主要是减淡画面。

10.3 制作视频抠像与遮罩特效

在 EDIUS 工作界面中，用户可以使用一些特定的色彩混合算法将两个轨道的视频叠加在一起，这对于某些特效的合成来说非常有效。本节主要向读者介绍制作视频抠像与遮罩特效等内容。

10.3.1 色度键：制作比翼双飞视频特效

在"特效"面板中，选择"键"特效组中的"色度键"特效，可以对图像进行色彩的抠像处理。下面向读者介绍"色度键：制作比翼双飞视频特效"的操作方法。

素材文件	素材\第 10 章\比翼双飞.jpg
效果文件	效果\第 10 章\比翼双飞.ezp
视频文件	10.3.1 色度键：制作比翼双飞视频特效.mp4

【操练 + 视频】
——色度键：制作比翼双飞视频特效

STEP 01 按 Ctrl+N 组合键，新建一个工程文件，在视频轨中的适当位置导入一张静态图像，如图 10-33 所示。

图 10-33 导入一张静态图像

STEP 02 在"键"特效组中，选择"色度键"特效，如图 10-34 所示。

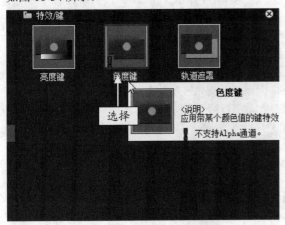

图 10-34 选择"色度键"特效

STEP 03 按住鼠标左键并拖曳至视频轨中的素材上，如图 10-35 所示，为素材添加"色度键"特效。

STEP 04 在"信息"面板中，选择"色度键"特效，单击鼠标右键，在弹出的快捷菜单中选择"打开设置对话框"命令，弹出"色度键"对话框，选中上方的"键显示"复选框，如图 10-36 所示。

STEP 05 将鼠标移至对话框中的预览窗口内，在图

像中的适当位置上，单击鼠标左键，获取图像颜色，如图 10-37 所示。

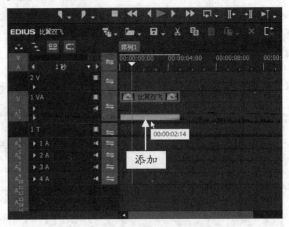

图 10-35 为素材添加"色度键"特效

图 10-36 选中上方的"键显示"复选框

图 10-37 获取图像颜色

STEP 06 单击"确定"按钮，完成图像的抠图操作，在录制窗口中可以预览抠取的图像效果，如图 10-38 所示。

图 10-38　预览抠取的图像效果

▶ 专家指点

　　在"色度键"对话框中用户可以根据自身或者画面的需求选中相应的复选框。如果用户不确定选中哪一个复选框能使画面变得好看，可以依次选中查看录制窗口的预览图效果。

10.3.2　亮度键：制作商场广告视频特效

　　在 EDIUS 9 中，除了针对色彩抠像的"色度键"特效外，在某些场景中可使对象的亮度信息得到更为清晰准确的遮罩范围。下面向读者介绍"亮度键：制作商场广告视频特效"的操作方法。

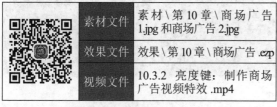

素材文件	素材\第 10 章\商场广告 1.jpg 和商场广告 2.jpg
效果文件	效果\第 10 章\商场广告 .ezp
视频文件	10.3.2　亮度键：制作商场广告视频特效 .mp4

【操练 + 视频】
——亮度键：制作商场广告视频特效

STEP 01) 按 Ctrl+N 组合键，新建一个工程文件，在视频轨中的适当位置导入两张静态图像，如图 10-39 所示。

图 10-39　导入两张静态图像

▶ 专家指点

　　"亮度键"对话框中各选项的含义如下。

◉ "启用矩形选择"复选框：设置亮度键的范围，范围以外的部分完全透明，选中该复选框后，仅在范围之内应用"亮度键"特效。

◉ "反选"复选框：选中该复选框，可以将亮度键的范围进行反转操作，反转视频画面遮罩效果。

◉ "全部计算"复选框：选中该复选框将计算"矩形外部有效"指定范围以外的范围。

◉ "自适应"按钮：单击该按钮，EDIUS 将对用户所设置的亮度范围自动进行匹配和修饰。

◉ "过渡形式"列表框：在该列表框中，可以选择过渡区域衰减的曲线形式。

STEP 02) 在"键"特效组中，选择"亮度键"特效，按住鼠标左键并拖曳至视频轨中的素材上，如图 10-40 所示，为素材添加"亮度键"特效。

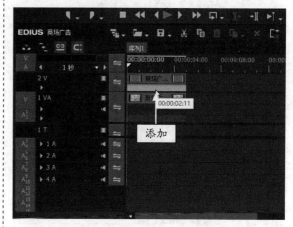

图 10-40　为素材添加"亮度键"特效

STEP 03) 在"信息"面板中的"亮度键"特效上，双击鼠标左键，弹出"亮度键"对话框，在其中设置"亮度上限"为 130、"过渡"为 125，如图 10-41 所示。

STEP 04) 设置完成后，单击"确定"按钮，完成图像的抠图操作，在录制窗口中可以预览抠取的图像效果，如图 10-42 所示。

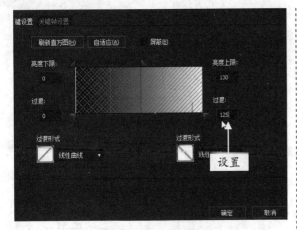

图 10-41　设置相应参数

图 10-42　预览抠取的图像效果

10.3.3　创建遮罩：制作宠物专题视频特效

在 EDIUS 工作界面中，主要通过"手绘遮罩"滤镜创建视频遮罩特效。下面向读者介绍"创建遮罩：制作宠物专题视频特效"的操作方法。

素材文件	素材 \ 第 10 章 \ 宠物 .jpg
效果文件	效果 \ 第 10 章 \ 宠物专题 .ezp
视频文件	10.3.3　创建遮罩：制作宠物专题视频特效 .mp4

【操练 + 视频】
——创建遮罩：制作宠物专题视频特效

STEP 01 按 Ctrl+N 组合键，新建一个工程文件，在视频轨中的适当位置导入两张静态图像，如图 10-43 所示。

STEP 02 在"视频滤镜"滤镜组中，选择"手绘遮罩"滤镜效果，将该滤镜效果拖曳至视频轨中的图像素材上方，如图 10-44 所示，添加滤镜。

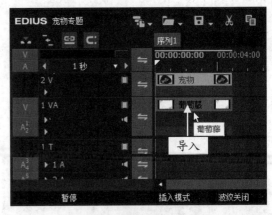

图 10-43　导入两张静态图像

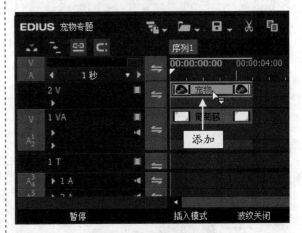

图 10-44　添加滤镜

STEP 03 在"信息"面板中，选择添加的"手绘遮罩"滤镜效果，单击鼠标右键，在弹出的快捷菜单中选择"打开设置对话框"命令，弹出"手绘遮罩"对话框，单击"绘制矩形"按钮，如图 10-45 所示。

图 10-45　单击"绘制矩形"按钮

STEP 04 在中间的预览窗口中，按住鼠标左键并拖曳，绘制一个矩形遮罩形状，如图 10-46 所示。

图 10-46　绘制一个矩形遮罩形状

STEP 05 在右侧的"外部"选项组中，❶设置"可见度"为 0%；❷选中"滤镜"复选框；❸在"边缘"选项组中选中"柔化"复选框；❹设置"宽度"为 130px，如图 10-47 所示。

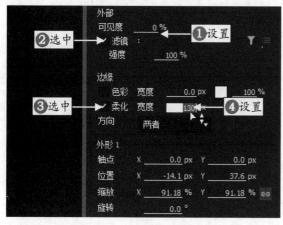

图 10-47　设置相应参数

STEP 06 设置完成后，单击"确定"按钮，返回 EDIUS 工作界面，在录制窗口中即可查看创建遮罩后的视频画面效果，如图 10-48 所示。

图 10-48　查看创建遮罩后的视频画面效果

10.3.4　轨道遮罩：制作娇俏佳人视频特效

在 EDIUS 9 中，轨道遮罩也称为轨道蒙版，其作用是为蒙版素材的亮度或者 Alpha 通道通过底层原始素材的 Alpha 通道来创建原始素材的遮罩蒙版效果。下面向读者介绍"轨道遮罩：制作娇俏佳人视频特效"的操作方法。

素材文件	素材 \ 第 10 章 \ 娇俏佳人 .jpg
效果文件	效果 \ 第 10 章 \ 娇俏佳人 .ezp
视频文件	10.3.4　轨道遮罩：制作娇俏佳人视频特效 .mp4

【操练 + 视频】
——轨道遮罩：制作娇俏佳人视频特效

STEP 01 按 Ctrl+N 组合键，新建一个工程文件，在视频轨中的适当位置导入两张静态图像，如图 10-49 所示。

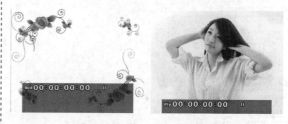

图 10-49　导入两张静态图像

STEP 02 在"键"特效组中，选择"轨道遮罩"特效，将该特效添加至视频轨中的素材上方，如图 10-50 所示。

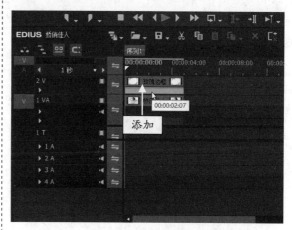

图 10-50　将该特效添加至视频轨中的素材上方

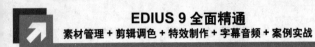

STEP 03 在录制窗口中可以预览添加轨道蒙版后的视频遮罩效果，如图 10-51 所示。

图 10-51　预览视频遮罩效果

第**11**章

字幕：制作标题字幕特效

章前知识导读

　　如今，在各种各样的影视广告中，字幕的应用越来越频繁，这些精美的字幕不仅能够起到为影视增色的作用，还能够直接向观众传递影视信息或制作理念。字幕是现代视频中的重要组成部分，可以使观众能够更好地理解视频的含义。

新手重点索引

🎙 标题字幕的添加 　　　　　　　　　🎙 标题字幕属性的设置

🎙 制作标题字幕特殊效果

效果图片欣赏

11.1 标题字幕的添加

标题字幕是视频中必不可少的元素。好的标题不仅可以传达画面以外的信息，还可以增强视频的艺术效果。为视频设置漂亮的标题字幕，可以使视频更具有吸引力和感染力。本节主要向读者介绍标题字幕的添加操作方法。

11.1.1 单个字幕：创建单个标题字幕

在各种影视画面中，字幕是不可缺少的一个重要组成部分，起着解释画面、补充内容的作用，有画龙点睛之效。下面向读者介绍"单个字幕：创建单个标题字幕"的操作方法。

素材文件	素材＼第 11 章＼电商时代 .jpg
效果文件	效果＼第 11 章＼电商时代 .ezp
视频文件	11.1.1 单个字幕：创建单个标题字幕 .mp4

【操练＋视频】
——单个字幕：创建单个标题字幕

STEP 01 按 Ctrl+N 组合键，新建一个工程文件，在视频轨中的适当位置导入一张静态图像，如图 11-1 所示。

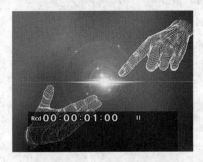

图 11-1　导入一张静态图像

STEP 02 在轨道面板上方，❶单击"创建字幕"按钮；❷在弹出的下拉列表中选择"在 1T 轨道上创建字幕"选项，如图 11-2 所示。

STEP 03 执行操作后，即可打开字幕窗口，如图 11-3 所示。

STEP 04 在左侧的工具箱中，选取横向文本工具，如图 11-4 所示。

图 11-2　选择相应选项

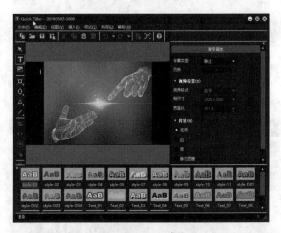

图 11-3　打开字幕窗口

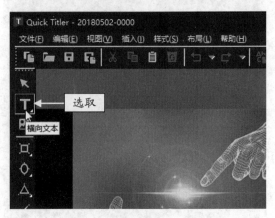

图 11-4　选取横向文本工具

STEP 05 在预览窗口中的适当位置，双击鼠标左键，定位光标位置，然后输入相应文本内容，如图 11-5 所示。

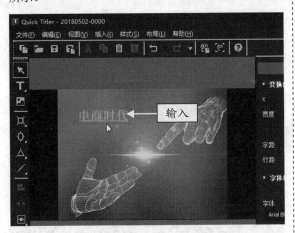

图 11-5　输入相应文本内容

STEP 06 在"文本属性"面板中，根据需要设置文本的相应属性，如图 11-6 所示。

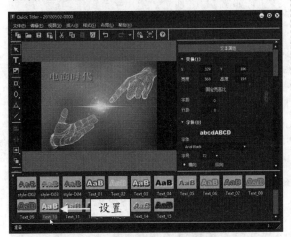

图 11-6　设置文本的相应属性

▶ 专家指点

　　在字幕窗口左侧的工具箱中，按住横向文本工具不放，即可弹出隐藏的其他文本工具，用户还可以选择纵向文本工具，在预览窗口中输入纵向文本内容。

STEP 07 单击字幕窗口上方的"保存"按钮，保存字幕，退出字幕窗口，在录制窗口中即可预览制作的标题字幕效果，如图 11-7 所示。

图 11-7　预览制作的标题字幕效果

▶ 专家指点

　　在轨道面板上方，单击"创建字幕"按钮，在弹出的列表框中选择"在视频轨道上创建字幕"选项，即可在视频轨道上创建字幕，而不是在 1T 轨道上创建字幕。

11.1.2　模板字幕：创建模板标题字幕

　　在 EDIUS 9 的字幕窗口中，提供了丰富的预设标题样式，用户可以直接应用现成的标题模板样式创建各种标题字幕。下面介绍"模板字幕：创建模板标题字幕"的操作方法。

素材文件	素材 \ 第 11 章 \ 珠宝广告 .ezp
效果文件	效果 \ 第 11 章 \ 珠宝广告 .ezp
视频文件	11.1.2　模板字幕：创建模板标题字幕 .mp4

【操练 + 视频】
——模板字幕：创建模板标题字幕

STEP 01 选择"文件"|"打开工程"命令，打开一个工程文件，如图 11-8 所示。

图 11-8　打开一个工程文件

STEP 02 展开"素材库"面板中，在其中选择需要创建模板标题的字幕对象，如图 11-9 所示。

STEP 03 在选择的字幕对象上，双击鼠标左键，打开字幕窗口，❶ 在左侧的工具箱中选取选择对象工具；❷ 在预览窗口中选择相应的文本对象，如图 11-10 所示。

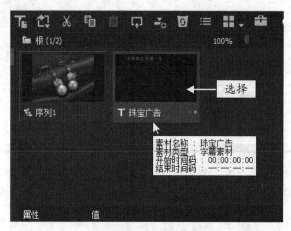

图 11-9　选择需要创建模板标题的字幕对象

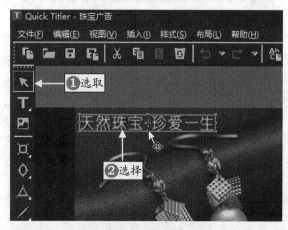

图 11-10　选择相应文本对象

STEP 04 在字幕窗口的下方，选择需要应用的标题字幕模板，在选择的模板上双击，如图 11-11 所示，应用标题字幕模板。

图 11-11　应用标题字幕模板

STEP 05 在预览窗口中，拖曳标题字幕四周的控制柄，调整标题字幕的大小，并调整标题字幕的显示位置，如图 11-12 所示。

图 11-12　调整标题字幕的显示位置

STEP 06 设置完成后，单击字幕窗口上方的"保存"按钮，如图 11-13 所示，退出字幕窗口。

图 11-13　单击"保存"按钮

STEP 07 在录制窗口中，即可预览应用标题字幕模板后的画面效果，如图 11-14 所示。

图 11-14　预览应用标题字幕模板后的画面效果

11.1.3 多个字幕：创建多个标题字幕

在 EDIUS 9 中，用户可以根据需要在字幕轨道中创建多个标题字幕，使制作的字幕效果更加符合用户的需求。下面向读者介绍"多个字幕：创建多个标题字幕"的操作方法。

素材文件	素材\第 11 章\电影汇演 .jpg
效果文件	效果\第 11 章\电影汇演 .ezp
视频文件	11.1.3 多个字幕：创建多个标题字幕 .mp4

【操练 + 视频】
——多个字幕：创建多个标题字幕

STEP 01 按 Ctrl+N 组合键，新建一个工程文件，在视频轨中的适当位置导入一张静态图像，如图 11-15 所示。

图 11-15 导入一张静态图像

STEP 02 在轨道面板上方，单击"创建字幕"按钮，在弹出的列表框中选择"在 1T 轨道上创建字幕"选项，打开字幕窗口，选取工具箱中的横向文本工具，在预览窗口中的适当位置输入文本"电影大汇演"，如图 11-16 所示。

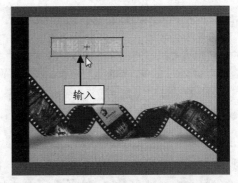

图 11-16 在预览窗口中输入相应文本

STEP 03 在"文本属性"面板的"变换"选项组中，设置 X 为 432、Y 为 107；在"字体"选项组中，设置"字体"为"微软雅黑"、"字号"为 85；在"填充颜色"选项组中，设置"颜色"为黑色，取消选中"边缘"复选框。设置完成后，字幕窗口中的字幕效果如图 11-17 所示。

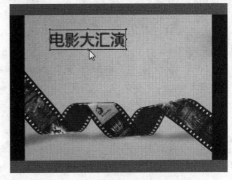

图 11-17 字幕窗口中的字幕效果

STEP 04 在菜单栏中，选择"文件"|"保存"命令，保存字幕效果并退出字幕窗口，在 1T 字幕轨道中，显示了刚创建的标题字幕，如图 11-18 所示。

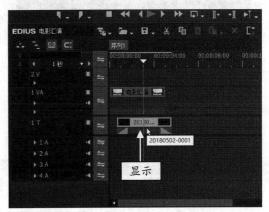

图 11-18 显示刚创建的标题字幕

▶ 专家指点

除了可以利用上述方法新建字幕之外，用户还可以通过以下两种方法新建字幕文件。

● 在素材库面板中，单击鼠标右键，在弹出的快捷菜单选择"添加字幕"命令，新建字幕。

● 在素材库面板上方，单击"创建字幕"按钮，新建字幕。

STEP 05 确定时间线在视频轨中的开始位置，在轨道面板上方单击"创建字幕"按钮 **T.**，在弹出的列表框中选择"在新的字幕轨道上创建字幕"选项，打开字幕窗口，运用横向文本工具，在预览窗口中的适当位置输入相应的文本内容，在"文本属性"面板中，设置文本的相应属性，此时字幕窗口中的文本效果如图 11-19 所示。

图 11-19　此时字幕窗口中的文本效果

STEP 06 在菜单栏中，选择"文件"|"保存"命令，保存字幕效果并退出字幕窗口，在 2T 字幕轨道中，显示了刚创建的第 2 个标题字幕，如图 11-20 所示。

图 11-20　显示刚创建的第 2 个标题字幕

▶ 专家指点

在字幕窗口中，创建完字幕文件后，在工具栏中单击"另存为"按钮，也可以快速对字幕文件进行保存操作。

STEP 07 在"素材库"面板中，显示了创建的两个标题字幕文件，如图 11-21 所示。

图 11-21　显示了创建的两个标题字幕文件

STEP 08 单击"播放"按钮，即可预览创建的多个标题字幕，效果如图 11-22 所示。

图 11-22　预览创建的多个标题字幕

▶ 专家指点

在字幕窗口中，左侧工具箱中各工具的含义如下。

● 选择对象工具：使用该工具，可以选择预览窗口中的字幕对象。

● 横向文本工具：使用该工具，可以在预览窗口中的适当位置创建横向文本内容。

● 图像工具：使用该工具可以在预览窗口中创建各种类型的图形对象，丰富视频画面。

● 矩形工具：使用该工具，可以在预览窗口中创建矩形图形。

● 椭圆形工具：使用该工具，可以在预览窗口中创建椭圆形图形。

● 等腰三角形工具：使用该工具，可以在预览窗口中创建等腰三角形。

● 线性工具：使用该工具，可以在预览窗口中创建线性图形。

11.2　标题字幕属性的设置

EDIUS 9 中的字幕编辑功能与 Word 等文字处理软件相似，提供了较为完善的字幕编辑和设置功能。用户可以对文本或其他字幕对象进行编辑和美化操作。本节主要向读者介绍设置标题字幕属性的各种操作方法。

11.2.1　变换字幕：制作商品广告字幕特效

在字幕窗口中，变换标题字幕是指调整标题字幕在视频中的 X 轴和 Y 轴的位置，以及字幕的宽度与高度等属性，使制作的标题字幕更加符合用户的需求。下面介绍"变换字幕：制作商品广告字幕特效"的操作方法。

	素材文件	素材 \ 第 11 章 \ 商品广告 .ezp
	效果文件	效果 \ 第 11 章 \ 商品广告 .ezp
	视频文件	11.2.1　变换字幕：制作商品广告字幕特效 .mp4

【操练 + 视频】
——变换字幕：制作商品广告字幕特效

STEP 01 选择"文件"|"打开工程"命令，打开一个工程文件，如图 11-23 所示。

图 11-23　打开一个工程文件

STEP 02 在 1T 字幕轨道中，选择需要变换的标题字幕，如图 11-24 所示。

▶ 专家指点

在字幕窗口的预览窗口中，除了可以运用上述方法变换标题字幕的摆放位置之外，用户还可以运用选择对象工具，通过鼠标拖曳的方

式，变换标题字幕的摆放位置，使制作的标题字幕更加美观。

图 11-24　选择需要变换的标题字幕

STEP 03 在选择的标题字幕上，双击鼠标左键，打开字幕窗口，运用选择对象工具，在预览窗口中选择需要变换的标题字幕内容，如图 11-25 所示。

图 11-25　选择需要变换的标题字幕内容

STEP 04 在"文本属性"面板的"变换"选项组中，❶设置 X 为 483，Y 为 362；❷设置"字体"为"华文行楷"、"字号"为 80；❸取消选中"边缘"复选框，如图 11-26 所示，变换文本内容。

STEP 05 单击字幕窗口上方的"保存"按钮，保存更改后的标题字幕，退出字幕窗口，将时间线移至素材的开始位置，单击"播放"按钮，预览变换标题字幕后的视频效果，如图 11-27 所示。

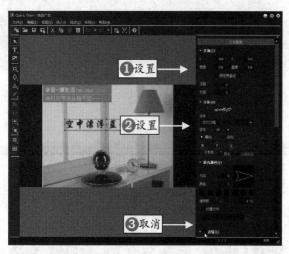

图 11-26　设置相应参数

图 11-27　预览变换标题字幕后的视频效果

11.2.2　设置间距：制作性感美女字幕特效

在 EDIUS 工作界面中，如果制作的标题字幕太过紧凑，影响了视频的美观程度，此时可以通过调整字幕的间距，使制作的标题字幕变得宽松。下面向读者介绍"设置间距：制作性感美女字幕特效"的操作方法。

素材文件	素材 \ 第 11 章 \ 性感美女 .ezp
效果文件	效果 \ 第 11 章 \ 性感美女 .ezp
视频文件	11.2.2　设置间距：制作性感美女字幕特效 .mp4

【操练 + 视频】
——设置间距：制作性感美女字幕特效

STEP 01 选择"文件"|"打开工程"命令，打开一个工程文件，如图 11-28 所示。

STEP 02 在 1T 字幕轨道中，选择需要设置间距的标题字幕，如图 11-29 所示。

图 11-28　打开一个工程文件

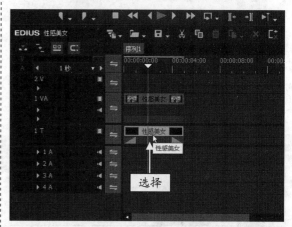

图 11-29　选择需要设置间距的标题字幕

STEP 03 在选择的标题字幕上，双击鼠标左键，打开字幕窗口，运用选择对象工具，在预览窗口中选择需要设置间距的标题字幕内容，如图 11-30 所示。

图 11-30　选择需要设置间距的标题字幕内容

STEP 04 在"文本属性"面板中，设置"字距"为120，如图 11-31 所示。

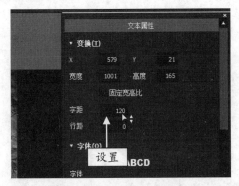

图 11-31　设置"字距"参数

STEP 05 设置完成后，运用选择对象工具调整字幕的位置，如图 11-32 所示。

图 11-32　运用选择对象工具调整字幕的位置

STEP 06 单击"保存"按钮，退出字幕窗口，单击"播放"按钮，预览设置标题字幕间距后的视频效果，如图 11-33 所示。

图 11-33　预览设置后的视频效果

▶ 专家指点

　　在轨道面板中创建的字幕效果，EDIUS都会为字幕效果默认添加淡入淡出特效，使制作的字幕效果与视频更好地融合在一起，保持画面的流畅。

11.2.3　设置行距：制作漂流瓶的约定字幕特效

　　在 EDIUS 工作界面中，用户可以根据需要调整字幕的行距，使制作的字幕更加美观。下面向读者介绍"设置行距：制作漂流瓶的约定字幕特效"的操作方法。

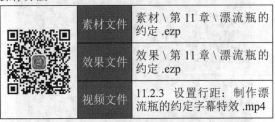

素材文件	素材 \ 第 11 章 \ 漂流瓶的约定 .ezp	
效果文件	效果 \ 第 11 章 \ 漂流瓶的约定 .ezp	
视频文件	11.2.3　设置行距：制作漂流瓶的约定字幕特效 .mp4	

【操练 + 视频】
——设置行距：制作漂流瓶的约定字幕特效

STEP 01 选择"文件"|"打开工程"命令，打开一个工程文件，如图 11-34 所示。

图 11-34　打开一个工程文件

STEP 02 在 1T 字幕轨道中，选择需要设置行距的标题字幕，如图 11-35 所示。

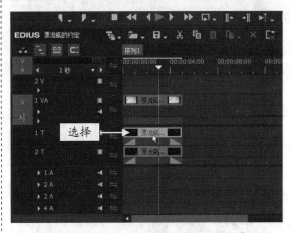

图 11-35　选择需要设置行距的标题字幕

STEP 03 在选择的标题字幕上，双击鼠标左键，打开字幕窗口，运用选择对象工具，在预览窗口中选择需要设置行距的标题字幕内容，在"文本属性"面板中，设置"行距"为 100，如图 11-36 所示。

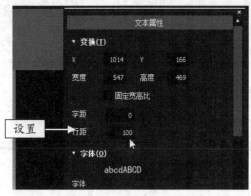

图 11-36 设置相应参数

STEP 04 设置完成后，单击"保存"按钮，退出字幕窗口，单击"播放"按钮，预览设置标题字幕行距后的视频效果，如图 11-37 所示。

图 11-37 预览设置标题字幕行距后的视频效果

11.2.4 设置类型：制作音乐熊字幕特效

EDIUS 软件中所使用的字体，本身只是 Windows 系统的一部分，而不属于 EDIUS 程序，因而在 EDIUS 中可以使用的字体类型取决于用户在 Windows 系统中安装的字体。如果要在 EDIUS 中使用更多的字体，就必须在系统中添加字体。在 EDIUS 中创建的字幕效果，系统会有默认字体类型。如果用户觉得创建的字体类型不美观，或者不能满足用户的需求，则可以对字体类型进行修改，使制作的标题字幕更符合要求。

素材文件	素材 \ 第 11 章 \ 音乐熊 .ezp
效果文件	效果 \ 第 11 章 \ 音乐熊 .ezp
视频文件	11.2.4 设置类型：制作音乐熊字幕特效 .mp4

【操练＋视频】
——设置类型：制作音乐熊字幕特效

STEP 01 选择"文件" | "打开工程"命令，打开一个工程文件，如图 11-38 所示。

图 11-38 打开一个工程文件

STEP 02 在 1T 字幕轨道中，选择需要设置字体类型的标题字幕，如图 11-39 所示。

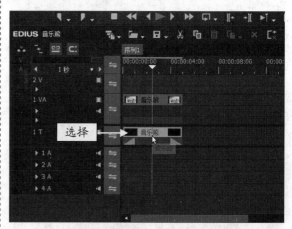

图 11-39 选择需要设置字体类型的标题字幕

▶ 专家指点

在 EDIUS 工作界面中，有些文本中既包含中文汉字又包含英文字母。系统默认状态下，当用户选择一种西文字体并改变其字体时，只改变选定文本中的西文字符；当选择一种中文字体并改变字体后，则中文和英文都会发生改变。

STEP 03 在选择的标题字幕上，双击鼠标左键，打开字幕窗口，运用选择对象工具，在预览窗口中选择需要设置字体类型的标题字幕内容，如图 11-40 所示。

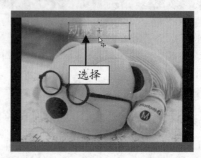

图 11-40 选择需要设置字体类型的标题字幕内容

STEP 04 在"文本属性"面板中，❶单击"字体"右侧的下三角按钮；❷在弹出的下拉列表中选择"黑体"选项，如图 11-41 所示，设置标题字幕的字体类型。

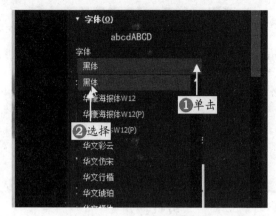

图 11-41 选择"黑体"选项

STEP 05 设置完成后，单击"保存"按钮，退出字幕窗口，单击"播放"按钮，预览设置标题字幕字体类型后的视频效果，如图 11-42 所示。

图 11-42 预览设置标题字幕字体类型后的视频效果

11.2.5 设置大小：制作七色花店字幕特效

在 EDIUS 工作界面中，字号是指文字的大小，不同的字体大小对视频的美观程度有一定的影响。下面向读者介绍"设置大小：制作七色花店字幕特效"的操作方法。

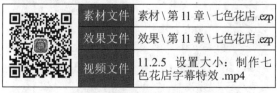

素材文件	素材\第11章\七色花店 .ezp
效果文件	效果\第11章\七色花店 .ezp
视频文件	11.2.5 设置大小：制作七色花店字幕特效 .mp4

【操练 + 视频】
——设置大小：制作七色花店字幕特效

STEP 01 选择"文件"|"打开工程"命令，打开一个工程文件，如图 11-43 所示。

图 11-43 打开一个工程文件

STEP 02 在 1T 字幕轨道中，选择需要设置字号的标题字幕，如图 11-44 所示。

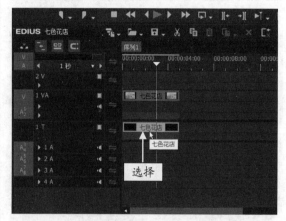

图 11-44 选择需要设置字号的标题字幕

STEP 03 在选择的标题字幕上双击，打开字幕窗口，运用选择对象工具 ，在预览窗口中选择需要设置字号的标题字幕内容，如图 11-45 所示。

图 11-45 选择需要设置字号的标题字幕内容

STEP 04 在"文本属性"面板中，设置"字号"为80，如图 11-46 所示，在预览窗口中调整标题字幕至合适位置。

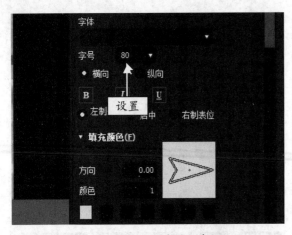

图 11-46　设置"字号"参数

▶ 专家指点

在影视广告中，文字必须突出影视广告的主题。文字是视频中画龙点睛的重要部分。文字太小会影响广告的美观程度。因此，设置合适的文字大小非常重要。

STEP 05 设置完成后，单击"保存"按钮，退出字幕窗口，单击"播放"按钮，预览设置标题字幕字号后的视频效果，如图 11-47 所示。

图 11-47　预览设置标题字幕字号后的视频效果

11.2.6　更改方向：制作充电宝广告字幕特效

在 EDIUS 字幕窗口中，用户可以根据视频的要求，随意更改文本的显示方向。下面向读者介绍"更改方向：制作充电宝广告字幕特效"的操作方法。

素材文件	素材＼第 11 章＼充电宝广告 .ezp	
效果文件	效果＼第 11 章＼充电宝广告 .ezp	
视频文件	11.2.6 更改方向：制作充电宝广告字幕特效 .mp4	

【操练＋视频】
——更改方向：制作充电宝广告字幕特效

STEP 01 选择"文件"|"打开工程"命令，打开一个工程文件，如图 11-48 所示。

图 11-48　打开一个工程文件

STEP 02 在 1T 字幕轨道中，选择需要设置显示方向的标题字幕，如图 11-49 所示。

图 11-49　选择需要设置显示方向的标题字幕

STEP 03 打开字幕窗口，在预览窗口中选择标题字幕内容，如图 11-50 所示。

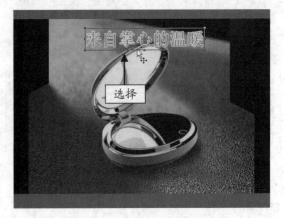

图 11-50　选择标题字幕内容

STEP 04 在"文本属性"面板中，选中"纵向"单选按钮，如图 11-51 所示，并调整其位置。

图 11-51 选中"纵向"单选按钮

STEP 05 设置完成后，单击"保存"按钮，退出字幕窗口，单击"播放"按钮，预览设置标题字幕方向后的视频效果，如图 11-52 所示。

图 11-52 预览设置标题字幕方向后的视频效果

11.2.7 添加划线：制作海蓝湾沙滩字幕特效

在影视广告中，如果用户需要突出标题字幕的显示效果，可以为标题字幕添加下划线，以此来突出显示文本内容。下面向读者介绍添加划线：制作海蓝湾沙滩字幕特效的操作方法。

素材文件	素材 \ 第 11 章 \ 海蓝湾沙滩 .ezp	
效果文件	效果 \ 第 11 章 \ 海蓝湾沙滩 .ezp	
视频文件	11.2.7 添加划线：制作海蓝湾沙滩字幕特效 .mp4	

【操练 + 视频】
——添加划线：制作海蓝湾沙滩字幕特效

STEP 01 选择"文件"|"打开工程"命令，打开一个工程文件，如图 11-53 所示。

图 11-53 打开一个工程文件

STEP 02 在 1T 字幕轨道中，选择需要添加下划线的标题字幕，如图 11-54 所示。

图 11-54 选择需要添加下划线的标题字幕

STEP 03 打开字幕窗口，在预览窗口中选择标题字幕内容，如图 11-55 所示。

图 11-55 选择标题字幕内容

STEP 04 在"文本属性"面板中，单击"下划线"按钮，如图 11-56 所示，即可为标题字幕添加下划线效果。

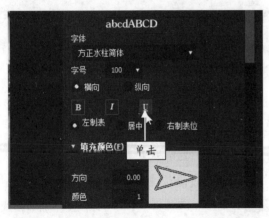

图 11-56　单击"下划线"按钮

STEP 05 设置完成后，单击"保存"按钮，退出字幕窗口，单击"播放"按钮，预览添加下划线后的视频效果，如图 11-57 所示。

图 11-57　预览添加下划线后的视频效果

11.2.8　调整长度：制作标题字幕特效

在 EDIUS 工作界面中，当用户在轨道面板中添加相应的标题字幕后，可以调整标题的时间长度，以控制标题文本的播放时间。下面向读者介绍"调整长度：制作标题字幕特效"的操作方法。

素材文件	素材 \ 第 11 章 \ 异国马车 .ezp
效果文件	效果 \ 第 11 章 \ 异国马车 .ezp
视频文件	11.2.8　调整长度：制作标题字幕特效 .mp4

【操练＋视频】
——调整长度：制作标题字幕特效

STEP 01 选择"文件"|"打开工程"命令，打开一个工程文件，如图 11-58 所示。

STEP 02 在 1T 字幕轨道中，选择需要调整时间长度的标题字幕，如图 11-59 所示。

STEP 03 在选择的标题字幕上，单击鼠标右键，在弹出的快捷菜单中选择"持续时间"命令，❶弹出

"持续时间"对话框；❷在其中设置"持续时间"为 00:00:08:00，如图 11-60 所示。

图 11-58　打开一个工程文件

图 11-59　选择需要调整时间长度的标题字幕

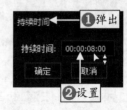

图 11-60　设置相应参数

STEP 04 单击"确定"按钮，返回 EDIUS 工作界面，此时 1T 字幕轨道中的标题字幕的时间长度将发生变化，如图 11-61 所示。

图 11-61　查看 1T 字幕轨道

间长度后的视频效果，如图 11-62 所示。

图 11-62　预览设置标题字幕时间长度后的视频效果

在 1T 字幕轨道中，选择需要调整时间长度的字幕后，将鼠标指针移至字幕右侧的黄色标记上，单击鼠标左键并向右拖曳，也可以手动调整标题字幕的时间长度。只是该操作对于时间调整的不太精确，不适合比较精细的标题剪辑操作。

STEP 05 单击"播放"按钮，预览设置标题字幕时

11.3　制作标题字幕特殊效果

在 EDIUS 工作界面中，除了可以改变标题字幕的间距、行距、字体以及大小等属性外，还可以为标题字幕添加一些装饰元素，从而使视频广告更加出彩。本节主要向读者介绍制作标题字幕特殊效果的操作方法，希望读者可以熟练掌握。

11.3.1　颜色填充：制作圣诞快乐字幕特效

在 EDIUS 9 中，用户可以通过多种颜色混合填充标题字幕，该功能可以制作出五颜六色的标题字幕特效。下面向读者介绍"颜色填充：制作圣诞快乐字幕特效"的操作方法。

素材文件	素材 \ 第 11 章 \ 圣诞快乐 .ezp
效果文件	效果 \ 第 11 章 \ 圣诞快乐 .ezp
视频文件	11.3.1　颜色填充：制作圣诞快乐字幕特效 .mp4

【操练 + 视频】
——颜色填充：制作圣诞快乐字幕特效

STEP 01 选择"文件"|"打开工程"命令，打开一个工程文件，如图 11-63 所示。

图 11-63　打开一个工程文件

STEP 02 在 1T 字幕轨道中，选择需要运用颜色填充的标题字幕，如图 11-64 所示。

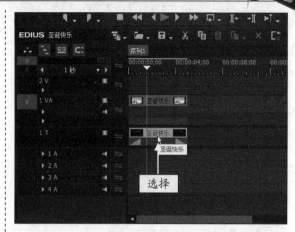

图 11-64　选择需要运用颜色填充的标题字幕

STEP 03 在选择的标题字幕上，双击鼠标左键，打开字幕窗口，运用选择对象工具 ，在预览窗口中选择标题字幕内容，如图 11-65 所示。

图 11-65　选择标题字幕内容

STEP 04 在字幕窗口"文本属性"面板的"填充颜色"选项组中，设置"颜色"为4，如图 11-66 所示。

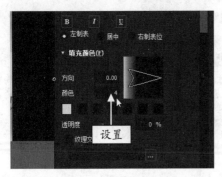

图 11-66　设置"颜色"参数

STEP 05 单击下方第 1 个色块，弹出"色彩选择 -709"对话框，在其中设置"红"为 255、"绿"为 237、"蓝"为 23，如图 11-67 所示，设置完成后，单击"确定"按钮。

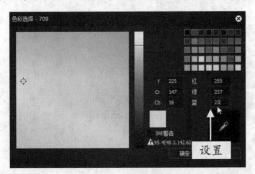

图 11-67　设置相应参数

STEP 06 单击下方第 2 个色块，弹出"色彩选择 -709"对话框，在其中设置"红"为 0、"绿"为 216、"蓝"为 0，如图 11-68 所示，设置完成后，单击"确定"按钮。

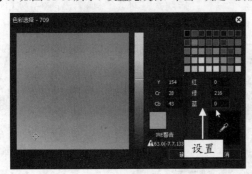

图 11-68　设置相应参数

STEP 07 单击下方第 3 个色块，弹出"色彩选择 -709"对话框，在其中设置"红"为 255、"绿"为 237、"蓝"为 23，如图 11-69 所示，设置完成后，单击"确定"按钮。

STEP 08 单击下方第 4 个色块，弹出"色彩选择 -709"对话框，在其中设置"红"为 7、"绿"为 222、"蓝"为 255，如图 11-70 所示，设置完成后，单击"确定"按钮。

图 11-69　设置相应参数

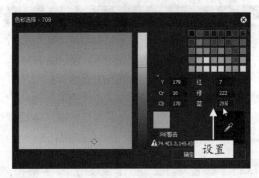

图 11-70　设置相应参数

▶ **专家指点**

在字幕窗口的"填充颜色"选项组中，用户还可以在"方向"右侧的数值框中输入相应的数值，来改变颜色的填充方向。

STEP 09 设置完成后，单击"保存"按钮，退出字幕窗口，单击"播放"按钮，预览填充标题字幕颜色后的视频画面效果，如图 11-71 所示。

图 11-71　预览填充标题字幕颜色后的视频画面效果

11.3.2　描边特效：制作水城威尼斯字幕特效

在编辑视频的过程中，为了使标题字幕的样式更具艺术美感，用户可以为字幕添加描边效果。下面向读者介绍"描边特效：制作水城威尼斯字幕特效"的操作方法。

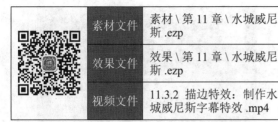	素材文件	素材 \ 第 11 章 \ 水城威尼斯 .ezp
	效果文件	效果 \ 第 11 章 \ 水城威尼斯 .ezp
	视频文件	11.3.2　描边特效：制作水城威尼斯字幕特效 .mp4

【操练 + 视频】
——描边特效：制作水城威尼斯字幕特效

STEP 01 选择 "文件" | "打开工程" 命令，打开一个工程文件，如图 11-72 所示。

图 11-72　打开一个工程文件

STEP 02 在 1T 字幕轨道中，选择需要描边的标题字幕，如图 11-73 所示。

图 11-73　选择需要描边的标题字幕

STEP 03 在选择的标题字幕上，双击鼠标左键，打开字幕窗口，运用选择对象工具，在预览窗口中选择标题字幕内容，如图 11-74 所示。

STEP 04 在 "文本属性" 面板中，❶ 选中 "边缘" 复选框；❷ 在下方设置 "实边宽度" 为 5，如图 11-75 所示。

STEP 05 单击下方第 1 个色块，弹出 "色彩选择 -709" 对话框，在其中设置相应参数，如图 11-76 所示。

图 11-74　选择标题字幕内容

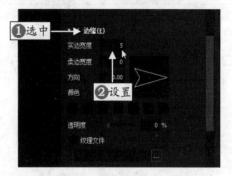

图 11-75　设置相应参数（1）

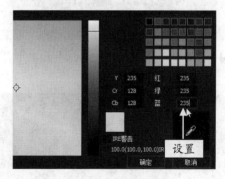

图 11-76　设置相应参数（2）

STEP 06 设置完成后，单击 "确定" 按钮，返回字幕窗口，在其中可以查看设置描边颜色后的色块属性，单击 "保存" 按钮，退出字幕窗口。单击 "播放" 按钮，预览制作描边字幕后的视频画面效果，如图 11-77 所示。

图 11-77　预览制作描边字幕后的视频画面效果

11.3.3 阴影特效：制作儿童乐园字幕特效

在制作视频的过程中，如果需要强调或突出显示字幕文本，可以设置字幕的阴影效果。下面向读者介绍"阴影特效：制作儿童乐园字幕特效"的操作方法。

素材文件	素材\第 11 章\儿童乐园 .ezp
效果文件	效果\第 11 章\儿童乐园 .ezp
视频文件	11.3.3　阴影特效：制作儿童乐园字幕特效 .mp4

【操练 + 视频】
——阴影特效：制作儿童乐园字幕特效

STEP 01 选择"文件"|"打开工程"命令，打开一个工程文件，如图 11-78 所示。

图 11-78　打开一个工程文件

STEP 02 在 1T 字幕轨道中，选择需要制作阴影的标题字幕，如图 11-79 所示。

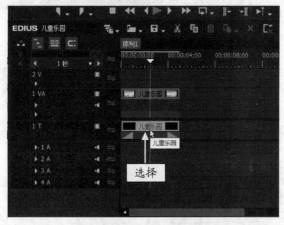

图 11-79　选择需要制作阴影的标题字幕

STEP 03 在选择的标题字幕上，双击鼠标左键，打开字幕窗口，运用选择对象工具，在预览窗口中选择标题字幕内容，如图 11-80 所示。

图 11-80　选择标题字幕内容

STEP 04 在"文本属性"面板中，❶选中"阴影"复选框；❷在下方设置"颜色"为黑色；❸设置"横向"为 8、"纵向"为 8，如图 11-81 所示。

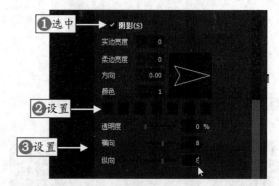

图 11-81　设置相应参数

STEP 05 设置完成后，单击"保存"按钮，退出字幕窗口。单击"播放"按钮，预览制作字幕阴影后的视频画面效果，如图 11-82 所示。

图 11-82　预览制作字幕阴影后的视频画面效果

▶ **专家指点**

在"文本属性"面板的"阴影"选项组中，用户还可以拖曳"透明度"选项右侧的滑块，来调整阴影的透明程度，使制作的阴影效果与视频更加协调。

第12章

字效：制作字幕运动特效

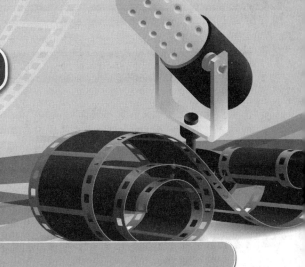

12.1 制作划像运动特效

如果说转场是专为视频准备的出入屏方式，那么字幕混合特效就是为字幕轨道准备的出入屏方式。在"字幕混合"特效组中，向读者提供了划像运动效果，其中包括多种不同的划像特效，如向上划像、向下划像、向右划像以及向左划像等。本节主要向读者详细介绍制作划像运动特效的操作方法。

12.1.1 划像运动 1：制作向上划像运动特效

在 EDIUS 9 中，向上划像是指从下往上慢慢显示字幕，待字幕播放结束时，再从下往上慢慢消失字幕的运动效果。下面向读者介绍"划像运动 1：制作向上划像运动特效"的操作方法。

素材文件	素材\第 12 章\果粒缤纷 .ezp
效果文件	效果\第 12 章\果粒缤纷 .ezp
视频文件	12.1.1 划像运动 1：制作向上划像运动特效 .mp4

【操练 + 视频】
——划像运动 1：制作向上划像运动特效

STEP 01 选择"文件"|"打开工程"命令，打开一个工程文件，如图 12-1 所示。

图 12-1 打开一个工程文件

STEP 02 展开"特效"面板，在"划像"特效组中，选择"向上划像"运动效果，如图 12-2 所示。

STEP 03 在选择的运动效果上，按住鼠标左键并拖曳至 1T 字幕轨道中的字幕文件上，如图 12-3 所示，

释放鼠标左键，即可添加"向上划像"运动效果。

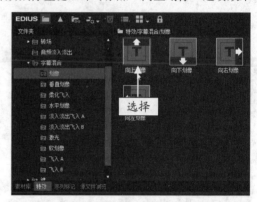

图 12-2 选择"向上划像"运动效果

图 12-3 拖曳至相应文件上

STEP 04 展开"信息"面板，在其中可以查看添加的"向上划像"运动效果，如图 12-4 所示。

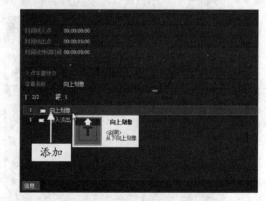

图 12-4 查看添加的"向上划像"运动效果

STEP 05 将时间线移至轨道面板中的开始位置，单

击"播放"按钮，预览添加"向上划像"运动效果后的标题字幕，效果如图 12-5 所示。

图 12-5　预览添加"向上划像"运动效果后的标题字幕

▶ **专家指点**

除了运用上述方法将选择的字幕特效添加至 1T 字幕轨道中的字幕文件上，还可以在"字幕混合"特效组中，选择相应的字幕特效后，单击鼠标右键，在弹出的快捷菜单中选择"添加到时间线"|"全部"|"中心"命令，即可将选择的字幕特效添加至 1T 字幕轨道中的字幕文件上，按空格键，可以快速预览添加的字幕混合运动特效。

12.1.2　划像运动 2：制作向下划像运动特效

在 EDIUS 9 中，向下划像是指从上往下慢慢地显示或消失字幕的运动效果。下面向读者介绍"划像运动 2：制作向下划像运动特效"的操作方法。

素材文件	素材\第 12 章\竞相开放 .ezp
效果文件	效果\第 12 章\竞相开放 .ezp
视频文件	12.1.2　划像运动 2：制作向下划像运动特效 .mp4

【操练 + 视频】
——划像运动 2：制作向下划像运动特效

STEP 01 选择"文件"|"打开工程"命令，打开一个工程文件，如图 12-6 所示。

图 12-6　打开一个工程文件

STEP 02 展开"特效"面板，在"划像"特效组中，选择"向下划像"运动效果，按住鼠标左键并拖曳至 1T 字幕轨道中的字幕文件上，释放鼠标左键，即可添加运动效果，如图 12-7 所示。

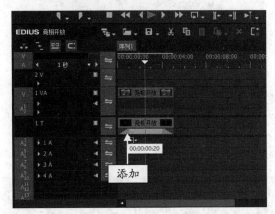

图 12-7　添加运动效果

STEP 03 单击"播放"按钮，预览添加"向下划像"运动效果后的标题字幕，效果如图 12-8 所示。

图 12-8　预览添加"向下划像"运动效果后的标题字幕

12.1.3　划像运动 3：制作向右划像运动特效

在 EDIUS 9 中，向右划像是指从左往右慢慢地显示或消失字幕的运动效果。下面向读者介绍"划像运动 3：制作向右划像运动特效"的操作方法。

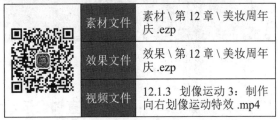

素材文件	素材\第 12 章\美妆周年庆 .ezp
效果文件	效果\第 12 章\美妆周年庆 .ezp
视频文件	12.1.3　划像运动 3：制作向右划像运动特效 .mp4

【操练 + 视频】
——划像运动 3：制作向右划像运动特效

STEP 01 选择"文件"|"打开工程"命令，打开一个工程文件，如图 12-9 所示。

图 12-9 打开一个工程文件

STEP 02 展开"特效"面板，在"划像"特效组中，选择"向右划像"运动效果，按住鼠标左键并拖曳至 1T 字幕轨道中的字幕文件上，释放鼠标左键，即可添加运动效果，如图 12-10 所示。

图 12-10 添加运动效果

STEP 03 单击"播放"按钮，预览添加"向右划像"运动效果后的标题字幕，效果如图 12-11 所示。

图 12-11 预览添加"向右划像"运动效果后的标题字幕

12.1.4 划像运动 4：制作垂直划像运动特效

在 EDIUS 9 中，垂直划像是指以垂直运动的方式慢慢地显示或消失字幕。下面向读者介绍"划像运动 4：制作垂直划像运动特效"的操作方法。

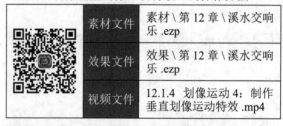

	素材文件	素材 \ 第 12 章 \ 溪水交响乐 .ezp
	效果文件	效果 \ 第 12 章 \ 溪水交响乐 .ezp
	视频文件	12.1.4 划像运动 4：制作垂直划像运动特效 .mp4

【操练 + 视频】
——划像运动 4：制作垂直划像运动特效

STEP 01 选择"文件"|"打开工程"命令，打开一个工程文件，如图 12-12 所示。

图 12-12 打开一个工程文件

STEP 02 展开"特效"面板，在"垂直划像"特效组中，选择第 1 个垂直划像运动效果，如图 12-13 所示。

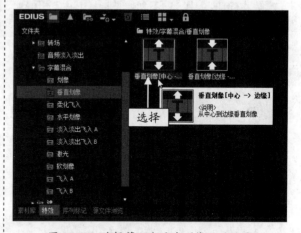

图 12-13 选择第 1 个垂直划像运动效果

STEP 03 在选择的运动效果上，按住鼠标左键并拖曳至 1T 字幕轨道中的字幕文件上，释放鼠标左键，即可添加运动效果，单击"播放"按钮，预览添加"垂直划像"运动效果后的标题字幕，效果如图 12-14 所示。

图 12-14　预览添加"垂直划像"运动效果后的标题字幕

12.2　制作柔化飞入运动特效

在 EDIUS 9 中，柔化飞入的运动效果与划像的运动效果基本相同，只是边缘做了柔化处理。在"柔化飞入"特效组中，一共包含 4 种不同的柔化飞入动画效果，用户可以根据实际需要进行相应选择。本节主要向读者介绍制作柔化飞入运动效果的操作方法，希望读者可以熟练掌握。

12.2.1　柔化飞入 1：制作向上软划像运动特效

在 EDIUS 9 中，向上软划像是指从下往上慢慢浮入显示字幕的运动效果。下面向读者介绍"柔化飞入 1：制作向上软划像运动特效"的操作方法。

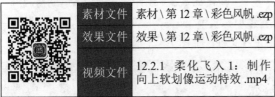

素材文件	素材 \ 第 12 章 \ 彩色风帆 .ezp
效果文件	效果 \ 第 12 章 \ 彩色风帆 .ezp
视频文件	12.2.1　柔化飞入 1：制作向上软划像运动特效 .mp4

【操练 + 视频】
——柔化飞入 1：制作向上软划像运动特效

STEP 01 选择"文件"|"打开工程"命令，打开一个工程文件，如图 12-15 所示。

图 12-15　打开一个工程文件

STEP 02 展开"特效"面板，在"柔化飞入"特效组中，选择"向上软划像"运动效果，如图 12-16 所示。

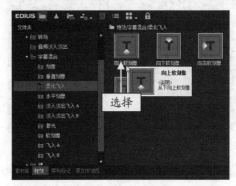

图 12-16　选择"向上软划像"运动效果

STEP 03 在选择的运动效果上，按住鼠标左键并拖曳至 1T 字幕轨道中的字幕文件上，释放鼠标左键，即可添加运动效果。单击"播放"按钮，预览添加"向上软划像"运动效果后的标题字幕，效果如图 12-17 所示。

图 12-17　预览添加"向上软划像"运动效果后的标题字幕

179

12.2.2 柔化飞入 2：制作向下软划像运动特效

在 EDIUS 9 中，向下软划像是指从上往下慢慢浮入显示字幕的运动效果。下面向读者介绍"柔化飞入 2：制作向下软划像运动特效"的操作方法。

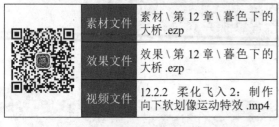

素材文件	素材 \ 第 12 章 \ 暮色下的大桥 .ezp
效果文件	效果 \ 第 12 章 \ 暮色下的大桥 .ezp
视频文件	12.2.2 柔化飞入 2：制作向下软划像运动特效 .mp4

【操练 + 视频】
——柔化飞入 2：制作向下软划像运动特效

STEP 01 选择"文件"|"打开工程"命令，打开一个工程文件，如图 12-18 所示。

图 12-18　打开一个工程文件

STEP 02 展开"特效"面板，在"柔化飞入"特效组中，选择"向下软划像"运动效果，单击鼠标左键并拖曳至 1T 字幕轨道中的字幕文件上，释放鼠标左键，即可添加运动效果，如图 12-19 所示。

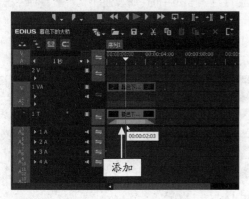

图 12-19　添加运动效果

STEP 03 单击"播放"按钮，预览添加"向下软划像"运动效果后的标题字幕，效果如图 12-20 所示。

图 12-20　预览添加"向下软划像"运动效果后的标题字幕

12.2.3 柔化飞入 3：制作向右软划像运动特效

在 EDIUS 9 中，向右软划像是指从左往右慢慢浮入显示字幕的运动效果。下面向读者介绍"柔化飞入 3：制作向右软划像运动特效"的操作方法。

素材文件	素材 \ 第 12 章 \ 动漫画面 .ezp
效果文件	效果 \ 第 12 章 \ 动漫画面 .ezp
视频文件	12.2.3 柔化飞入 3：制作向右软划像运动特效 .mp4

【操练 + 视频】
——柔化飞入 3：制作向右软划像运动特效

STEP 01 选择"文件"|"打开工程"命令，打开一个工程文件，如图 12-21 所示。

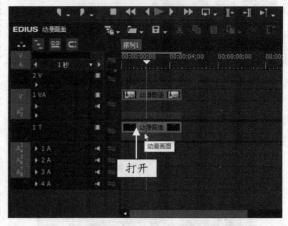

图 12-21　打开一个工程文件

STEP 02 展开"特效"面板，在"柔化飞入"特效组中，选择"向右软划像"运动效果，按住鼠标左键并拖曳至 1T 字幕轨道中的字幕文件上，释放鼠标左键，即可添加运动效果，如图 12-22 所示。

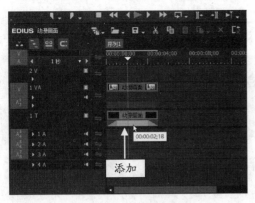

图 12-22　添加运动效果

STEP 03 单击"播放"按钮，预览添加"向右软划像"运动效果后的标题字幕，效果如图 12-23 所示。

图 12-23　预览添加"向右软划像"运动效果后的标题字幕

12.2.4　柔化飞入 4：制作向左软划像运动特效

在 EDIUS 9 中，向左软划像是指从右往左慢慢浮入显示字幕的运动效果。下面向读者介绍"柔化飞入 4：制作向左软划像运动特效"的操作方法。

素材文件	素材\第 12 章\芦苇花开 .ezp
效果文件	效果\第 12 章\芦苇花开 .ezp
视频文件	12.2.4　柔化飞入 4：制作向左软划像运动特效 .mp4

【操练 + 视频】
——柔化飞入 4：制作向左软划像运动特效

STEP 01 选择"文件"|"打开工程"命令，打开一个工程文件，如图 12-24 所示。

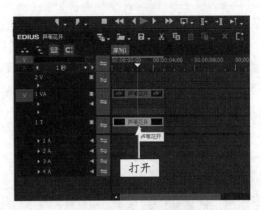

图 12-24　打开一个工程文件

STEP 02 展开"特效"面板，在"柔化飞入"特效组中，选择"向左软划像"运动效果，按住鼠标左键并拖曳至 1T 字幕轨道中的字幕文件上，释放鼠标左键，即可添加运动效果，如图 12-25 所示。

图 12-25　添加运动效果

STEP 03 单击"播放"按钮，预览添加"向左软划像"运动效果后的标题字幕，效果如图 12-26 所示。

图 12-26　预览添加"向左软划像"运动效果后的标题字幕

12.3　制作淡入淡出飞入运动特效

在 EDIUS 9 中，淡入淡出飞入是指标题字幕以淡入淡出的方式显示或消失字幕的动画效果。本节主要向读者介绍制作淡入淡出飞入运动特效的操作方法，希望读者可以熟练掌握。

12.3.1 淡入淡出 1：制作向上淡入淡出运动特效

在 EDIUS 9 中，向上淡入淡出是指从下往上通过淡入淡出的方式，慢慢地显示或消失字幕的运动效果。下面向读者介绍"淡入淡出 1：制作向上淡入淡出运动特效"的操作方法。

素材文件	素材\第 12 章\乡村雪景 .ezp
效果文件	效果\第 12 章\乡村雪景 .ezp
视频文件	12.3.1 淡入淡出 1：制作向上淡入淡出运动特效 .mp4

【操练＋视频】
——淡入淡出 1：制作向上淡入淡出运动特效

STEP 01 选择"文件"|"打开工程"命令，打开一个工程文件，如图 12-27 所示。

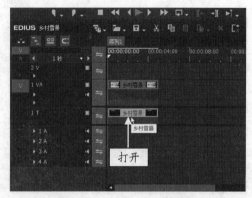

图 12-27 打开一个工程文件

STEP 02 展开"特效"面板，在"淡入淡出飞入 A"特效组中，选择"向上淡入淡出飞入 A"运动效果，单击鼠标左键并拖曳至 1T 字幕轨道中的字幕文件上，释放鼠标左键，即可添加运动效果，如图 12-28 所示。

图 12-28 添加运动效果

STEP 03 单击"播放"按钮，预览添加"向上淡入淡出飞入 A"运动效果后的标题字幕，效果如图 12-29 所示。

图 12-29 预览添加"向上淡入淡出飞入 A"运动效果后的标题字幕

12.3.2 淡入淡出 2：制作向下淡入淡出运动特效

在 EDIUS 9 中，向下淡入淡出是指从上往下通过淡入淡出的方式，慢慢地显示或消失字幕的运动效果。下面向读者介绍"淡入淡出 2：制作向下淡入淡出运动特效"的操作方法。

素材文件	素材\第 12 章\成双成对 .ezp
效果文件	效果\第 12 章\成双成对 .ezp
视频文件	12.3.2 淡入淡出 2：制作向下淡入淡出运动特效 .mp4

【操练＋视频】
——淡入淡出 2：制作向下淡入淡出运动特效

STEP 01 选择"文件"|"打开工程"命令，打开一个工程文件，如图 12-30 所示。

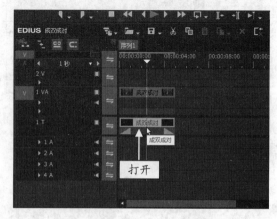

图 12-30 打开一个工程文件

STEP 02 展开"特效"面板，在"淡入淡出飞入 A"特效组中，选择"向下淡入淡出飞入 A"运动效果，按住鼠标左键并拖曳至 1T 字幕轨道中的字幕文件上，如图 12-31 所示，释放鼠标左键，即可添加运动效果。

图 12-31　拖曳至适当位置处

STEP 03　单击"播放"按钮，预览添加"向下淡入淡出飞入 A"运动效果后的标题字幕，效果如图 12-32 所示。

图 12-32　预览添加"向下淡入淡出飞入 A"运动效果后的标题字幕

12.3.3　淡入淡出 3：制作向右淡入淡出运动特效

在 EDIUS 9 中，向右淡入淡出是指从左往右通过淡入淡出的方式，慢慢地显示或消失字幕的运动效果。下面向读者介绍"淡入淡出 3：制作向右淡入淡出运动特效"的操作方法。

素材文件	素材 \ 第 12 章 \ 节约用水 .ezp
效果文件	效果 \ 第 12 章 \ 节约用水 .ezp
视频文件	12.3.3　淡入淡出 3：制作向右淡入淡出运动特效 .mp4

【操练 + 视频】
——淡入淡出 3：制作向右淡入淡出运动特效

STEP 01　选择"文件"|"打开工程"命令，打开一个工程文件，如图 12-33 所示。

图 12-33　打开一个工程文件

STEP 02　展开"特效"面板，在"淡入淡出飞入 A"特效组中，选择"向右淡入淡出飞入 A"运动效果，按住鼠标左键并拖曳至 1T 字幕轨道中的字幕文件上，如图 12-34 所示，释放鼠标左键，即可添加运动效果。

图 12-34　拖曳至适当位置

STEP 03　单击"播放"按钮，预览添加"向右淡入淡出飞入 A"运动效果后的标题字幕，效果如图 12-35 所示。

图 12-35　预览添加"向右淡入淡出飞入 A"运动效果后的标题字幕

当用户将淡入淡出飞入运动效果添加至 1T 字幕轨道后，如果用户对于添加的字幕动画不满意，此时可以对字幕特效进行删除操作。在 EDIUS 工作界面中，用户可以通过以下 3 种方法，删除字幕运动效果。

- 在"信息"面板中选择需要删除的运动效果，按 Delete 键，即可删除运动效果。
- 在"信息"面板中，单击"删除"按钮，即可删除运动效果。
- 在 1T 轨道面板中，选择已添加的运动效果，按 Delete 键，即可删除运动效果。

12.3.4 淡入淡出 4：制作向左淡入淡出运动特效

在 EDIUS 9 中，向左淡入淡出是指从右往左通过淡入淡出的方式，慢慢地显示或消失字幕的运动效果。下面向读者介绍"淡入淡出 4：制作向左淡入淡出运动特效"的操作方法。

素材文件	素材 \ 第 12 章 \ 粉丝扇贝 .ezp
效果文件	效果 \ 第 12 章 \ 粉丝扇贝 .ezp
视频文件	12.3.4 淡入淡出 4：制作向左淡入淡出运动特效 .mp4

【操练 + 视频】
——淡入淡出 4：制作向左淡入淡出运动特效

STEP 01 选择"文件" | "打开工程"命令，打开一个工程文件，如图 12-36 所示。

STEP 02 展开"特效"面板，在"淡入淡出飞入 A"特效组中，选择"向左淡入淡出飞入 A"运动效果，按住鼠标左键并拖曳至 1T 字幕轨道中的字幕文件上，释放鼠标左键，即可添加运动效果，展开"信息"面板，在其中可以查看添加的"向左淡入淡出飞入 A"运动效果，如图 12-37 所示。

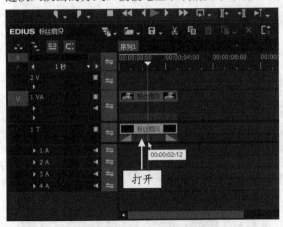

图 12-36　打开一个工程文件

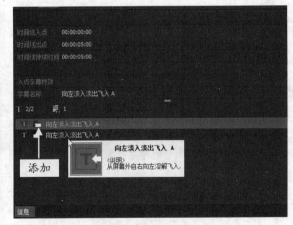

图 12-37　查看添加的运动效果

STEP 03 单击"播放"按钮，预览添加"向左淡入淡出飞入 A"运动效果后的标题字幕，效果如图 12-38 所示。

图 12-38　预览添加"向左淡入淡出飞入 A"运动效果后的标题字幕

H 12.4 制作激光运动特效

在 EDIUS 9 中，激光运动效果是指标题字幕以激光反射的方式显示或消失字幕的动画效果。本节主要向读者介绍制作激光运动特效的操作方法。

素材文件	素材 \ 第 12 章 \ 书的魅力 .ezp
效果文件	效果 \ 第 12 章 \ 书的魅力 .ezp
视频文件	12.4.1 激光运动 1：制作上面激光运动特效 .mp4

12.4.1 激光运动 1：制作上面激光运动特效

在 EDIUS 9 中，上面激光是指激光的方向是从上面显示出来的，通过激光的运动效果慢慢地显示标题字幕。下面向读者介绍"激光运动 1：制作上面激光运动特效"的操作方法。

【操练 + 视频】
——激光运动 1：制作上面激光运动特效

STEP 01 选择"文件" | "打开工程"命令，打开一个工程文件，如图 12-39 所示。

STEP 02 展开"特效"面板，在"激光"特效组中，选择"上面激光"运动效果，按住鼠标左键并拖曳至 1T 字幕轨道中的字幕文件上，释放鼠标左键，即可添加运动效果，展开"信息"面板，在其中可以查看添加的"上面激光"运动效果，如图 12-40 所示。

图 12-39 打开一个工程文件

图 12-40 查看添加的运动效果

STEP 03 单击"播放"按钮，预览添加"上面激光"运动效果后的标题字幕，效果如图 12-41 所示。

图 12-41 预览添加"上面激光"运动效果后的标题字幕

12.4.2 激光运动 2：制作下面激光运动特效

在 EDIUS 9 中，下面激光是指激光的方向是从下面显示出来的，通过激光的运动效果慢慢地显示标题字幕。用户可根据自身的个人喜好来设置。下面向读者介绍"激光运动2：制作下面激光运动特效"的操作方法。

素材文件	素材\第 12 章\夕阳西下 .ezp
效果文件	效果\第 12 章\夕阳西下 .ezp
视频文件	12.4.2　激光运动 2：制作下面激光运动特效 .mp4

【操练 + 视频】
——激光运动 2：制作下面激光运动特效

STEP 01 选择"文件"|"打开工程"命令，打开一个工程文件，如图 12-42 所示。

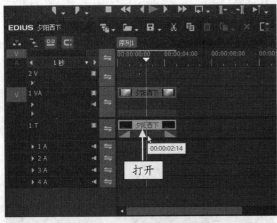

图 12-42　打开一个工程文件

STEP 02 展开"特效"面板，在"激光"特效组中，选择"下面激光"运动效果，按住鼠标左键并拖曳至 1T 字幕轨道中的字幕文件上，释放鼠标左键，即可添加运动效果，展开"信息"面板，在其中可以查看添加的"下面激光"运动效果，如图 12-43 所示。

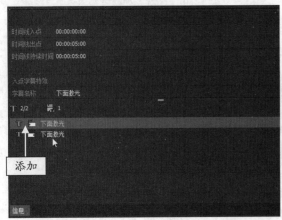

图 12-43　查看添加的"下面激光"运动效果

> ▶ **专家指点**
>
> 在 EDIUS 字幕轨道中，激光字幕特效特别具有立体感，可以增强影视的质感和艺术感。

STEP 03 单击"播放"按钮，预览添加"下面激光"运动效果后的字幕，如图 12-44 所示。

图 12-44　预览添加"下面激光"运动效果后的标题字幕

12.4.3　激光运动 3：制作右面激光运动特效

在 EDIUS 9 中，右面激光是指激光的方向是从右面显示出来的，通过激光的运动效果慢慢地显示标题字幕。下面向读者介绍"激光运动 3：制作右面激光运动特效"的操作方法。

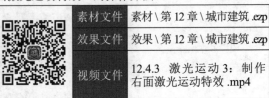

素材文件	素材\第 12 章\城市建筑 .ezp
效果文件	效果\第 12 章\城市建筑 .ezp
视频文件	12.4.3　激光运动 3：制作右面激光运动特效 .mp4

【操练 + 视频】
——激光运动 3：制作右面激光运动特效

STEP 01 选择"文件"|"打开工程"命令，打开一个工程文件，如图 12-45 所示。

图 12-45 打开一个工程文件

STEP 02 展开"特效"面板，在"激光"特效组中，选择"右面激光"运动效果，按住鼠标左键并拖曳至 1T 字幕轨道中的字幕文件上，释放鼠标左键，即可添加运动效果，展开"信息"面板，在其中可以查看添加的"右面激光"运动效果，如图 12-46 所示。

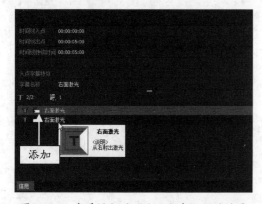

图 12-46 查看添加的"右面激光"运动效果

STEP 03 单击"播放"按钮，预览添加"右面激光"运动效果后的标题字幕，效果如图 12-47 所示。

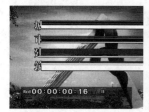 

图 12-47 预览添加"右面激光"运动效果后的标题字幕

12.4.4 激光运动 4：制作左面激光运动特效

在 EDIUS 9 中，左面激光是指激光的方向是从

左面显示出来的，通过激光的运动效果慢慢地显示标题字幕。下面向读者介绍"激光运动 4：制作左面激光运动特效"的操作方法。

素材文件	素材 \ 第 12 章 \ 黑夜降临 .ezp
效果文件	效果 \ 第 12 章 \ 黑夜降临 .ezp
视频文件	12.4.4 激光运动 4：制作左面激光运动特效 .mp4

【操练 + 视频】
——激光运动 4：制作左面激光运动特效

STEP 01 选择"文件"|"打开工程"命令，打开一个工程文件，如图 12-48 所示。

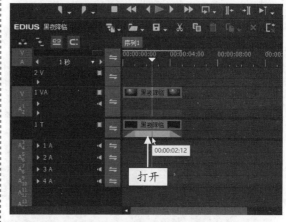

图 12-48 打开一个工程文件

STEP 02 展开"特效"面板，在"激光"特效组中，选择"左面激光"运动效果，按住鼠标左键并拖曳至 1T 字幕轨道中的字幕文件上，释放鼠标左键，即可添加运动效果，展开"信息"面板，在其中可以查看添加的"左面激光"运动效果，如图 12-49 所示。

图 12-49 查看添加的"左面激光"运动效果

STEP 03 单击"播放"按钮，预览添加"左面激光"运动效果后的标题字幕，效果如图 12-50 所示。

图 12-50　预览添加"左面激光"运动效果后的标题字幕

第13章

音频：添加与编辑音频素材

章 前 知 识 导 读

影视作品是一门声画艺术。音频在影片中是不可或缺的元素。音频也是一部影片的灵魂。在后期制作中，音频的处理相当重要，如果声音运用得恰到好处，往往给观众带来耳目一新的感觉。希望读者可以熟练掌握本章内容。

新 手 重 点 索 引

✦ 添加背景音频素材　　　　　　　✦ 修剪与调整音频素材
✦ 管理音频素材库

效 果 图 片 欣 赏

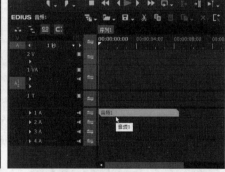

如果一部影片缺少了声音，再优美的画面也将黯然失色，而优美动听的背景音乐和款款深情的配音不仅可以为影片起到锦上添花的作用，更能使影片颇有感染力，从而使影片更上一个台阶。本节主要向读者介绍添加音频文件的操作方法。

13.1.1 命令添加：通过命令添加音频文件

在 EDIUS 9 中，用户可以通过"添加素材"命令，将音频文件添加至 EDIUS 轨道中。下面向读者介绍"命令添加：通过命令添加音频文件"的操作方法。

素材文件	素材＼第 13 章＼音频 1.wav
效果文件	效果＼第 13 章＼音频 1.ezp
视频文件	13.1.1 命令添加：通过命令添加音频文件 .mp4

【操练＋视频】
——命令添加：通过命令添加音频文件

STEP 01 选择"文件"|"新建"|"工程"命令，新建一个工程文件，然后选择"文件"|"添加素材"命令，如图 13-1 所示。

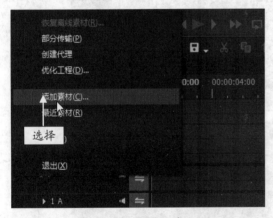

图 13-1   选择相应命令

STEP 02 执行操作后，弹出"添加素材"对话框，在其中选择需要添加的音频文件，如图 13-2 所示。

STEP 03 单击"打开"按钮，即可将选择的音频文件导入至 EDIUS 工作界面中，在播放窗口中的黑色空白位置上，按住鼠标左键并拖曳至 1A 音频轨道中，如图 13-3 所示。

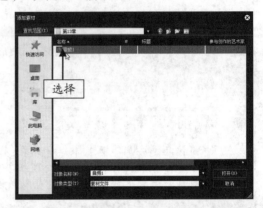

图 13-2   选择需要添加的音频文件

图 13-3   拖曳至 1A 音频轨道中

STEP 04 释放鼠标左键，即可将导入的音频文件添加至音频轨道中，如图 13-4 所示。

图 13-4   添加至音频轨道中

中选择需要添加的音频文件，如图 13-7 所示。

专家指点

除了用上述方法弹出"添加素材"对话框之外，单击"文件"菜单，在弹出的菜单列表中按 C 键，也可以快速弹出"添加素材"对话框。

13.1.2 轨道添加：通过轨道添加音频文件

在 EDIUS 9 中，用户不仅可以通过命令添加音频文件，还可以通过轨道面板导入音频文件。下面向读者介绍"轨道添加：通过轨道添加音频文件"的操作方法。

素材文件	素材 \ 第 13 章 \ 音频 2.mp3
效果文件	效果 \ 第 13 章 \ 音频 2.ezp
视频文件	13.1.2　轨道添加：通过轨道添加音频文件 .mp4

【操练 + 视频】
——轨道添加：通过轨道添加音频文件

STEP 01 选择"文件"|"新建"|"工程"命令，新建一个工程文件，在轨道面板中，选择 1A 音频轨道，然后将时间线移至轨道的开始位置，如图 13-5 所示。

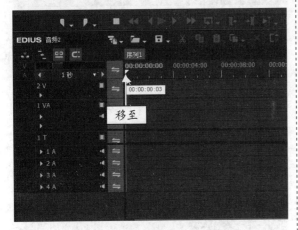

图 13-5　移至轨道的开始位置

STEP 02 在音频轨道中的空白位置上，单击鼠标右键，在弹出的快捷菜单中选择"添加素材"命令，如图 13-6 所示。

STEP 03 执行操作后，弹出"打开"对话框，在其

图 13-6　选择"添加素材"命令

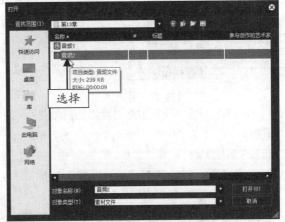

图 13-7　选择需要添加的音频文件

STEP 04 单击"打开"按钮，即可在 1A 音频轨道的时间线位置，添加音频文件，如图 13-8 所示。

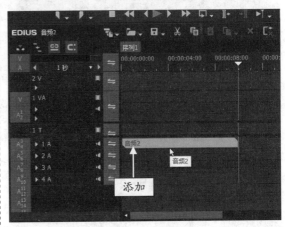

图 13-8　添加音频文件

专家指点

　　除了运用上述方法添加音频文件外，在"我的电脑"文件夹中，选择相应的音频文件后，直接将音频文件拖曳至 EDIUS 工作界面的 1A 音频轨道中，也可以完成音频文件的添加操作。

13.1.3 素材库添加：通过素材库添加音频文件

　　在 EDIUS 工作界面中，用户可以先将音频文件添加至素材库中，然后再从素材库中将需要的音频文件添加至音频轨道中。下面向读者介绍"素材库添加：通过素材库添加音频文件"的操作方法。

素材文件	素材 \ 第 13 章 \ 音频 3.mpa
效果文件	效果 \ 第 13 章 \ 音频 3.ezp
视频文件	13.1.3　素材库添加：通过素材库添加音频文件 .mp4

【操练 + 视频】
——素材库添加：通过素材库添加音频文件

STEP 01 选择"文件" | "新建" | "工程"命令，新建一个工程文件，在"素材库"面板中的空白位置上，单击鼠标右键，在弹出的快捷菜单中选择"添加文件"命令，如图 13-9 所示。

图 13-9　选择"添加文件"命令

STEP 02 执行操作后，弹出"打开"对话框，在其中选择需要添加的音频文件，如图 13-10 所示。

STEP 03 单击"打开"按钮，即可将音频文件添加至"素材库"面板中，在音频文件的缩略图上，显示了音频的音波，如图 13-11 所示。

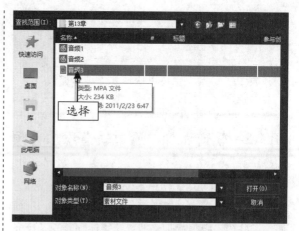

图 13-10　选择需要添加的音频文件

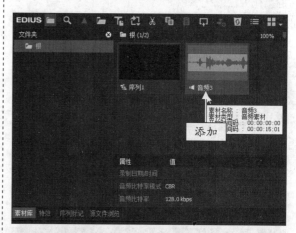

图 13-11　显示音频的音波

STEP 04 在添加的音频文件上，按住鼠标左键并拖曳至 1A 音频轨道中的开始位置，释放鼠标左键，即可将音频文件添加至轨道中，如图 13-12 所示。单击"播放"按钮，可以试听添加的音频效果。

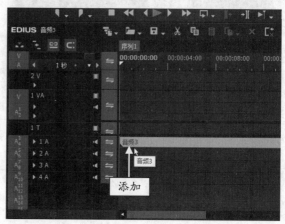

图 13-12　将音频文件添加至轨道中

13.2 修剪与调整音频素材

在 EDIUS 9 中，将声音或背景音乐添加到声音
轨道后，用户可以根据影片的需要编辑和修剪音频
素材。本节主要向读者介绍修剪与调整音频素材的
操作方法。

13.2.1 剪辑音频：分割背景声音片段

在 EDIUS 工作界面中，用户可以根据需要对
音频文件进行分割操作，将添加的音频文件分割为
两节。下面向读者介绍"剪辑音频：分割背景声音
片段"的操作方法。

素材文件	素材 \ 第 13 章 \ 音频 4.ezp
效果文件	效果 \ 第 13 章 \ 音频 4.ezp
视频文件	13.2.1 剪辑音频：分割背景声音片段 .mp4

【操练 + 视频】
——剪辑音频：分割背景声音片段

STEP 01 选择"文件"|"打开工程"命令，打开一
个工程文件，如图 13-13 所示。

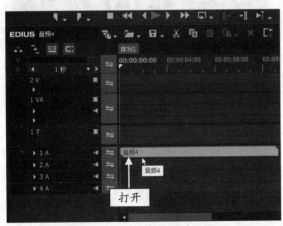

图 13-13 打开一个工程文件

STEP 02 在轨道面板中，将时间线移至 00:00:7:00
的位置处，如图 13-14 所示。

STEP 03 选择"编辑"|"添加剪切点"|"选定轨道"
命令，执行操作后，即可在音频素材之间添加剪切
点，对音频素材进行分割操作，如图 13-15 所示。

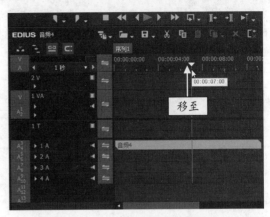

图 13-14 时间线移至相应位置处

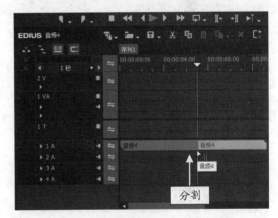

图 13-15 对音频素材进行分割操作

STEP 04 选择分割后的音频文件，按 Delete 键，即
可将音频文件进行删除操作，如图 13-16 所示。

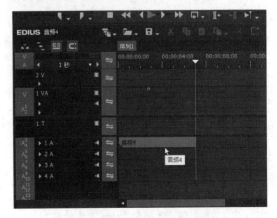

图 13-16 将音频文件进行删除操作

13.2.2　调整长度：修整音频的区间

在制作视频的过程中，如果音频文件的区间不能满足用户的需求，此时用户可以对音频的区间进行修整操作，可以根据用户的音频文件来进行调整。下面向读者介绍"调整长度：修整音频的区间"的操作方法。

素材文件	素材 \ 第 13 章 \ 音频 5.mpa
效果文件	效果 \ 第 13 章 \ 音频 5.ezp
视频文件	13.2.2　调整长度：修整音频的区间 .mp4

【操练＋视频】
——调整长度：修整音频的区间

STEP 01 选择"文件"|"新建"|"工程"命令，新建一个工程文件，在 1A 音频轨道中，添加一段音频文件，如图 13-17 所示。

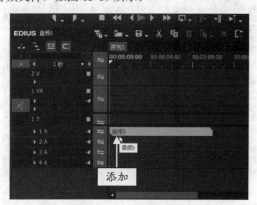

图 13-17　添加一段音频文件

STEP 02 选择音频轨道中的音频文件，将鼠标移至音频文件末尾处的黄色标记上，如图 13-18 所示。

图 13-18　移至音频末尾处的黄色标记上

STEP 03 在黄色标记上，按住鼠标左键并向左拖曳至合适位置，如图 13-19 所示。

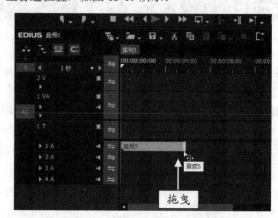

图 13-19　拖曳至合适位置

STEP 04 释放鼠标左键，即可通过区间修整音频文件，单击"播放"按钮，试听修整后的音频声音，如图 13-20 所示。

图 13-20　试听修整后的音频声音

13.2.3　设置时间：改变音频持续时间

在 EDIUS 9 中，用户可以根据需要改变音频文件的持续时间，从而调整音频文件的播放长度。下面向读者介绍"设置时间：改变音频持续时间"的操作方法。

素材文件	素材 \ 第 13 章 \ 音频 6.mp3
效果文件	效果 \ 第 13 章 \ 音频 6.ezp
视频文件	13.2.3　设置时间：改变音频持续时间 .mp4

【操练＋视频】
——设置时间：改变音频持续时间

STEP 01 选择"文件"|"新建"|"工程"命令，新建一个工程文件，在 1A 音频轨道中，添加一段音频文件，如图 13-21 所示。

图 13-21 添加一段音频文件

STEP 02 选择添加的音频文件，单击鼠标右键，在弹出的快捷菜单中选择"持续时间"命令，如图 13-22 所示。

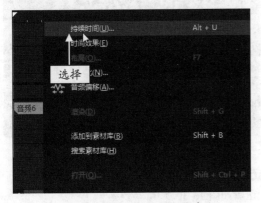

图 13-22 选择"持续时间"命令

STEP 03 执行操作后，❶弹出"持续时间"对话框；❷在其中设置"持续时间"为 00:00:04:00，如图 13-23 所示。

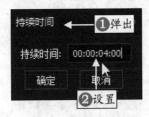

图 13-23 设置相应参数

STEP 04 单击"确定"按钮，即可完成音频持续时间的修改，此时在 1A 音频轨道中，可以看到音频的时间长度已发生变化，如图 13-24 所示。

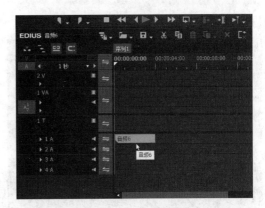

图 13-24 完成音频持续时间的修改

13.2.4 调整速度：调整音频播放速度

在 EDIUS 中，用户还可以通过改变音频的播放速度来修整音频文件的时间长度。下面向读者介绍"调整速度：调整音频播放速度"的操作方法。

素材文件	素材 \ 第 13 章 \ 音频 7.mpa
效果文件	效果 \ 第 13 章 \ 音频 7.ezp
视频文件	13.2.4 调整速度：调整音频播放速度 .mp4

【操练 + 视频】
——调整速度：调整音频播放速度

STEP 01 选择"文件"|"新建"|"工程"命令，新建一个工程文件，在 1A 音频轨道中，添加一段音频文件，如图 13-25 所示。

图 13-25 添加一段音频文件

STEP 02 选择添加的音频文件，单击鼠标右键，在弹出的快捷菜单中选择"时间效果"|"速度"命令，如图 13-26 所示。

STEP 03 执行操作后，❶弹出"素材速度"对话框；

❷ 在其中设置"比率"为 140，如图 13-27 所示。

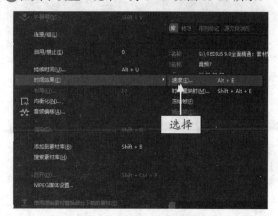

图 13-26 选择相应命令

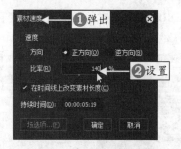

图 13-27 设置"比率"参数

STEP 04 设置完成后，单击"确定"按钮，完成音频播放速度的修改，此时在 1A 音频轨道中，可以看到音频的播放速度已发生变化，如图 13-28 所示。

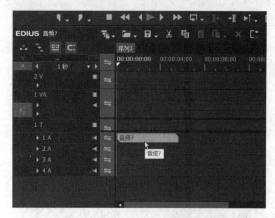

图 13-28 完成音频播放速度的修改

13.2.5 调节整段：调整整个音频音量

用户在制作视频的过程中，如果背景音乐的音量过大，则会让人感觉背景音乐很杂、很吵；如果背景音乐的音量过小，也会让人感觉视频不够大气。

只有调整至合适的音量，才能制作出非常优质的声效。在 EDIUS 工作界面中，用户可以针对整个音频轨道中的音频音量进行统一调整，该方法既方便又快捷。下面向读者介绍"调节整段：调整整个音频音量"的操作方法。

素材文件	素材 \ 第 13 章 \ 音频 8.ezp
效果文件	效果 \ 第 13 章 \ 音频 8.ezp
视频文件	13.2.5 调节整段：调整整个音频音量 .mp4

【操练 + 视频】
——调节整段：调整整个音频音量

STEP 01 选择"文件"|"打开工程"命令，打开一个工程文件，如图 13-29 所示。

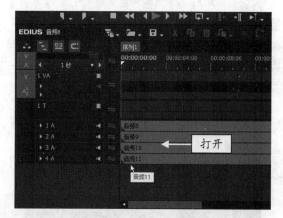

图 13-29 打开一个工程文件

STEP 02 在轨道面板上方，单击"切换调音台显示"按钮，如图 13-30 所示。

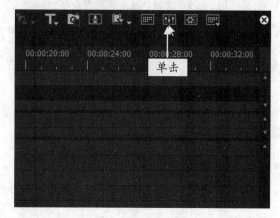

图 13-30 单击"切换调音台显示"按钮

STEP 03 执行操作后，弹出"调音台（峰值计）"对话框，如图 13-31 所示。

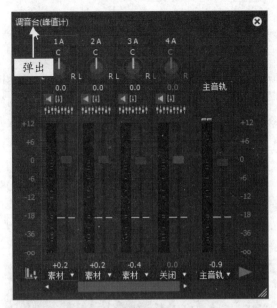

图 13-31 弹出"调音台（峰值计）"对话框

STEP 04 单击对话框右下角的"播放"按钮，试听 4 个音频轨道中的声音大小，此时显示 4 个音轨中的音量起伏变化，如图 13-32 所示。

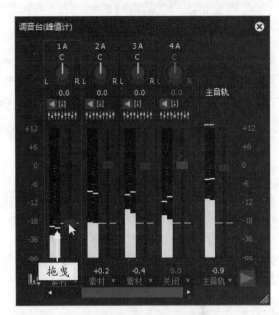

图 13-33 将 1A 音频声音变小

STEP 06 将鼠标移至 2A 音频轨道中的滑块上，单击鼠标左键并向上拖曳，放大该音频轨道中的音频声音，如图 13-34 所示。

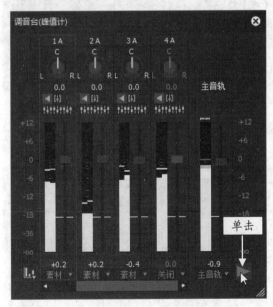

图 13-32 单击"播放"按钮

STEP 05 在对话框中，将鼠标移至 1A 音频轨道中的滑块上，按住鼠标左键并向下拖曳，使该轨道中的音频音量变小，如图 13-33 所示。

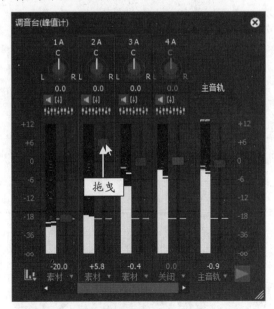

图 13-34 放大 2A 轨道中的音频声音

STEP 07 将鼠标移至 3A 音频轨道中的滑块上，单击鼠标左键并向下拖曳，使该轨道中的音频音量比标准的声音小一点，如图 13-35 所示。

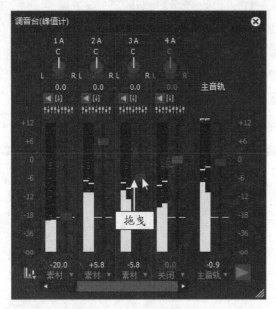

图 13-35　将 3A 音频声音变小

STEP 08 将鼠标移至主音轨调节滑块上，按住鼠标左键并向下拖曳，将所有轨道中的声音都调小一点，如图 13-36 所示。至此，完成各轨道中音频音量的调整，然后单击右上角的"关闭"按钮，退出"调音台（峰值计）"对话框。

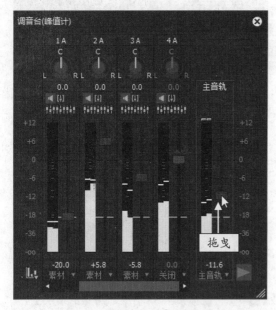

图 13-36　将所有轨道声音调小一点

13.2.6　调节区间：使用调节线调整音量

在 EDIUS 9 中，用户不仅可以使用调音台对不同轨道中的音频文件的音量进行调整，还可以通过调节线对音频文件的局部声音进行调整。下面向读者介绍"调节区间：使用调节线调整音量"的操作方法。

	素材文件	素材 \ 第 13 章 \ 音频 12.mp3
	效果文件	效果 \ 第 13 章 \ 音频 12.ezp
	视频文件	13.2.6　调节区间：使用调节线调整音量 .mp4

【操练 + 视频】
——调节区间：使用调节线调整音量

STEP 01 选择"文件"|"新建"|"工程"命令，新建一个工程文件，在 1A 音频轨道中，添加一段音频文件，如图 13-37 所示。

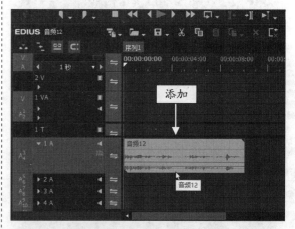

图 13-37　添加一段音频文件

STEP 02 单击"音量 / 声相"按钮，进入 VOL 音量控制状态，如图 13-38 所示。

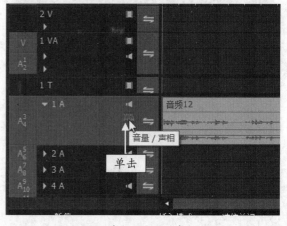

图 13-38　单击"音量 / 声相"按钮

STEP 03 在橘色调节线的合适位置，按住鼠标左键并向下拖曳，添加一个音量控制关键帧，控制音量的大小，如图 13-39 所示。

图 13-39　添加一个音量控制关键帧

STEP 04 再次在调节线上添加第二个音量控制关键帧，控制音量的大小，如图 13-40 所示。

图 13-40　添加第二个音量控制关键帧

STEP 05 在调节线上添加第三个音量控制关键帧，控制音量的大小，如图 13-41 所示，使整段音量的音波得到起伏变化。

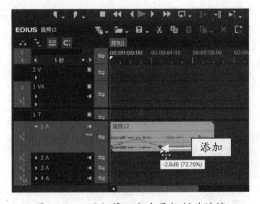

图 13-41　添加第三个音量控制关键帧

STEP 06 在 1A 音频轨道中，单击"音量"按钮，

切换至 PAN 声相控制状态，显示一根蓝色调节线，如图 13-42 所示。

图 13-42　切换至 PAN 声相控制状态

STEP 07 在蓝色调节线的合适位置，按住鼠标左键并向下拖曳，添加一个声相控制关键帧，控制声相的大小，如图 13-43 所示。

图 13-43　添加一个声相控制关键帧

STEP 08 用与上同样的方法，在蓝色调节线上添加第二个声相控制关键帧，控制声相的大小，如图 13-44 所示。单击"播放"按钮，试听调整音量后的音频效果。至此，通过调节线调整音量操作完毕。

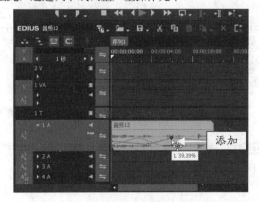

图 13-44　添加第二个声相控制关键帧

13.2.7　关闭声音：设置音频文件静音

在 EDIUS 工作界面中，为了更好地编辑视频，用户还可以将音频文件设置为静音状态。下面向读者介绍"关闭声音：设置音频文件静音"的操作方法。

素材文件	素材 \ 第 13 章 \ 音频 13.mpa
效果文件	效果 \ 第 13 章 \ 音频 13.ezp
视频文件	13.2.7　关闭声音：设置音频文件静音 .mp4

【操练 + 视频】
——关闭声音：设置音频文件静音

STEP 01 选择"文件"|"新建"|"工程"命令，新建一个工程文件，在 1A 音频轨道中，添加一段音频文件，如图 13-45 所示。

STEP 02 在 1A 音频轨道中，单击"音频静音"按钮，如图 13-46 所示，即可将音频文件设置为静音状态。

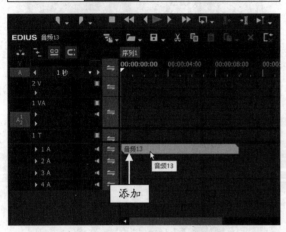

图 13-45　添加一段音频文件

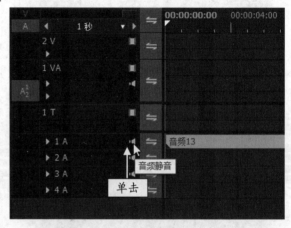

图 13-46　单击"音频静音"按钮

13.3　管理音频素材库

通过对前面知识点的学习，读者已经基本掌握了音频素材的添加与修剪的方法。本节主要介绍管理音频素材的方法，包括重命名素材和删除音频素材的方法。希望读者可以熟练掌握本节内容。

13.3.1　重新命名：在素材库中重命名素材

在 EDIUS 工作界面中，用户可以对"素材库"面板中的音频文件进行重命名操作，以方便音频素材的管理。下面向读者介绍"重新命名：在素材库中重命名素材"的操作方法。

素材文件	素材 \ 第 13 章 \ 音频 14.mp3
效果文件	效果 \ 第 13 章 \ 背景音乐 .ezp
视频文件	13.3.1　重新命名：在素材库中重命名素材 .mp4

【操练 + 视频】
——重新命名：在素材库中重命名素材

STEP 01 选择"文件"|"新建"|"工程"命令，新建一个工程文件，在"素材库"面板中，导入一段音频文件，如图 13-47 所示。

图 13-47　导入一段音频文件

STEP 02 选择导入的音频文件，单击鼠标右键，在弹出的快捷菜单中选择"重命名"命令，如图 13-48 所示。

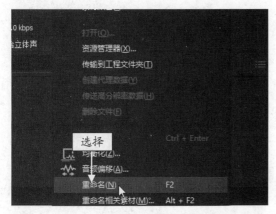

图 13-48　选择"重命名"命令

STEP 03 执行操作后，此时音频文件的名称呈可编辑状态，如图 13-49 所示。

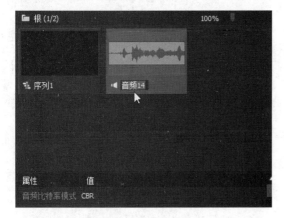

图 13-49　呈可编辑状态

STEP 04 选择一种合适的输入法，重新输入音频文

件的名称，然后按 Enter 键确认，即可完成音频文件的重命名操作，如图 13-50 所示。

图 13-50　完成音频文件的重命名操作

13.3.2　删除音频：删除素材库中的素材

在 EDIUS 的"素材库"面板中，如果某些音频素材不再需要使用时，此时可以将该音频素材删除。下面向读者介绍"删除音频：删除素材库中的素材"的操作方法。

素材文件	背景音乐 .ezp	
效果文件	无	
视频文件	13.3.2　删除音频：删除素材库中的素材 .mp4	

【操练 + 视频】
——删除音频：删除素材库中的素材

STEP 01 在"素材库"面板中，❶选择需要删除的音频素材；❷单击鼠标右键，在弹出的快捷菜单中选择"删除"命令，如图 13-51 所示。

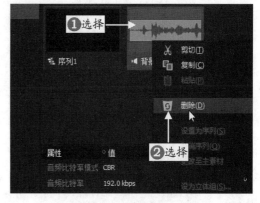

图 13-51　选择"删除"命令

STEP 02 执行上一步操作后，即可将音频素材从"素材库"面板中删除，如图 13-52 所示。

图 13-52　从"素材库"面板中删除素材

第 14 章

音效：制作音频的声音特效

章前知识导读

　　在 EDIUS 中，为影片添加优美动听的音乐，可以使制作的影片更上一个台阶。因此，音频的编辑与特效的制作是完成影视节目必不可少的一个重要环节。本章中主要介绍录制声音与制作音频声音特效的方法。希望读者熟练掌握本章内容。

新手重点索引

　　🎙 为视频录制声音　　　　　　　　　🎙 应用音频声音特效

效果图片欣赏

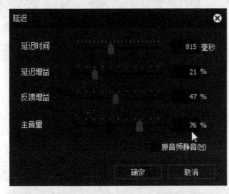

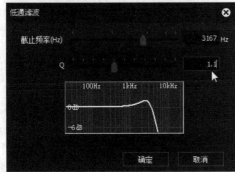

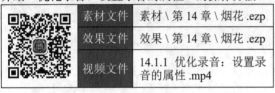

14.1　为视频录制声音

在 EDIUS 9 中，用户可以根据需要为视频文件录制声音旁白，使制作的视频更具有艺术感。本节主要向读者介绍为视频录制声音的操作方法。

14.1.1　优化录音：设置录音的属性

在录制声音之前，首先需要设置录音的相关属性，使录制的声音文件更符合用户的需求。下面向读者介绍"优化录音：设置录音的属性"的操作方法。

素材文件	素材 \ 第 14 章 \ 烟花 .ezp
效果文件	效果 \ 第 14 章 \ 烟花 .ezp
视频文件	14.1.1　优化录音：设置录音的属性 .mp4

【操练＋视频】
　　——优化录音：设置录音的属性

STEP 01 选择"文件"|"打开工程"命令，打开一个工程文件，如图 14-1 所示。

图 14-1　打开一个工程文件

STEP 02 在轨道面板中，单击"切换同步录音显示"按钮，如图 14-2 所示。

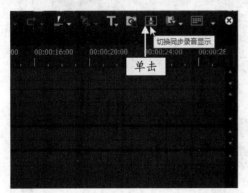

图 14-2　单击"切换同步录音显示"按钮

STEP 03 执行操作后，弹出"同步录音"对话框，如图 14-3 所示。

图 14-3　弹出"同步录音"对话框

STEP 04 选择一种合适的输入法，在"文件名"右侧的文本框中，输入声音文件的保存名称，如图 14-4 所示。

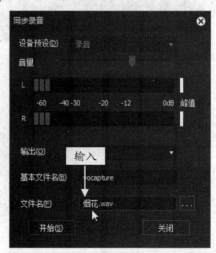

图 14-4　输入声音文件的保存名称

STEP 05 如果用户需要设置录制的声音文件的保存位置，可以单击右侧的按钮，如图 14-5 所示。

图 14-5　单击右侧的按钮

STEP 06 执行操作后，弹出"请选择采集文件夹"对话框，如图 14-6 所示。

图 14-6　弹出"请选择采集文件夹"对话框

STEP 07 在对话框中选择声音文件的保存位置，如图 14-7 所示。

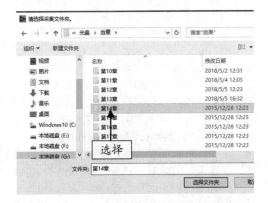

图 14-7　选择声音文件的保存位置

STEP 08 设置完成后，单击"选择文件夹"按钮，返回"同步录音"对话框，向右拖曳"音量"右

侧的滑块，调节录制的声音文件的音量大小，如图 14-8 所示，完成设置与操作。

图 14-8　拖曳"音量"右侧的滑块

14.1.2　录音操作：将声音录进轨道

在 EDIUS 9 中，用户可以很方便地将声音录进轨道面板中。对于录制完成的声音，用户还可以通过轨道面板对其进行修剪与编辑操作。

素材文件	素材 \ 第 14 章 \ 光源 .ezp
效果文件	效果 \ 第 14 章 \ 光源 .ezp
视频文件	14.1.2　录音操作：将声音录进轨道 .mp4

【操练 + 视频】
——录音操作：将声音录进轨道

STEP 01 选择"文件"|"打开工程"命令，打开一个工程文件，如图 14-9 所示。

图 14-9　打开一个工程文件

STEP 02 单击"切换同步录音显示"按钮，弹出"同步录音"对话框，❶ 单击"输出"右侧的下拉按钮；❷ 在弹出的下拉列表中选择"轨道"选项，如图 14-10 所示。

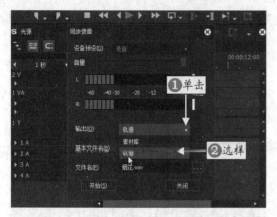

图 14-10　选择"轨道"选项

STEP 03 将录制的声音输出至轨道中，单击"开始"按钮，如图 14-11 所示。

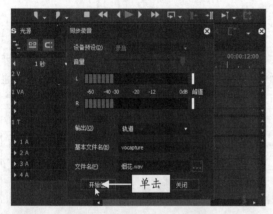

图 14-11　单击"开始"按钮

STEP 04 开始录制声音，待声音录制完成后，单击"结束"按钮，如图 14-12 所示。

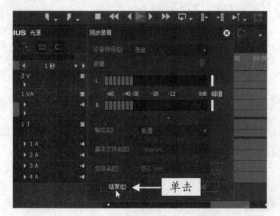

图 14-12　单击"结束"按钮

STEP 05 执行操作后，❶弹出信息提示框提示用户是否使用此波形文件；❷单击"是"按钮，如图 14-13 所示。

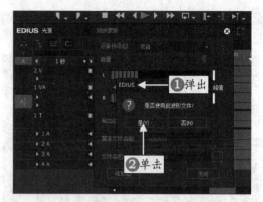

图 14-13　单击"是"按钮

STEP 06 执行上一步操作后，即可将录制的声音输出至轨道面板中，单击"关闭"按钮，关闭"同步录音"对话框，在轨道面板中即可查看录制的声音波形文件，如图 14-14 所示。

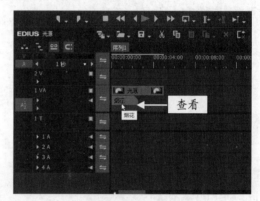

图 14-14　查看录制的声音波形文件

▶ 专家指点

在进行视频录音之前首先要进行系统硬件设置，选择"设置"|"系统设置"命令，弹出"系统设置"对话框，单击"硬件"选项前的下三角按钮，展开"硬件"列表框，选择"设备预设"选项，在右侧展开的"设备预设"选项卡中单击"新建"按钮，弹出"预设向导"对话框，在编辑栏中输入相应名称，单击"下一步"按钮切换选项卡，单击"接口"右侧的按钮，弹出列表框，选择 DirectShow Capture 选项，单击"下一步"按钮切换至"输出硬件，格式设置"选项卡，继续单击"下一步"按钮，切换至"检查"选项卡，查看相应的信息，如果看到错误的信息可以单击"上一步"按钮返回相应选项卡修改信息，如果无任何问题单击"完成"按钮即可。

14.1.3　删除声音：删除录制的声音文件

在 EDIUS 9 中，当用户对录制的声音不满意时，此时可以将录制的声音文件进行删除操作。下面向读者介绍删除声音：删除录制的声音文件的操作方法。

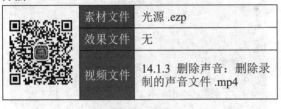

	素材文件	光源 .ezp
	效果文件	无
	视频文件	14.1.3　删除声音：删除录制的声音文件 .mp4

【操练 + 视频】
——删除声音：删除录制的声音文件

STEP 01 选择"文件"|"打开工程"命令，打开一个工程文件，在声音轨道中，选择需要删除的声音文件，如图 14-15 所示。

STEP 02 在选择的声音文件上，单击鼠标右键，在弹出的快捷菜单中选择"删除"命令，执行操作后，即可删除声音文件，如图 14-16 所示。

图 14-15　选择需要删除的声音文件

图 14-16　删除声音文件

14.2　应用音频声音特效

在 EDIUS 9 中，为声音文件添加不同的特效，可以制作出优美动听的音乐效果。本节主要向读者介绍应用音频声音特效的操作方法。

14.2.1　低通滤波：应用低通滤波特效

低通滤波是指声音低于某给定频率的信号可以有效传输，而高于此频率（滤波器截止频率）的信号将受到很大的衰减。通俗地说，低通滤波可以除去声音中的高音部分（相对）。下面向读者介绍"低通滤波：应用低通滤波特效"的操作方法。

	素材文件	素材\第 14 章\小熊娃娃 .ezp
	效果文件	效果\第 14 章\小熊娃娃 .ezp
	视频文件	14.2.1　低通滤波：应用低通滤波特效 .mp4

【操练 + 视频】
——低通滤波：应用低通滤波特效

STEP 01 选择"文件"|"打开工程"命令，打开一个工程文件，在轨道面板中，选择需要制作特效的声音文件，如图 14-17 所示。

图 14-17　选择需要制作特效的声音文件

STEP 02 展开特效面板，在"音频滤镜"特效组中，选择"低通滤波"特效，如图 14-18 所示。

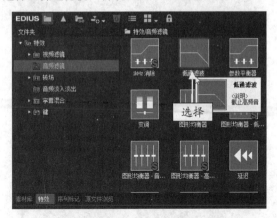

图 14-18　选择"低通滤波"特效

STEP 03 按住鼠标左键并拖曳至轨道面板中的声音文件上，如图 14-19 所示。

图 14-19　拖曳至声音文件上

STEP 04 在"信息"面板中，可以查看已添加的声音特效，如图 14-20 所示。

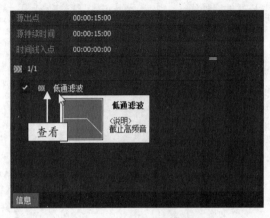

图 14-20　查看添加的声音特效

STEP 05 在"信息"面板中的声音特效上，单击鼠标右键，在弹出的快捷菜单中选择"打开设置对话框"命令，弹出"低通滤波"对话框，如图 14-21 所示。

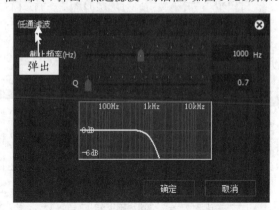

图 14-21　弹出"低通滤波"对话框

STEP 06 在其中设置"截止频率"为 3167Hz、Q 为 1.1，如图 14-22 所示，设置声音的截止频率参数，单击"确定"按钮，"低通滤波"声音特效制作完成。单击录制窗口中的"播放"按钮，试听制作的声音特效。

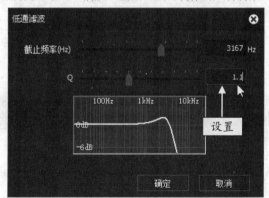

图 14-22　设置声音的截止频率参数

14.2.2　高通滤波：应用高通滤波特效

高通滤波与低通滤波的作用刚好相反。高通滤波是指高于某给定频率的信号可以有效传输，而低于此频率（滤波器截止频率）的信号将受到很大的衰减。下面向读者介绍"高通滤波：应用高通滤波特效"的操作方法。

	素材文件	素材＼第 14 章＼山中小道 .ezp
	效果文件	效果＼第 14 章＼山中小道 .ezp
	视频文件	14.2.2　高通滤波：应用高通滤波特效 .mp4

【操练 + 视频】
——高通滤波：应用高通滤波特效

STEP 01 选择"文件"|"打开工程"命令，打开一个工程文件，选择需要制作特效的声音文件，如图 14-23 所示。

图 14-23 选择需要制作特效的声音文件

STEP 02 在"音频滤镜"特效组中，选择"高通滤波"特效，如图 14-24 所示。

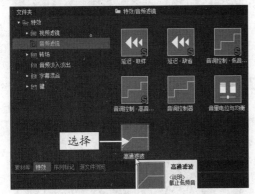

图 14-24 选择"高通滤波"特效

STEP 03 将选择的特效拖曳至轨道面板的声音文件上，如图 14-25 所示。

图 14-25 拖曳至声音文件上

STEP 04 在"信息"面板中，选择添加的"高通滤波"特效，如图 14-26 所示。

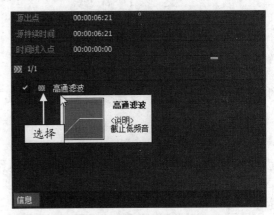

图 14-26 选择添加的"高通滤波"特效

STEP 05 在选择的特效上，双击鼠标左键，❶弹出"高通滤波"对话框；❷在其中设置"截止频率"为 100Hz、Q 为 1.3，如图 14-27 所示。

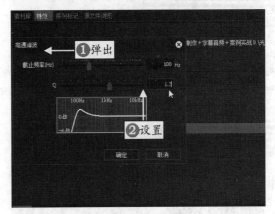

图 14-27 设置相应参数

STEP 06 单击"确定"按钮，返回 EDIUS 工作界面，单击录制窗口中的"播放"按钮，试听制作的声音特效，如图 14-28 所示。

图 14-28 试听制作的声音特效

▶ 专家指点

除了运用上述方法在"高通滤波"对话框中通过左右拖曳滑块的方式设置各参数值，还可以在右侧的参数数值框中，手动输入相应的参数值。

14.2.3 声音平衡：应用参数平衡器特效

在 EDIUS 9 中，参数平衡器特效可以对不同频率的声音信号进行不同的提升或衰减，以达到补偿声音中欠缺的频率成分和抑制过多的频率成分的目的。下面向读者介绍"声音平衡：应用参数平衡器特效"的操作方法。

素材文件	素材 \ 第 14 章 \ 幻想 .ezp
效果文件	效果 \ 第 14 章 \ 幻想 .ezp
视频文件	14.2.3 声音平衡：应用参数平衡器特效 .mp4

【操练 + 视频】
——声音平衡：应用参数平衡器特效

STEP 01 选择"文件"|"打开工程"命令，打开一个工程文件，选择需要制作特效的声音文件，如图 14-29 所示。

图 14-29 选择需要制作特效的声音文件

STEP 02 在"音频滤镜"特效组中，选择"参数平衡器"特效，按住鼠标左键并拖曳至轨道面板的声音文件上，如图 14-30 所示，为声音文件添加"参数平衡器"特效。

STEP 03 在"信息"面板中，选择添加的"参数平衡器"特效，如图 14-31 所示。

图 14-30 添加"参数平衡器"特效

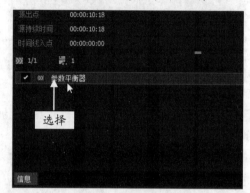

图 14-31 选择添加的"参数平衡器"特效

STEP 04 在选择的特效上，双击鼠标左键，弹出"参数平衡器"对话框，在"波段 1（蓝）"选项组中，设置"频率"为 87Hz、"增益"为 9dB，此时可以查看波段发生了变化，如图 14-32 所示。

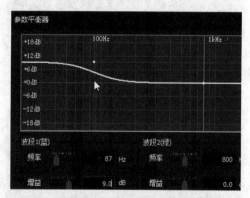

图 14-32 设置相应参数

▶ 专家指点

除了运用上述方法调整不同频段中的声音信号外，用户还可以直接拖曳对话框上方窗口中的 3 个不同的节点，通过上下拖曳的方式，来调整不同频段中的声音信号。

STEP 05 在"波段 2（绿）"选项组中，❶设置"频率"为 905Hz、"增益"为 -7dB；❷在"波段 3（红）"选项组中设置"频率"为 10444Hz、"增益"为 10dB，如图 14-33 所示，单击"确定"按钮，返回 EDIUS 工作界面。单击录制窗口中的"播放"按钮，试听制作的声音特效。

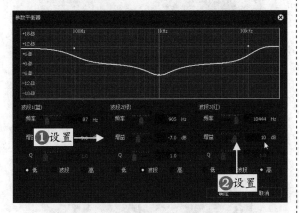

图 14-33　设置相应参数

14.2.4　声音均衡：应用图形均衡器特效

在 EDIUS 9 中，图形均衡器特效可以将整个音频频率范围分为若干个频段，然后对其中不同频率的声音信号进行不同的编辑操作。下面向读者介绍"声音均衡：应用图形均衡器特效"的操作方法。

素材文件	素材 \ 第 14 章 \ 街道 .ezp
效果文件	效果 \ 第 14 章 \ 街道 .ezp
视频文件	14.2.4　声音均衡：应用图形均衡器特效 .mp4

【操练 + 视频】
——声音均衡：应用图形均衡器特效

STEP 01 选择"文件"|"打开工程"命令，打开一个工程文件，选择需要制作特效的声音文件，如图 14-34 所示。

STEP 02 在"音频滤镜"特效组中，选择"图形均衡器"特效，将选择的特效拖曳至轨道面板的声音文件上，如图 14-35 所示，为声音文件添加"图形均衡器"特效。

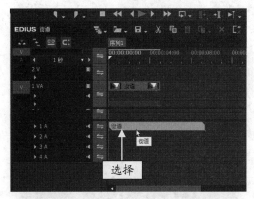

图 14-34　选择需要制作特效的声音文件

图 14-35　添加"图形均衡器"特效

STEP 03 在"信息"面板中，选择添加的"图形均衡器"特效，如图 14-36 所示。

图 14-36　选择添加的"图形均衡器"特效

STEP 04 在选择的特效上，双击鼠标左键，弹出"图形均衡器"对话框，如图 14-37 所示。

STEP 05 在对话框中拖曳各滑块，调节各频段的参数，如图 14-38 所示，单击"确定"按钮，返回 EDIUS 工作界面。单击录制窗口中的"播放"按钮，试听制作的声音特效。

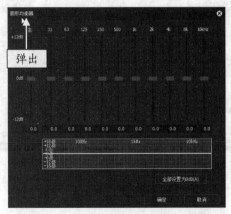

图 14-37 弹出"图形均衡器"对话框

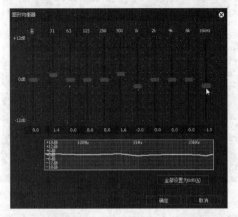

图 14-38 调节各频段的参数

14.2.5 音调控制：应用音调控制器特效

在 EDIUS 9 中，音调控制器特效可以控制不同频段中的声音音调。下面向读者介绍音调控制：应用音调控制器特效的操作方法。

素材文件	素材 \ 第 14 章 \ 彩虹 .ezp
效果文件	效果 \ 第 14 章 \ 彩虹 .ezp
视频文件	14.2.5 音调控制：应用音调控制器特效 .mp4

【操练 + 视频】
——音调控制：应用音调控制器特效

STEP 01 选择"文件"|"打开工程"命令，打开一个工程文件，选择需要制作特效的声音文件，如图 14-39 所示。

STEP 02 在"音频滤镜"特效组中，选择"音调控制器"特效，将选择的特效拖曳至轨道面板的声音文件上，如图 14-40 所示。

图 14-39 选择需要制作特效的声音文件

图 14-40 拖曳至轨道面板的声音文件上

STEP 03 在"信息"面板中，选择添加的"音调控制器"特效，双击鼠标左键，弹出"音调控制器"对话框，如图 14-41 所示。

STEP 04 在其中设置"低音"为 8dB、"高音"为 -8dB，如图 14-42 所示，调整声音中低音与高音的音调增益属性，单击"确定"按钮，返回 EDIUS 工作界面。单击录制窗口中的"播放"按钮，试听制作的声音特效。

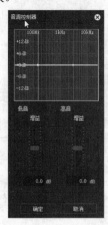

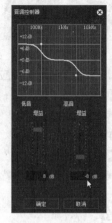

图 14-41 弹出"音调   图 14-42 设置
控制器"对话框   相应参数

14.2.6　声音变调：应用变调特效

在 EDIUS 9 中，变调特效可以改变声音中的部分音调，使其音质更加完美。下面向读者介绍"声音变调：应用变调特效"的操作方法。

素材文件	素材\第 14 章\霓虹闪烁 .ezp
效果文件	效果\第 14 章\霓虹闪烁 .ezp
视频文件	14.2.6　声音变调：应用变调特效 .mp4

【操练 + 视频】
——声音变调：应用变调特效

STEP 01 选择"文件"|"打开工程"命令，打开一个工程文件，选择需要制作特效的声音文件，如图 14-43 所示。

图 14-43　选择需要制作特效的声音文件

STEP 02 在"音频滤镜"特效组中，选择"变调"特效，将选择的特效拖曳至轨道面板的声音文件上，如图 14-44 所示。

图 14-44　拖曳至轨道面板的声音文件上

STEP 03 在"信息"面板中，选择添加的"变调"特效，如图 14-45 所示。

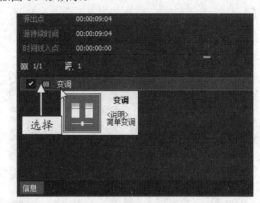

图 14-45　选择添加的"变调"特效

STEP 04 在选择的特效上，双击鼠标左键，❶弹出"变调"对话框；❷在其中拖曳滑块设置"音高"为 122%，如图 14-46 所示，设置变调属性，单击"确定"按钮，返回 EDIUS 工作界面。单击录制窗口中的"播放"按钮，试听制作的声音特效。

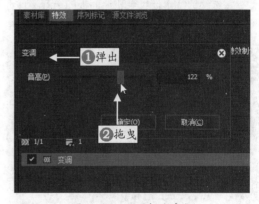

图 14-46　设置相应参数

14.2.7　制作回声：应用延迟特效

在 EDIUS 9 中，调节声音的延迟参数，使声音听上去像是有回声一样，增加听觉空间上的空旷感。下面向读者介绍"制作回声：应用延迟特效"的操作方法。

	素材文件	素材\第 14 章\欧沙时尚百货 .ezp
	效果文件	效果\第 14 章\欧沙时尚百货 .ezp
	视频文件	14.2.7 制作回声：应用延迟特效 .mp4

【操练＋视频】
——制作回声：应用延迟特效

STEP 01 选择"文件"|"打开工程"命令，打开一个工程文件，选择需要制作特效的声音文件，如图14-47所示。

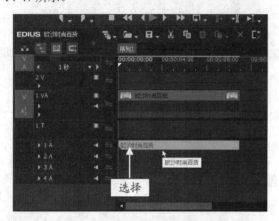

图 14-47 选择需要制作特效的声音文件

STEP 02 在"音频滤镜"特效组中，选择"延迟"特效，将选择的特效拖曳至轨道面板的声音文件上，如图 14-48 所示。

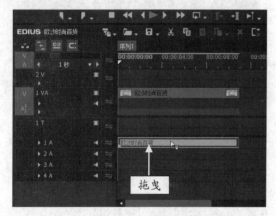

图 14-48 拖曳至轨道面板的声音文件上

STEP 03 在"信息"面板中，选择添加的"延迟"特效，如图 14-49 所示。

图 14-49 选择添加的"延迟"特效

STEP 04 在选择的特效上，双击鼠标左键，❶弹出"延迟"对话框；❷在其中设置"延迟时间"为 815 毫秒、"延迟增益"为 21%、"反馈增益"为 47%、"主音量"为 76%，如图 14-50 所示。调节延迟各参数值，单击"确定"按钮，返回 EDIUS 的工作界面。单击录制窗口中的"播放"按钮，试听制作的声音特效。

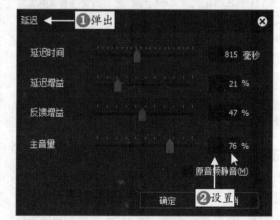

图 14-50 设置相应参数

第15章

输出：输出与分享视频文件

章前知识导读

　　经过一系列烦琐编辑后，用户便可将编辑完成的视频输出成视频文件了。通过 EDIUS 中提供的输出和渲染功能，用户可以将编辑完成的视频画面进行渲染以及输出成视频文件。本章主要向读者介绍输出与分享视频文件的各种操作方法。

新手重点索引

　🎤 输出视频文件　　　　　　　　　🎤 将音频分享至新媒体平台

效果图片欣赏

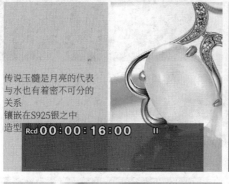

传说玉髓是月亮的代表
与水也有着密不可分的
关系
镶嵌在S925银之中
造型　Rcd 00:00:16:00　Ⅱ

甜蜜の清纯

LANGUAGE OF FLOWERS

通透的玉髓就如纯洁的她，
似她明亮的眼睛。

Rcd 00:00:00:00　Ⅱ

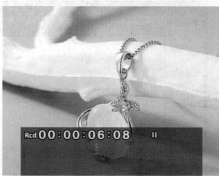

Rcd 00:00:06:08　Ⅱ

Rcd 00:00:10:22　Ⅱ

15.1 输出视频文件

　　用户在创建并保存编辑完成的视频文件后，即可将其渲染并输出到计算机的硬盘中。本节主要向读者介绍输出视频文件的各种操作方法，主要包括设置视频输出属性、输出 AVI 视频文件、输出 MPEG 视频文件以及输出入出点之间的视频等内容。

15.1.1 视频属性：设置视频输出属性

　　在输出视频文件之前，首先要设置相应的视频输出属性，这样才能输出满意的视频文件。下面向读者介绍"视频属性：设置视频输出属性"的操作方法。

素材文件	素材＼第 15 章＼含苞待放 .ezp
效果文件	效果＼第 15 章＼含苞待放 .wmv
视频文件	15.1.1 视频属性：设置视频输出属性 .mp4

【操练＋视频】
——设置视频输出属性

STEP 01 选择"文件"｜"打开工程"命令，打开一个工程文件，如图 15-1 所示。

图 15-1　打开一个工程文件

STEP 02 在录制窗口下方，❶单击"输出"按钮；❷在弹出的列表框中选择"输出到文件"选项，如图 15-2 所示。

STEP 03 弹出"输出到文件"对话框，❶在"输出器"选项组中选择 WindowsMediaVideo 选项；❷单击下方的"输出"按钮，如图 15-3 所示。

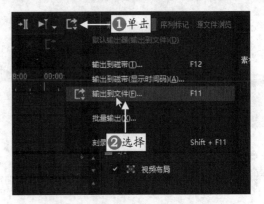

图 15-2　选择"输出到文件"选项

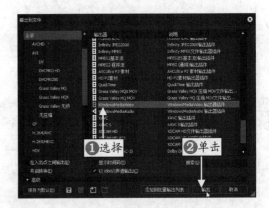

图 15-3　单击下方的"输出"按钮

STEP 04 执行操作后，弹出对话框，在"文件名"右侧的文本框中，❶可以输入视频输出的名称；❷在"保存类型"下拉列表框中设置视频的保存类型，如图 15-4 所示。

图 15-4　设置视频的输出名称和保存类型

STEP 05 在对话框的下方"视频设置"选项卡中，设置相应属性，如图 15-5 所示。

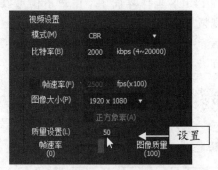

图 15-5 设置相应属性

STEP 06 在"音频设置"选项卡中设置相应属性，单击"保存"按钮，即可设置视频输出属性，如图 15-6 所示。

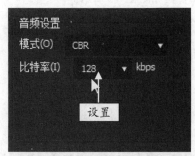

图 15-6 设置视频输出属性

> ▶ 专家指点
>
> 除了运用上述方法弹出"输出到文件"对话框之外，在 EDIUS 工作界面中，按 F11 键，也可以快速弹出"输出到文件"对话框。

15.1.2 AVI 格式：输出湖边石雕视频

AVI 主要应用在多媒体光盘上，用来保存电视、电影等各种影像信息，它的优点是兼容性好，图像质量好，只是输出的尺寸和容量有点偏大。下面向读者介绍"AVI 格式：输出湖边石雕视频"的操作方法。

素材文件	素材＼第 15 章＼湖边石雕 .ezp
效果文件	效果＼第 15 章＼湖边石雕 .avi
视频文件	15.1.2 AVI 格式：输出湖边石雕视频 .mp4

【操练 + 视频】
——AVI 格式：输出湖边石雕视频

STEP 01 选择"文件"|"打开工程"命令，打开一

个工程文件，如图 15-7 所示。

图 15-7 打开一个工程文件

STEP 02 在录制窗口下方，单击"输出"按钮，在弹出的列表框中选择"输出到文件"选项，弹出"输出到文件"对话框，在左侧窗口中选择 AVI 选项，如图 15-8 所示，设置输出的格式为 AVI 格式。

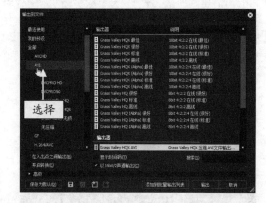

图 15-8 选择 AVI 选项

STEP 03 执行操作后，在右侧展开的选项组中选择"Grass Valley HQX（Alpha）标准"选项，如图 15-9 所示。

输出器	说明
Grass Valley HQX 最佳	10bit 4:2:2 在线 (最佳)
Grass Valley HQX 很好	10bit 4:2:2 在线 (很好)
Grass Valley HQX 标准	10bit 4:2:2 在线 (标准)
Grass Valley HQX 离线	10bit 4:2:2 离线
Grass Valley HQX (Alpha) 最佳	10bit 4:2:2:4 在线 (最佳)
Grass Valley HQX (Alpha) 很好	10bit 4:2:2:4 在线 (很好)
Grass Valley HQX (Alpha) 标准	10bit 4:2:2:4 在线 (标准)
Grass Valley HQX (Alpha) 离线	10bit 4:2:2:4 离线
Grass Valley HQ 很好	8bit 4:2:2 在线 (很好)
Grass Valley HQ 标准	8bit 4:2:2 在线 (标准)
Grass Valley HQ 离线	8bit 4:2:2 离线
Grass Valley HQ (Alpha) 很好	8bit 4:2:2:4 在线 (很好)
Grass Valley HQ (Alpha) 标准	8bit 4:2:2:4 在线 (标准)
Grass Valley HQ (Alpha) 离线	8bit 4:2:2:4 离线

图 15-9 选择相应选项

STEP 04 单击下方的"输出"按钮，弹出 Grass Valley HQX AVI 对话框，❶ 在其中设置"文件名"为"湖

边石雕"；❷并设置视频的保存类型为 AVI，如图 15-10 所示。

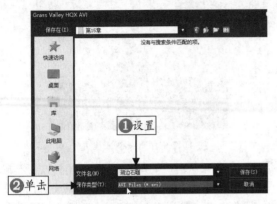

图 15-10　设置相应参数

STEP 05 单击"保存"按钮，执行操作后，❶弹出"渲染"对话框；❷开始输出 AVI 视频文件，并显示输出进度，如图 15-11 所示。

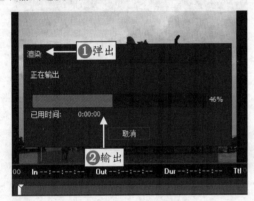

图 15-11　显示输出进度

STEP 06 稍等片刻，待视频文件输出完成后，在"素材库"面板中，即可显示输出的 AVI 视频文件，如图 15-12 所示。

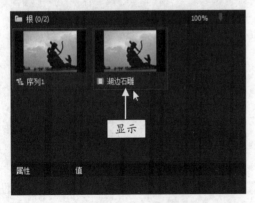

图 15-12　显示输出的 AVI 视频文件

15.1.3　MPEG 格式：输出手表广告视频

在 EDIUS 工作界面中，用户不仅可以输出 AVI 视频文件，还可以输出 MPEG 视频文件。下面向读者介绍"MPEG 格式：输出手表广告视频"的操作方法。

素材文件	素材\第 15 章\手表广告 .ezp	
效果文件	效果\第 15 章\手表广告 .m2v	
视频文件	15.1.3　MPEG 格式：输出手表广告视频 .mp4	

【操练 + 视频】
——MPEG 格式：输出手表广告视频

STEP 01 选择"文件"|"打开工程"命令，打开一个工程文件，如图 15-13 所示。

图 15-13　打开一个工程文件

STEP 02 在录制窗口下方，单击"输出"按钮，在弹出的列表框中选择"输出到文件"选项，弹出"输出到文件"对话框，在左侧窗口中选择 MPEG 选项，如图 15-14 所示，设置输出的格式为"MPEG2 基本流"格式。

图 15-14　选择 MPEG 选项

STEP 03 单击"输出"按钮，弹出"MPEG2 基本流"对话框，在"目标"选项组中，单击"视频"右侧的"选择"按钮，如图 15-15 所示。

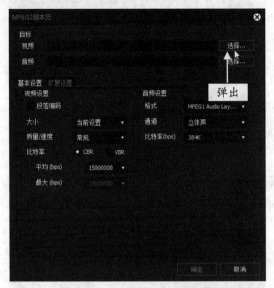

图 15-15 单击"选择"按钮

STEP 04 执行操作后，弹出"另存为"对话框，在其中设置文件的保存名称和保存类型，如图 15-16 所示。

图 15-16 设置文件的保存名称和保存类型

STEP 05 单击"保存"按钮，返回"MPEG2 基本流"对话框，在"视频"右侧的文本框中，显示了视频文件的输出路径，单击"音频"右侧的"选择"按钮，

弹出"另存为"对话框，在其中设置音频文件的保存名称与保存类型，如图 15-17 所示。

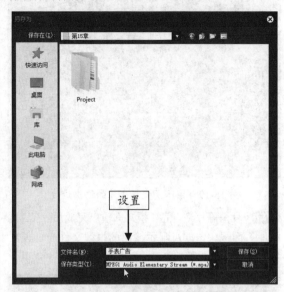

图 15-17 设置音频文件的名称和保存类型

STEP 06 单击"保存"按钮，再次返回"MPEG2 基本流"对话框，在"音频"右侧的文本框中，也显示了音频文件的输出路径，如图 15-18 所示。

图 15-18 显示音频文件的输出路径

STEP 07 设置完成后，单击"确定"按钮，❶弹出"渲染"对话框；❷显示了视频文件的输出进度，如图 15-19 所示。

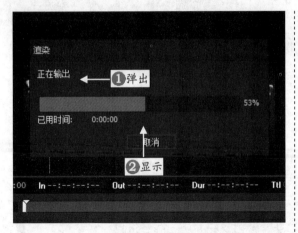

图 15-19　显示了视频文件的输出进度

STEP 08 稍等片刻，待视频文件输出完成后，在"素材库"面板中，即可显示输出的视频文件与音频文件，如图 15-20 所示。

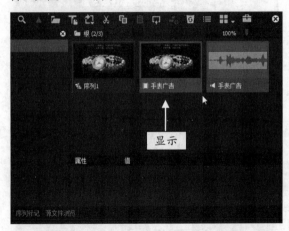

图 15-20　显示输出的视频文件与音频文件

15.1.4　输出部分：输出室内广告视频

在 EDIUS 工作界面中，用户不仅可以输出不同格式的视频文件，还可以针对工程文件中入点与出点部分的视频区间进行单独输出。下面向读者介绍"输出部分：输出室内广告视频"的操作方法。

	素材文件	素材 \ 第 15 章 \ 室内广告 .ezp
	效果文件	效果 \ 第 15 章 \ 室内广告 .mov
	视频文件	15.1.4　输出部分：输出室内广告视频 .mp4

【操练 ＋ 视频】
——输出部分：输出室内广告视频

STEP 01 选择"文件"|"打开工程"命令，打开一

个工程文件，如图 15-21 所示。

图 15-21　打开一个工程文件

STEP 02 在轨道面板中的视频文件上，创建入点与出点标记，如图 15-22 所示。

图 15-22　创建入点与出点标记

STEP 03 按 F11 键，弹出"输出到文件"对话框，❶在左侧窗口中选择相应选项；❷在下方选中"在入出点之间输出"复选框；❸单击"输出"按钮，如图 15-23 所示。

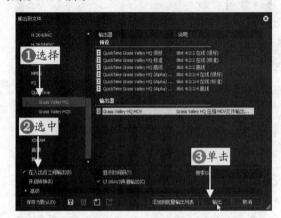

图 15-23　单击"输出"按钮

STEP 04 弹出对话框，在其中设置视频保存的文件

名与保存类型，如图 15-24 所示。

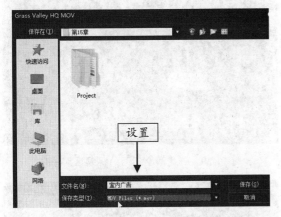

图 15-24　设置视频保存的文件名和保存类型

STEP 05 单击"保存"按钮，弹出"渲染"对话框，渲染视频，如图 15-25 所示。

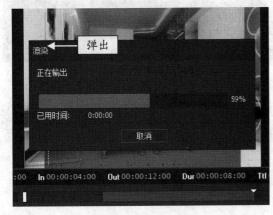

图 15-25　渲染视频

STEP 06 稍等片刻，待视频文件输出完成后，在"素材库"面板中，即可显示输出的入点与出点间的视频文件，如图 15-26 所示。

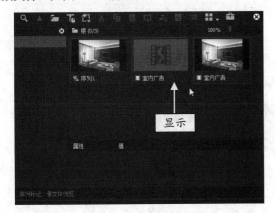

图 15-26　显示输出的入点与出点间的视频文件

15.1.5　批量输出：输出珠宝广告视频

在 EDIUS 9 中，用户不仅可以单独输出视频，还可以批量输出多段不同区间内的视频文件。下面向读者介绍"批量输出：输出珠宝广告视频"的操作方法。

素材文件	素材 \ 第 15 章 \ 珠宝广告 .ezp
效果文件	效果 \ 第 15 章 \ 珠宝广告 .ezp
视频文件	15.1.5　批量输出：输出珠宝广告视频 .mp4

【操练 + 视频】
——批量输出：输出珠宝广告视频

STEP 01 选择"文件"|"打开工程"命令，打开一个工程文件，如图 15-27 所示。

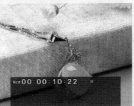

图 15-27　打开一个工程文件

STEP 02 在录制窗口下方，单击"输出"按钮，在弹出的列表框中选择"批量输出"选项，弹出"批量输出"对话框，单击上方的"添加到批量输出列表（渲染格式）"按钮，即可添加一个序列文件，如图 15-28 所示。

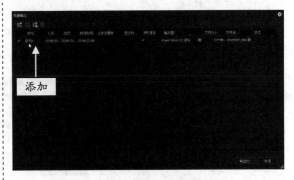

图 15-28　添加一个序列文件

221

STEP 03 在"序列 1"文件的"入点"与"出点"时间码上，上下滚动鼠标，设置视频入点与出点的时间，如图 15-29 所示。

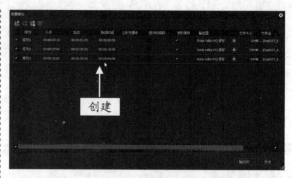

图 15-30　创建两个不同的视频区间序列

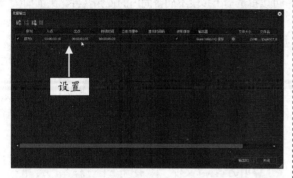

图 15-29　设置视频入点与出点的时间

STEP 04 用与上同样的方法，再次创建两个不同的视频区间序列，如图 15-30 所示。

STEP 05 创建完成后，单击"输出"按钮，即可开始批量输出视频区间。稍等片刻，待视频输出完成后，单击"关闭"按钮，退出"批量输出"对话框。在"素材库"面板中，显示了已批量输出的 3 个不同区间的视频片段，如图 15-31 所示。

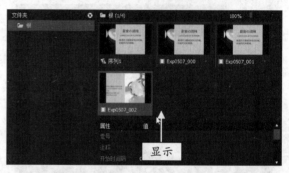

图 15-31　批量输出的 3 个不同区间的视频片段

15.2　将音频分享至新媒体平台

在这个互联网时代，用户可以将自己制作的音乐输出至其他新媒体平台中，如音乐网站、微信公众平台等，与网友一起分享制作的成品音乐声效。本节主要介绍将音频分享至新媒体平台的操作方法。

15.2.1　音乐网站：将音乐分享至中国原创音乐基地

中国原创音乐基地，汇集了大量的网络歌手的原创音乐歌曲，以及翻唱的歌曲文件，提供大量歌曲的伴奏以及歌词免费下载。用户也可以将自己创作的音乐或者歌曲上传至该网站中，与网友一起分享。

将音乐分享至音乐网站的操作方法很简单，首先打开"中国原创音乐基地"网页，注册并登录账号后，可以查看登录的信息，如图 15-32 所示。

图 15-32　查看登录的信息

在页面的最上方，❶单击"上传"按钮；❷在弹出的列表框中选择"上传伴奏"选项，如图 15-33 所示。根据页面提示进行操作，即可上传用户制作的音乐伴奏文件。

图 15-33　选择"上传伴奏"选项

15.2.2　公众平台：将音乐分享至微信公众号平台

微信公众平台是腾讯公司在微信的基础上新增的功能模块，通过这一平台，个人和企业都可以打造一个微信公众号，并实现和特定群体的文字、图片、音频的全方位沟通、互动。现在很多企业、网红、自明星都有自己的微信公众号，主要用来吸粉、引流、做宣传。

如果用户需要将音频上传至微信公众平台，通过该平台来吸粉引流，为自己发布音乐类文章，此时可以掌握将音频上传至微信公众平台的操作方法。下面介绍"公众平台：将音乐分享至微信公众号平台"的操作方法。

素材文件	素材\第 15 章\美妙的音乐让人身心放松 .mp3
效果文件	无
视频文件	15.2.2 公众平台：将音乐分享至微信公众号平台 .mp4

【操练 + 视频】
——公众平台：将音乐分享至微信公众号平台

STEP 01 打开并登录微信公众平台，在页面左侧单击"管理"|"素材管理"选项，打开"素材管理"页面，在右侧单击"新建图文素材"按钮，❶打开"新建图文消息"页面；❷输入图文的标题内容；❸然后在右侧单击"音频"按钮，如图 15-34 所示。

STEP 02 弹出"选择音频"窗口，单击右侧的"新

建语音"按钮，如图 15-35 所示。

图 15-34　单击"音频"按钮

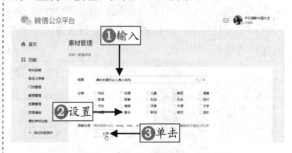

图 15-35　单击右侧的"新建语音"按钮

STEP 03 进入"素材管理"页面，❶输入音频的标题内容；❷设置"分类"为"音乐"；❸单击下方的"上传"按钮，如图 15-36 所示。

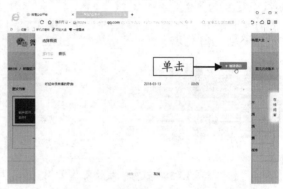

图 15-36　单击下方的"上传"按钮

STEP 04 弹出"打开"对话框，在其中选择需要上传的音频文件，单击"打开"按钮，稍等片刻，页面中将提示音频文件上传转码成功，单击"保存"按钮，如图 15-37 所示。

STEP 05 此时，在"素材管理"页面中将显示刚上传完成的音频文件，单击该音频文件，可以试听音频效果，如图 15-38 所示。

图 15-37　单击"保存"按钮

图 15-39　单击"上传视频"按钮

图 15-38　试听音频效果

图 15-40　选择需要上传的视频文件

15.2.3　今日头条：将视频上传至头条号媒体平台

今日头条 APP 是一款用户量超过 4.8 亿的新闻阅读客户端，提供了最新的新闻、视频等资讯。下面介绍"今日头条：将视频上传至头条号媒体平台"的操作方法。

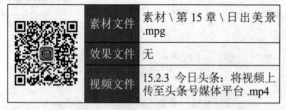

素材文件	素材\第 15 章\日出美景.mpg
效果文件	无
视频文件	15.2.3 今日头条：将视频上传至头条号媒体平台 .mp4

【操练＋视频】
——今日头条：将视频上传至头条号媒体平台

STEP 01 首先进入今日头条公众号后台，在界面中单击"上传视频"按钮，如图 15-39 所示。

STEP 02 弹出"打开"对话框，选择需要上传的视频文件，如图 15-40 所示。

STEP 03 单击"打开"按钮，开始上传视频文件，并显示上传进度，如图 15-41 所示。

图 15-41　显示上传进度

STEP 04 稍等片刻，提示视频上传成功，如图 15-42 所示，在页面中填写相应的视频信息，单击页面下方的"发表"按钮，用户即可发表上传的视频。

图 15-42　提示视频上传成功

第16章

制作手表广告——珍爱一生

章前知识导读

影视中的字幕特效是一种专门为了服务特定议题的讯息表现手法，常用于电影海报、节目片头以及电视广告中。宣传类字幕特效的作用是激发观众对影视节目的兴趣，用来吸引观众的眼球。

新手重点索引

- 导入手表广告素材
- 制作画面转场效果
- 制作字幕运动特效
- 制作静态画面效果
- 制作静态字幕效果

效果图片欣赏

16.1 效果欣赏

在制作手表广告之前，首先带领读者预览《珍爱一生》手表广告视频的画面效果，并掌握项目技术提炼等内容，这样可以帮助读者理清手表广告的制作思路。

16.1.1 效果赏析

本实例介绍《制作手表广告——珍爱一生》，效果如图 16-1 所示。

图 16-1 效果欣赏

16.1.2 技术提炼

首先进入 EDIUS 工作界面，在"素材库"面板中导入手表广告背景素材；然后将导入的手表素材添加至视频轨道中，通过"视频布局"对话框，制作手表广告的运动特效，在轨道面板中制作多段字幕运动特效；最后添加背景音乐，输出视频。

16.2 视频制作过程

本节主要向读者介绍手表广告的制作过程，主要包括导入手表广告素材、制作静态画面效果、制作转场效果以及制作字幕静态与动态运动效果等内容。希望读者可以熟练掌握。

16.2.1 导入手表广告素材

在制作手表广告之前，首先需要将手表广告素材导入至 EDIUS 工作界面中。下面向读者介绍导

入手表广告素材的操作方法。

素材文件	素材\"第 16 章"文件夹
效果文件	无
视频文件	16.2.1 导入手表广告素材 .mp4

STEP 01 按 Ctrl+N 组合键，新建一个工程文件，在"素材库"面板中的空白位置上，单击鼠标右键，在弹出的快捷菜单中选择"添加文件"命令，弹出

"打开"对话框，在其中选择需要导入的背景素材，如图 16-2 所示。

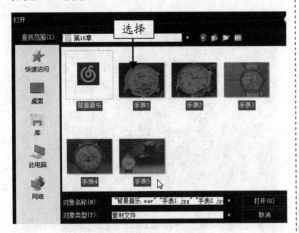

图 16-2　选择需要导入的背景素材

STEP 02 单击"打开"按钮，将背景素材导入到"素材库"面板中，如图 16-3 所示。

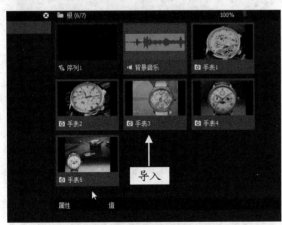

图 16-3　导入到"素材库"面板中

16.2.2　制作静态画面效果

将背景素材导入到"素材库"面板后，接下来在轨道面板中制作视频的背景画面效果。下面向读者介绍制作静态画面效果的操作方法。

素材文件	无
效果文件	无
视频文件	16.2.2　制作静态画面效果.mp4

STEP 01 将时间线移至视频轨中的 00:00:02:20 位置处，如图 16-4 所示。

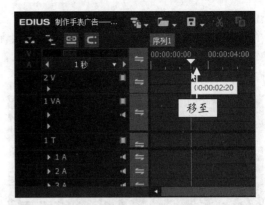

图 16-4　将时间线移至视频轨中的相应位置

STEP 02 在"素材库"面板中，选择"手表 1"素材，按住鼠标左键并拖曳至视频轨中的 00:00:02:20 位置处，即可将"手表 1"素材添加至视频轨中，如图 16-5 所示。

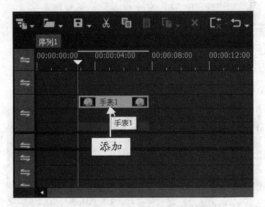

图 16-5　将相应素材添加至视频轨中

STEP 03 在"素材库"面板中，选择"手表 2"素材，按住鼠标左键并拖曳至视频轨中"手表 1"素材的结尾处，释放鼠标左键，在视频轨中添加"手表 2"素材，如图 16-6 所示。

图 16-6　将相应素材添加至视频轨中

227

STEP 04 用与上同样的方法依次将"素材库"面板中的"手表3、手表4、手表5"素材拖曳至视频轨中，在视频轨中添加"手表3、手表4、手表5"素材，如图16-7所示。

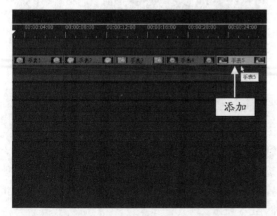

图 16-7 将相应素材添加至视频轨中

STEP 05 在视频轨中选择"手表1"素材文件，单击鼠标右键，弹出快捷菜单，选择"布局"命令，弹出"视频布局"对话框，单击上方的"2D模式"按钮，如图16-8所示。

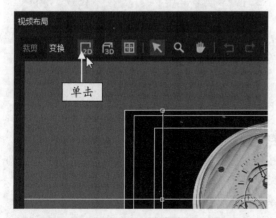

图 16-8 单击上方的"2D 模式"按钮

STEP 06 进入"2D模式"编辑界面，❶在界面左下角选中"可见度和颜色"复选框；❷单击右侧的"添加/删除关键帧"按钮；❸即可添加1个关键帧，如图16-9所示。

STEP 07 在"参数"面板的"可见度和颜色"选项组中设置"源素材"为0%、"背景"为0%，如图16-10所示。

STEP 08 在控制面板中，将时间线移至00:00:04:00

的位置处，在"参数"面板的"可见度和颜色"选项组中设置"源素材"为100%、"背景"为2%，如图16-11所示。

图 16-9 添加 1 个关键帧

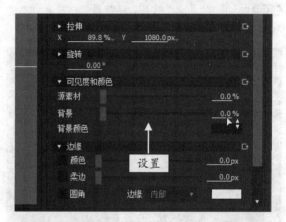

图 16-10 设置相应参数

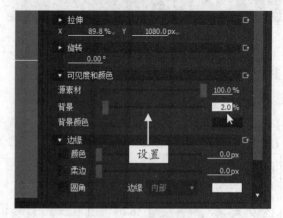

图 16-11 设置相应参数

STEP 09 即可在效果控制面板中的时间线位置，自动添加第2个关键帧，单击"确定"按钮，返回

EDIUS 工作界面，在视频轨中选择"手表 2"素材文件，用与上同样的方法，弹出"视频布局"对话框，进入"2D 模式"编辑界面，在效果控制面板中，将时间线移至 00:00:01:00 的位置处，❶在界面左下角选中"可见度和颜色"复选框；❷单击右侧的"添加 / 删除关键帧"按钮；❸即可添加 1 个关键帧，如图 16-12 所示。

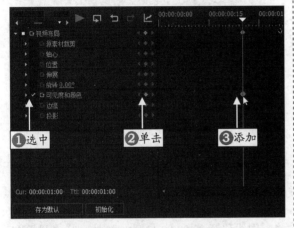

图 16-12　添加 1 个关键帧

STEP 10 在"参数"面板的"可见度和颜色"选项组中设置"源素材"为 0%、"背景"为 0%，如图 16-13 所示。

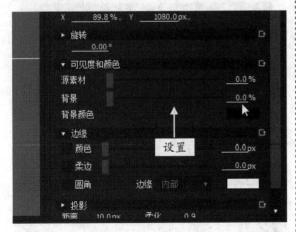

图 16-13　设置相应参数

STEP 11 在效果控制面板中，将时间线移至 00:00:03:00 的位置处，在"参数"面板的"可见度和颜色"选项组中设置"源素材"为 100%、"背景"为 0%，如图 16-14 所示。

STEP 12 即可在效果控制面板中的时间线位置，

自动添加第 2 个关键帧，单击"确定"按钮，返回 EDIUS 工作界面，在视频轨中选择"手表 3"素材文件，用与上同样的方法，弹出"视频布局"对话框，进入"2D 模式"编辑界面，在效果控制面板中，将时间线移至 00:00:00:12 的位置处，❶在界面左下角选中"可见度和颜色"复选框；❷单击右侧的"添加 / 删除关键帧"按钮；❸即可添加 1 个关键帧，如图 16-15 所示。

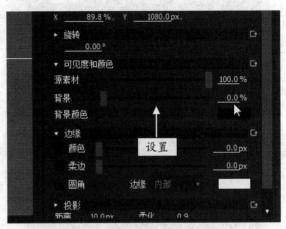

图 16-14　设置相应参数

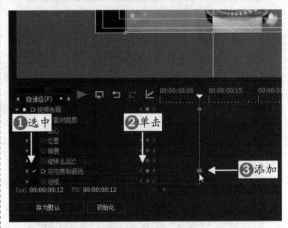

图 16-15　添加 1 个关键帧

STEP 13 在"参数"面板的"可见度和颜色"选项组中设置"源素材"为 0%、"背景"为 0%，如图 16-16 所示。

STEP 14 在效果控制面板中，将时间线移至 00:00:01:22 的位置处，在"参数"面板的"可见度和颜色"选项组中设置"源素材"为 53.8%，如图 16-17 所示。

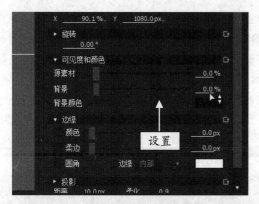

图 16-16　设置相应参数

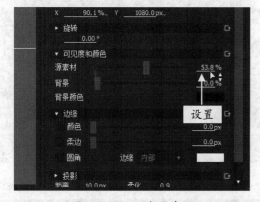

图 16-17　设置相应参数

STEP 15 即可在效果控制面板中的时间线位置，自动添加第 2 个关键帧。在效果控制面板中，将时间线移至 00:00:02:22 的位置处，在"参数"面板的"可见度和颜色"选项组中设置"源素材"为 83.3%，如图 16-18 所示。

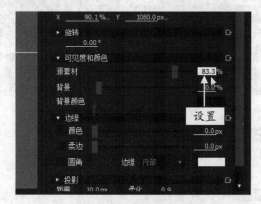

图 16-18　设置相应参数

STEP 16 即可在效果控制面板中的时间线位置，自动添加第 3 个关键帧，在效果控制面板中，将时间线移至 00:00:04:12 的位置处，在"参数"面板的"可见度和颜色"选项组中设置"源素材"为 100%，如图 16-19 所示。

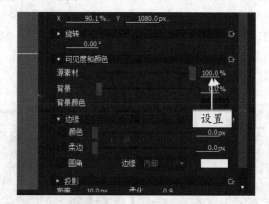

图 16-19　设置相应参数

STEP 17 即可在效果控制面板中的时间线位置，自动添加第 4 个关键帧，单击"确定"按钮，返回 EDIUS 工作界面。在视频轨中选择"手表 4"素材文件，用与上同样的方法，弹出"视频布局"对话框，进入"2D 模式"编辑界面，在效果控制面板中，将时间线移至 00:00:00:12 的位置处，❶在界面左下角选中"可见度和颜色"复选框；❷单击右侧的"添加/删除关键帧"按钮；❸即可添加 1 个关键帧，如图 16-20 所示。

图 16-20　添加 1 个关键帧

STEP 18 在"参数"面板的"可见度和颜色"选项组中设置"源素材"为 0%、"背景"为 0%，如图 16-21 所示。

STEP 19 在效果控制面板中，将时间线移至 00:00:04:12 的位置处，在"参数"面板的"可见度和颜色"选项组中设置"源素材"为 100%，如图 16-22 所示。

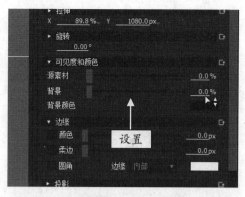

图 16-21　设置相应参数

图 16-22　设置相应参数

STEP 20 即可在效果控制面板中的时间线位置，自动添加第 2 个关键帧，单击"确定"按钮，返回 EDIUS 工作界面。在视频轨中选择"手表 5"素材文件，用与上同样的方法，弹出"视频布局"对话框，进入"2D 模式"编辑界面，在效果控制面板中，将时间线移至 00:00:00:12 的位置处，❶在界面左下角选中"可见度和颜色"复选框；❷单击右侧的"添加 / 删除关键帧"按钮；❸即可添加 1 个关键帧，如图 16-23 所示。

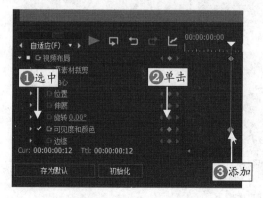

图 16-23　添加 1 个关键帧

STEP 21 在"参数"面板的"可见度和颜色"选项组中设置"源素材"为 0%、"背景"为 0%，如图 16-24 所示。

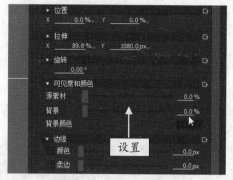

图 16-24　设置相应参数

STEP 22 在效果控制面板中，将时间线移至 00:00:02:12 的位置处，在"参数"面板的"可见度和颜色"选项组中设置"源素材"为 100%，如图 16-25 所示。

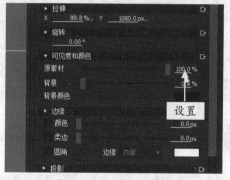

图 16-25　设置相应参数

STEP 23 即可在效果控制面板中的时间线位置，自动添加第 2 个关键帧，将时间线移至 00:00:03:12 的位置处，在"参数"面板的"可见度和颜色"选项组中设置"源素材"为 50%，如图 16-26 所示。

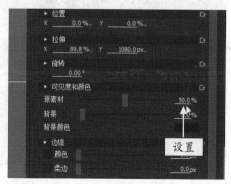

图 16-26　设置相应参数

STEP 24 即可在效果控制面板中的时间线位置，自动添加第 3 个关键帧，将时间线移至 00:00:04:22 的位置处，在"参数"面板的"可见度和颜色"选项组中设置"源素材"为 9.6%，如图 16-27 所示。

STEP 25 即可在效果控制面板中的时间线位置，自动添加第 4 个关键帧，将时间线移至 00:00:05:00 的位置处，在"参数"面板的"可见度和颜色"选项组中设置"源素材"为 0%，即可在效果控制面板中的时间线位置，自动添加第 5 个关键帧，如图 16-28 所示。

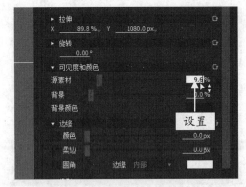

图 16-27　设置相应参数

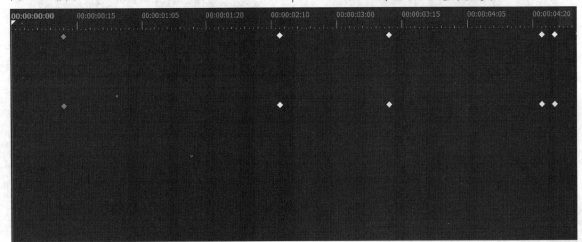

图 16-28　自动添加第 5 个关键帧

STEP 26 单击"确定"按钮，返回 EDIUS 工作界面，单击"播放"按钮，预览制作的视频效果，如图 16-29 所示。

图 16-29　预览制作的视频效果

16.2.3　制作画面转场效果

在制作视频的过程中运用视频转场是很普遍的事情。下面介绍制作画面转场效果的操作方法。

素材文件	无
效果文件	无
视频文件	16.2.3 制作画面转场效果.mp4

STEP 01 展开特效面板，在特效面板的 3D 素材库中，选择"卷页飞出"转场效果，按住鼠标左键并拖曳至视频轨中"手表 1"与"手表 2"之间，释放鼠标左键，即可在"手表 1"与"手表 2"素材之间添加"卷页飞出"转场效果，如图 16-30 所示。

图 16-30　添加"卷页飞出"转场效果

STEP 02 在特效面板的 3D 素材库中，选择"双门"转场效果，按住鼠标左键并拖曳至视频轨中"手表 2"与"手表 3"之间，展开"信息"面板可以查看到添加的"双门"转场效果，如图 16-31 所示。

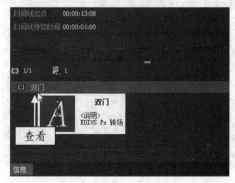

图 16-31　查看添加的"双门"转场效果

STEP 03 在特效面板的 3D 素材库中，选择"双页"转场效果，按住鼠标左键并拖曳至视频轨中"手表 3"与"手表 4"之间，展开"信息"面板可以查看到添加的"双页"转场效果，如图 16-32 所示。

图 16-32　查看到添加的"双页"转场效果

STEP 04 在特效面板的 3D 素材库中，选择"飞出"转场效果，按住鼠标左键并拖曳至视频轨中"手表 4"与"手表 5"之间，展开"信息"面板可以查看到添加的"飞出"转场效果，如图 16-33 所示。

图 16-33　查看到添加的"飞出"转场效果

STEP 05 将时间线移至 00:00:02:20 位置，单击录制窗口下方的"播放"按钮，预览各手表素材之间的转场特效，如图 16-34 所示。

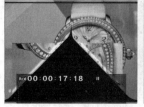

图 16-34　预览各手表素材之间的转场特效

16.2.4 制作静态字幕效果

运用横向或纵向文本工具，可以在字幕窗口中创建横向或纵向文本内容。下面介绍制作静态字幕效果的操作方法。

素材文件	无
效果文件	效果＼"第16章"文件夹
视频文件	16.2.4 制作静态字幕效果 .mp4

STEP 01 在"素材库"面板中的空白位置上，单击鼠标右键，在弹出的快捷菜单中选择"添加字幕"命令，如图 16-35 所示。

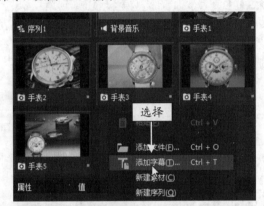

图 16-35 选择"添加字幕"命令

STEP 02 打开字幕窗口，在左侧工具箱中，选取横向文本工具，如图 16-36 所示。

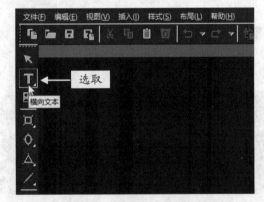

图 16-36 选取横向文本工具

STEP 03 在预览窗口中输入横向文本"珍爱一生"，选择文本对象，如图 16-37 所示。

STEP 04 ❶ 在"变换"选项组中设置 X 为 669、Y 为 460、"宽度"为 561、"高度"为 147、"字距"为 50；❷ 在"字体"选项组中设置"字体"

为"叶根友毛笔行书 2.0 版"、"字号"为 85，如图 16-38 所示。

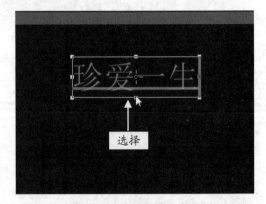

图 16-37 选择文本对象

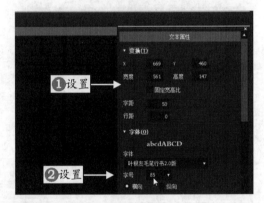

图 16-38 设置相应参数

STEP 05 在"填充颜色"选项组中，单击下方第 1 个色块，如图 16-39 所示。

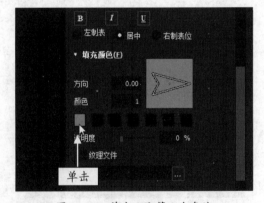

图 16-39 单击下方第 1 个色块

STEP 06 弹出"色彩选择 -709"对话框，在其中设置"红"为 255、"绿"为 217、"蓝"为 63，如图 16-40 所示，单击"确定"按钮，设置第 1 个色块的颜色。

图 16-40　设置第 1 个色块的颜色

STEP 07 在"边缘"选项组中，❶设置"实边宽度"为 3；❷单击下方第 1 个色块，如图 16-41 所示。

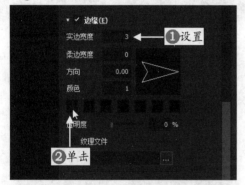

图 16-41　单击下方第 1 个色块

STEP 08 弹出"色彩选择 -709"对话框，在其中设置"红"为 248、"绿"为 33、"蓝"为 0，如图 16-42 所示，单击"确定"按钮，设置第 1 个色块的颜色。

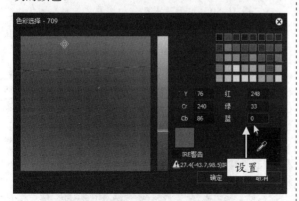

图 16-42　设置第 1 个色块的颜色

STEP 09 设置完成后，选择"文件"|"另存为"命令，弹出"另存为"对话框，选择字幕保存路径以及输入相应的字幕名称，如图 16-43 所示。

图 16-43　设置字幕名称和保存路径

STEP 10 单击"保存"按钮，退出字幕窗口，在"素材库"面板中，显示了刚创建的字幕文本对象，如图 16-44 所示。

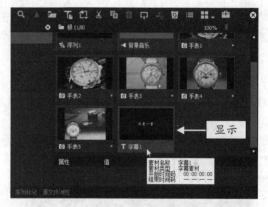

图 16-44　显示了刚创建的字幕文本对象

STEP 11 在选择的字幕文件上，按住鼠标左键并拖曳至 1T 字幕轨道中的开始位置，如图 16-45 所示。

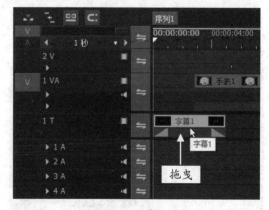

图 16-45　拖曳至 1T 字幕轨道中的开始位置

STEP 12 用与上同样的方法打开字幕窗口，在左侧的工具箱中，选取横向文本工具，在预览窗口中的适当位置，输入相应文本内容，如图 16-46 所示。

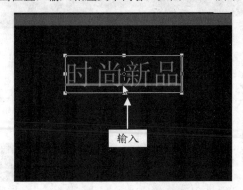

图 16-46　输入相应文本内容

STEP 13) 在"文本属性"面板中，❶在"变换"选项组中设置 X 为 253、Y 为 915、"宽度"为 553、"高度"为 137、"字距"为 50；❷在"字体"选项组中设置"字体"为"叶根友毛笔行书 2.0 版"、"字号"为 85，如图 16-47 所示。

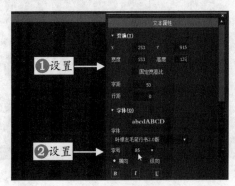

图 16-47　设置相应参数

STEP 14) 在"填充颜色"选项组中，单击下方第 1 个色块，弹出"色彩选择 -709"对话框，在其中设置"红"为 255、"绿"为 217、"蓝"为 63，如图 16-48 所示，单击"确定"按钮，设置第 1 个色块的颜色。

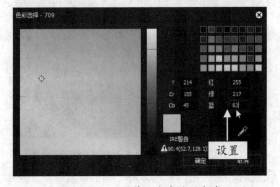

图 16-48　设置第 1 个色块的颜色

STEP 15) 在"边缘"选项组中，设置"实边宽度"为 3，单击下方第 1 个色块，弹出"色彩选择 -709"对话框，在其中设置"红"为 248、"绿"为 33、"蓝"为 0，如图 16-49 所示，单击"确定"按钮，设置第 1 个色块的颜色。

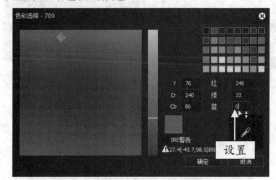

图 16-49　设置第 1 个色块的颜色

STEP 16) 用与上同样的方法保存字幕文件，退出字幕窗口。在"素材库"面板中，显示了刚创建的字幕文本对象，如图 16-50 所示。

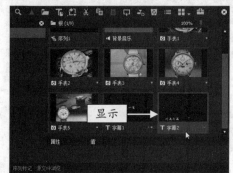

图 16-50　显示了刚创建的字幕文本对象

STEP 17) 在素材库中选择"字幕 2"文件，按住鼠标左键并拖曳至 1T 字幕轨道中"字幕 1"的结尾处，即可在字幕轨道上添加字幕 2 文件，如图 16-51 所示。

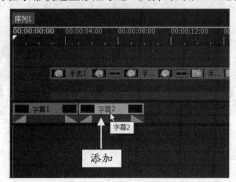

图 16-51　添加字幕 2 文件

STEP 18 用与上同样的方法，在素材库中添加"字幕 3、字幕 4、字幕 5"文件，如图 16-52 所示。

STEP 19 在素材库中依次将"字幕 3、字幕 4、字幕 5"文件拖曳至 1T 字幕轨道中，即可在字幕轨道中添加"字幕 3、字幕 4、字幕 5"文件，如图 16-53 所示。

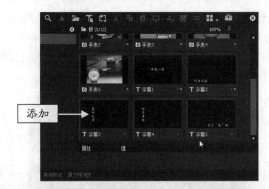

图 16-52　在素材库中添加相应字幕文件

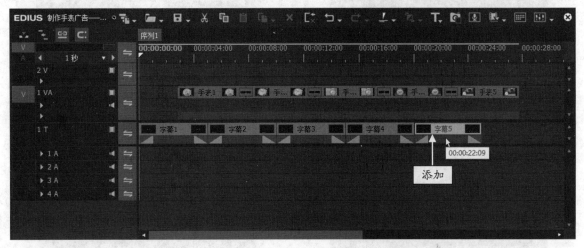

图 16-53　在字幕轨道中添加"字幕 3、字幕 4、字幕 5"文件

16.2.5　制作字幕运动特效

在 EDIUS 工作界面中，用户可以为制作的静态字幕添加运动效果。下面介绍制作字幕运动特效的操作方法。

素材文件	无
效果文件	无
视频文件	16.2.5 制作字幕运动特效 .mp4

STEP 01 将时间线移至 00:00:07:08 位置处，如图 16-54 所示。

STEP 02 按住 Ctrl 键的同时选择"字幕 2、字幕 3、字幕 4、字幕 5"文件，按住鼠标左键的同时拖曳至 00:00:07:08 位置后，如图 16-55 所示。

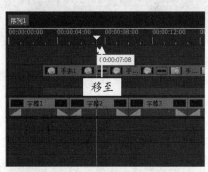

图 16-54　将时间线移至相应位置

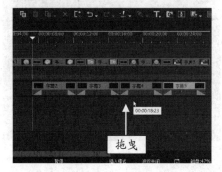

图 16-55　拖曳相应文件

STEP 03 在 1T 字幕轨道中选择"字幕 1"素材文件，单击鼠标右键，在弹出的快捷菜单中选择"持续时间"命令，❶弹出"持续时间"对话框；❷在其中设置"持续时间"为 00:00:07:08，如图 16-56 所示。

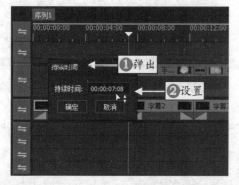

图 16-56　设置"持续时间"参数

STEP 04 单击"确定"按钮，即可更改 1T 字幕轨道上的"字幕 1"素材文件时间长度，如图 16-57 所示。

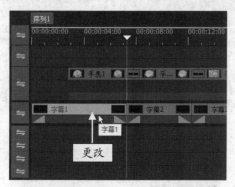

图 16-57　更改相应素材文件时间长度

STEP 05 将时间线移至 00:00:12:20 位置处；按住 Ctrl 键的同时选择"字幕 3、字幕 4、字幕 5"文件，然后按住鼠标左键的同时拖曳至如图 16-58 所示的位置。

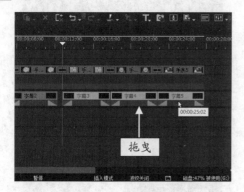

图 16-58　拖曳至相应位置

STEP 06 选择"字幕 2"文件，用与上同样的方法，调出"持续时间"对话框，在其中设置"持续时间"为 00:00:05:12，如图 16-59 所示。

图 16-59　设置"持续时间"参数

STEP 07 单击"确定"按钮，即可更改 1T 字幕轨道上的"字幕 2"文件素材的时间长度，如图 16-60 所示。

图 16-60　更改相应素材文件时间长度

STEP 08 在 1T 字幕轨道中，在"字幕 1"的淡入位置上，单击鼠标右键，在弹出的快捷菜单中选择"持续时间"|"入点"命令，❶弹出"持续时间"对话框；❷在其中设置字幕入点特效的"持续时间"为 00:00:02:20，如图 16-61 所示。

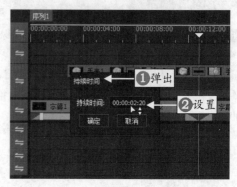

图 16-61　设置字幕入点特效持续时间

STEP 09 单击"确定"按钮，即可更改字幕 1 入点特效的持续时间长度，如图 16-62 所示。

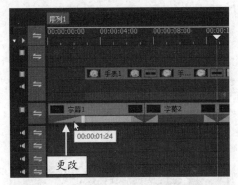

图 16-62　更改相应入点特效的持续时间长度

STEP 10 在 1T 字幕轨道中，在"字幕 5"的淡出位置上，单击鼠标右键，在弹出的快捷菜单中选择"持续时间"|"出点"命令，❶弹出"持续时间"对话框；❷在其中设置字幕出点特效的"持续时间"为 00:00:02:01，如图 16-63 所示。

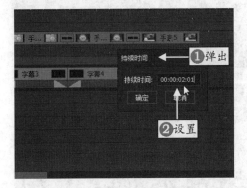

图 16-63　设置字幕出点特效持续时间

STEP 11 单击"确定"按钮，即可更改字幕 5 出点特效的持续时间长度，如图 16-64 所示。

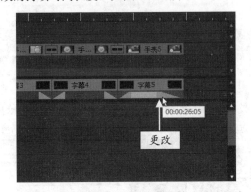

图 16-64　更改字幕 5 出点特效的持续时间长度

STEP 12 展开"特效"面板，在"软划像"特效组

中，选择"向右软划像"运动特效，按住鼠标左键并拖曳至 1T 字幕轨道中的"字幕 1"素材文件上方，即可添加"向右软划像"特效，在"信息"面板中，可以查看更改的字幕特效，如图 16-65 所示。

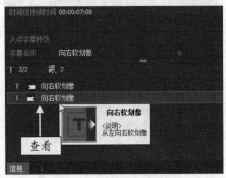

图 16-65　查看更改的字幕特效

STEP 13 在"特效"面板的"淡入淡出飞入 A"特效组中，选择"向上淡入淡出飞入 A"运动效果，用与上同样的方法添加"向上淡入淡出飞入 A"特效，在"信息"面板中，可以查看更改的字幕特效，如图 16-66 所示。

图 16-66　查看更改的字幕特效

STEP 14 用与上同样的方法在"字幕 3"文件上添加"向下淡入淡出飞入 A"特效，在"信息"面板中，可以查看更改的字幕特效，如图 16-67 所示。

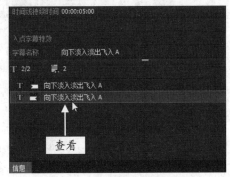

图 16-67　查看更改的字幕特效

STEP 15 用与上同样的方法在"字幕 4"文件上添加"向右淡入淡出飞入 A"特效,在"信息"面板中,可以查看更改的字幕特效,如图 16-68 所示。

STEP 16 用与上同样的方法在"字幕 5"文件上添加"向左淡入淡出飞入 A"特效,在"信息"面板中,可以查看更改的字幕特效,如图 16-69 所示。

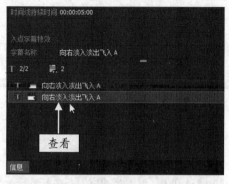

图 16-68 查看更改的字幕特效

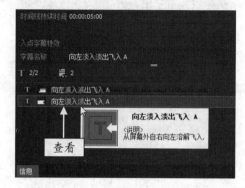

图 16-69 查看更改的字幕特效

STEP 17 字幕特效添加完成后,单击录制窗口下方的"播放"按钮,预览制作的字幕特效,如图 16-70 所示。

图 16-70 预览制作的字幕特效

16.3 后期编辑与输出

制作完手表广告后,本节主要向读者介绍制作手表背景音乐的方法,以及输出手表广告文件的操作技巧等内容。

16.3.1 制作广告背景音乐

背景音乐不止在广告中是不可缺少的重要组成部分,在影视、宣传片等方面都运用得较多。合理地添加音乐特效,可以为视频锦上添花,增强视频的吸引力。下面向读者介绍制作广告背景音乐的操作方法。

素材文件	无
效果文件	无
视频文件	16.3.1 制作广告背景音乐.mp4

STEP 01 在时间线面板中，将时间线移至轨道中的开始位置处，如图 16-71 所示。

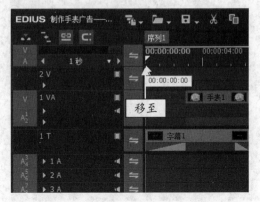

图 16-71 将时间线移至轨道中的开始位置处

STEP 02 在素材库面板中选择"背景音乐"素材，按住鼠标左键并拖曳至 1A 音频轨道中的开始位置，即可在音频轨道中添加"背景音乐"素材，如图 16-72 所示。

图 16-72 添加"背景音乐"素材

STEP 03 在时间线面板中，将时间线移至轨道中的 00:00:27:20 位置处，如图 16-73 所示。

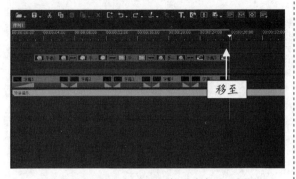

图 16-73 将时间线移至轨道中相应位置

STEP 04 选择"背景音乐"文件，在时间线位置，按 C 键，对"背景音乐"素材进行分割操作，如图 16-74 所示。

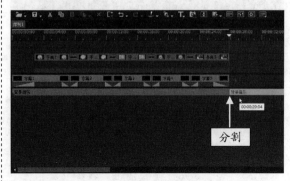

图 16-74 对"背景音乐"素材进行分割操作

STEP 05 按 Delete 键，删除分割后的"背景音乐"素材文件，如图 16-75 所示。

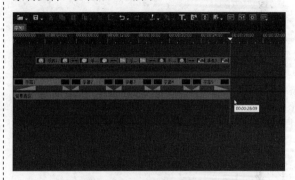

图 16-75 删除分割后的"背景音乐"素材文件

16.3.2 输出手表广告视频

经过一系列的视频编辑与修剪操作后，只需要将视频输出即可完成视频的制作，最后向读者介绍输出手表广告视频文件的操作方法。

素材文件	无
效果文件	视频 \ 第 16 章 \ 制作手表广告——珍爱一生 .wmv
视频文件	16.3.2 输出手表广告视频 .mp4

STEP 01 在菜单栏中，选择"文件"|"输出"|"输出到文件"命令，弹出"输出到文件"对话框，❶在左侧窗格中选择 Windows Media 选项；❷然后单击"输出"按钮，如图 16-76 所示。

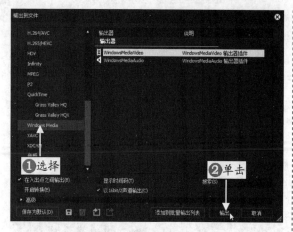

图 16-76　单击"输出"按钮

STEP 02 执行操作后，弹出相应对话框，在其中设置手表广告视频文件的文件名与保存位置，如图 16-77 所示。

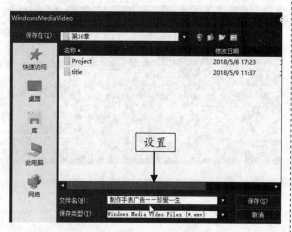

图 16-77　设置文件名与保存位置

STEP 03 单击"保存"按钮，❶弹出"渲染"对话框，提示用户正在输出视频文件；❷并显示输出进

度，如图 16-78 所示。

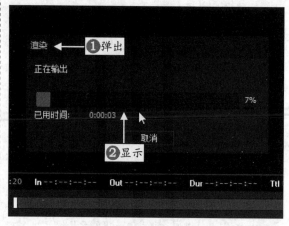

图 16-78　输出视频文件

STEP 04 稍等片刻，待视频文件输出完成后，将显示在素材库面板中，如图 16-79 所示。双击输出的视频文件，在播放窗口中单击"播放"按钮，即可预览输出的视频文件画面效果。

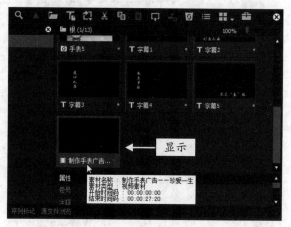

图 16-79　预览输出的视频文件画面效果

第17章

制作汽车广告——速度与激情

章前知识导读

　　电视广告，是一种以电视为媒体的广告，是电子广告的一种形式。各式各样的产品皆能经由电视广告进行宣传，如汽车广告、电子产品以及家用电器等，由于传播范围广，所以能达到很好的宣传效果。

新手重点索引

　　🎤 导入汽车广告素材　　　　　　🎤 制作汽车片头效果

　　🎤 制作视频画面效果　　　　　　🎤 制作转场过渡效果

　　🎤 制作字幕精彩特效

效果图片欣赏

17.1 效果欣赏

在制作汽车广告之前，首先带领读者预览《速度与激情》汽车广告视频的画面效果，并掌握项目技术提炼等内容。这样可以帮助读者理清制作汽车广告的设计思路。

17.1.1 效果赏析

本实例介绍《制作汽车广告——速度与激情》，效果如图 17-1 所示。

图 17-1　效果欣赏

17.1.2 技术提炼

首先进入 EDIUS 工作界面，在"素材库"面板中导入汽车广告背景素材；然后将导入的汽车素材添加至视频轨道中，调整背景素材的区间长度，通过"视频布局"对话框，制作汽车广告的运动特效，在轨道面板中制作多段字幕运动特效；最后添加背景音乐，输出视频。

17.2 视频制作过程

本节主要向读者介绍汽车广告的制作过程，主要包括导入汽车广告素材、制作汽车片头、制作视频画面、添加转场效果以及制作标题字幕动态效果等内容。希望读者可以熟练掌握。

17.2.1 导入汽车广告素材

在制作汽车广告之前，首先需要将汽车素材导入至 EDIUS 工作界面中。下面向读者介绍导入汽车广告素材的操作方法。

素材文件	素材 \ "第 17 章" 文件夹
效果文件	无
视频文件	17.2.1　导入汽车广告素材 .mp4

STEP 01 新建一个工程文件，展开"素材库"面板，在素材库的空白位置上，单击鼠标右键，在弹出的快捷菜单中选择"添加文件"命令，弹出"打开"对话框,选择相应的文件夹在其中按住 Ctrl 键的同时，选择需要导入的多个视频素材，如图 17-2 所示。

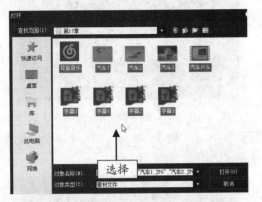

图 17-2　选择需要导入的多个视频素材

STEP 02 选择素材文件后，单击"打开"按钮，即可将视频素材导入至"素材库"面板中，如图 17-3 所示，完成素材的导入操作。

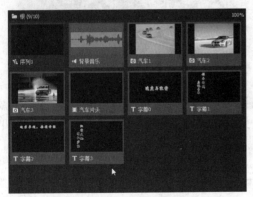

图 17-3　导入至"素材库"面板中

17.2.2　制作汽车片头效果

　　在制作汽车视频画面时可以在视频画面前做一个视频片头，将这个片头作为一个切入点，可以起到很好的过渡效果。下面介绍制作汽车片头效果的操作方法。

素材文件	无
效果文件	无
视频文件	17.2.2　制作汽车片头效果 .mp4

STEP 01 将时间线移至视频轨中的 00:00:01:00 位置处，如图 17-4 所示。

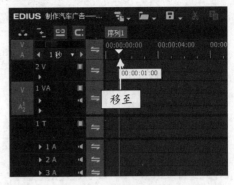

图 17-4　将时间线移至视频轨中的相应位置

STEP 02 在"素材库"面板中，选择"汽车片头"素材文件，按住鼠标左键将素材拖曳至 1V 视频轨道的开始位置处，即可添加"汽车片头"素材文件，如图 17-5 所示。

图 17-5　添加"汽车片头"素材文件

STEP 03 将鼠标置于"汽车片头"素材的开始位置，按住鼠标左键并拖曳至视频轨中的 00:00:01:00 位置处，选择"汽车片头"素材，按 Alt+U 组合键，❶弹出"持续时间"对话框；❷在其中设置"持续时间"为 00:00:08:03，如图 17-6 所示。

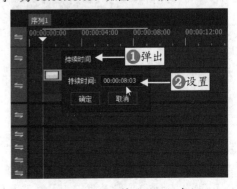

图 17-6　设置"持续时间"参数

STEP 04 单击"确定"按钮，即可设置"汽车片头"素材的长度，如图 17-7 所示。

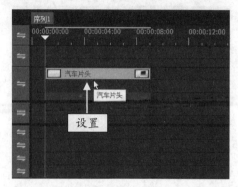

图 17-7　设置"汽车片头"素材的长度

STEP 05 在"素材库"面板中，选择"字幕0"视频素材，按住鼠标左键并拖曳至视频轨中的开始位置，此时用虚线表示视频将要摆放的位置，如图 17-8 所示。

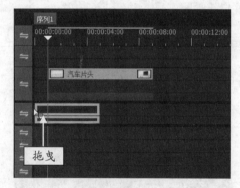

图 17-8　用虚线表示视频将要摆放的位置

STEP 06 释放鼠标左键，将"字幕0"素材添加至1T字幕轨道中，如图 17-9 所示。

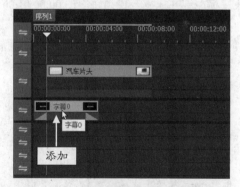

图 17-9　添加至 1T 字幕轨道中

STEP 07 在 1T 字幕轨道中选择"字幕0"文件，单击鼠标右键，在弹出的快捷菜单中选择"持续时间"命令，❶弹出"持续时间"对话框；❷在其中设置

字幕的"持续时间"为 00:00:04:12，如图 17-10 所示。

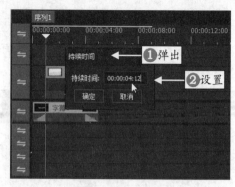

图 17-10　设置字幕的"持续时间"参数

STEP 08 单击"确定"按钮，即可更改字幕0的持续时间长度，如图 17-11 所示。

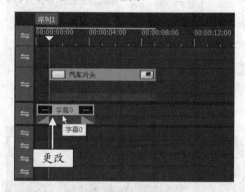

图 17-11　更改字幕 0 的持续时间长度

STEP 09 展开"特效"面板，在"水平划像"特效组中，选择"水平划像【边缘 -> 中心】"运动效果，按住鼠标左键并拖曳至 1T 字幕轨道中的"字幕0"素材文件的上方，释放鼠标左键，即可在"字幕0"素材文件中更改"水平划像【边缘 -> 中心】"特效，在"信息"面板中，可以查看更改的字幕特效，如图 17-12 所示。

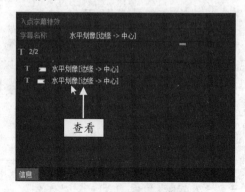

图 17-12　查看更改的字幕特效

STEP 10 在 1T 字幕轨道中，在"字幕 0"的淡入位置上，单击鼠标右键，在弹出的快捷菜单中选择"持续时间"|"入点"命令，❶弹出"持续时间"对话框；❷在其中设置字幕入点特效的"持续时间"为 00:00:01:20，如图 17-13 所示。

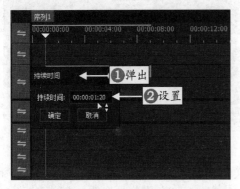

图 17-13 设置字幕入点特效的"持续时间"

STEP 11 单击"确定"按钮，即可更改字幕 0 入点特效的持续时间长度，将时间线移至视频轨的开始位置，单击录制窗口下方的"播放"按钮，预览制作的汽车片头画面，如图 17-14 所示。

图 17-14 预览制作的汽车片头画面

17.2.3 制作视频画面效果

制作视频片头后，接下来在轨道面板中制作字幕的背景画面效果。下面向读者介绍制作视频画面效果的操作方法。

素材文件	无
效果文件	无
视频文件	17.2.3 制作视频画面效果.mp4

STEP 01 将时间线移至视频轨中的 00:00:04:24 位置处，如图 17-15 所示。

STEP 02 在"素材库"面板中，选择"汽车 1"素材，按住鼠标左键并拖曳至视频轨中的 00:00:04:24 位置处，即可将"汽车 1"素材添加至视频轨中，如图 17-16 所示。

图 17-15 将时间线移至视频轨中的相应位置

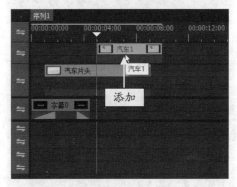

图 17-16 将相应素材添加至视频轨中

STEP 03 在"汽车 1"素材上，单击鼠标右键，在弹出的快捷菜单中选择"持续时间"命令，❶弹出"持续时间"对话框；❷在"持续时间"数值框中重新输入 00:00:04:00，如图 17-17 所示。

图 17-17 设置"持续时间"参数

STEP 04 单击"确定"按钮，即可更改"汽车 1"素材的持续时间，在视频轨中可以查看更改持续时间后的素材区间长度将发生变化，如图 17-18 所示。

STEP 05 在"素材库"面板中，选择"汽车 2"素材，按住鼠标左键并拖曳至视频轨中"汽车 1"素材的结尾处，释放鼠标左键，在视频轨中添加"汽车2"素材，如图 17-19 所示。

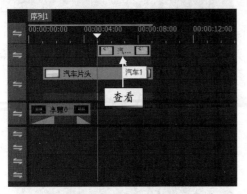

图 17-18　素材区间长度将发生变化

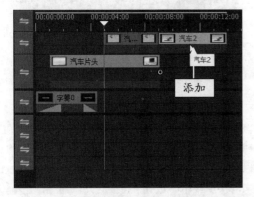

图 17-19　添加"汽车2"素材

STEP 06　用与上同样的方法将"素材库"面板中的"汽车3"素材拖曳至视频轨中"汽车2"素材的结尾处，并设置"持续时间"为 00:00:05:14，即可更改"汽车3"素材区间的长度，如图 17-20 所示。

图 17-20　更改"汽车3"素材区间的长度

STEP 07　在视频轨中选择"汽车1"素材文件，单击鼠标右键，弹出快捷菜单，选择"布局"命令，

弹出"视频布局"对话框，单击上方的"3D模式"按钮，如图 17-21 所示。

图 17-21　单击上方的"3D模式"按钮

STEP 08　进入"3D模式"编辑界面，❶在界面左下角依次选中"位置""伸展""旋转""可见度和颜色"复选框；❷单击右侧的"添加/删除关键帧"按钮；❸即可添加 4 个关键帧，如图 17-22 所示。

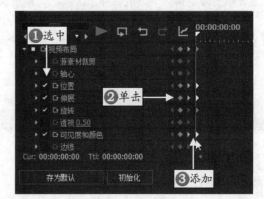

图 17-22　添加 4 个关键帧

STEP 09　❶在"参数"面板的"源素材裁剪"选项组中设置"底"为 14%；❷在"位置"选项组中，设置 X 为 10.4%、Y 为 -7.7%、Z 为 51.9%；在"拉伸"选项组中，设置 X 为 24.3%、Y 为 693.1px；在"旋转"选项组中设置 Y 为 40.4、Z 为 0.6；❸在"可见度和颜色"选项组中设置"素材"为 0%、"背景"为 0%，如图 17-23 所示。

STEP 10　在效果控制面板中，将时间线移至 00:00:00:16 的位置处，在"参数"面板的"可见度和颜色"选项组中设置"素材"为 100%、"背景"为 0%，如图 17-24 所示。

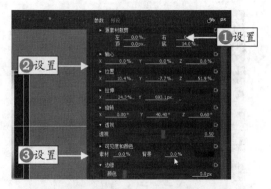

图 17-23　设置相应参数

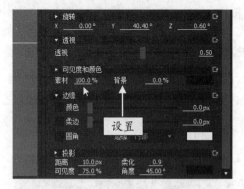

图 17-24　设置相应参数

STEP 11 即可在效果控制面板中的时间线位置，自动添加第 2 个关键帧，单击"确定"按钮，返回 EDIUS 工作界面。在视频轨中选择"汽车 2"素材文件，用与上同样的方法，弹出"视频布局"对话框，单击上方的"2D 模式"按钮，进入"2D 模式"编辑界面，❶在界面左下角依次选中"位置""伸展"复选框；❷单击右侧的"添加 / 删除关键帧"按钮；❸即可添加 2 个关键帧，如图 17-25 所示。

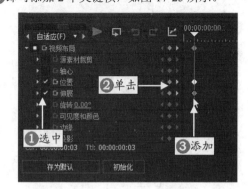

图 17-25　添加 2 个关键帧

STEP 12 在"参数"面板的"拉伸"选项组中，设置 X 为 47.3%、Y 为 1452.5px，如图 17-26 所示。

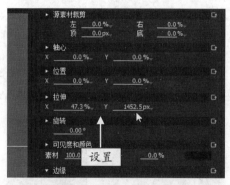

图 17-26　设置相应参数

STEP 13 在效果控制面板中，将时间线移至 00:00:01:00 的位置处，❶在"参数"面板的"位置"选项组中设置 X 为 -5.4%、Y 为 0.5%；❷在"拉伸"选项组中，设置 X 为 60.4%、Y 为 1854.6px，如图 17-27 所示。

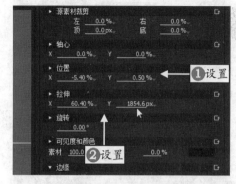

图 17-27　设置相应参数

STEP 14 即可在效果控制面板中的时间线位置，自动添加第 2 个关键帧，在效果控制面板中，将时间线移至 00:00:02:00 位置处，❶在"参数"面板的"位置"选项组中设置 X 为 -11.5%、Y 为 1.1%；❷在"拉伸"选项组中设置 X 为 69.4%、Y 为 2130.7px，如图 17-28 所示。

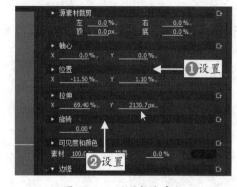

图 17-28　设置相应参数

STEP 15 即可在效果控制面板中的时间线位置，自动添加第 3 个关键帧，在效果控制面板中，将时间线移至 00:00:03:00 位置处，❶在"参数"面板的"位置"选项组中设置 X 为 -33.5%、Y 为 -15.6%；❷在"拉伸"选项组中设置 X 为 78.4%、Y 为 2406.8px，如图 17-29 所示。

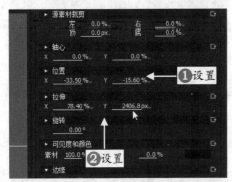

图 17-29　设置相应参数

STEP 16 即可在效果控制面板中的时间线位置，自动添加第 4 个关键帧，在效果控制面板中，将时间线移至 00:00:04:00 位置处，在"参数"面板的"拉伸"选项组中，设置 X 为 85.8%、Y 为 2634.9px，如图 17-30 所示。

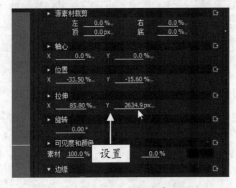

图 17-30　设置相应参数

STEP 17 即可在效果控制面板中的时间线位置，自动添加第 5 个关键帧，单击"确定"按钮，返回 EDIUS 工作界面。在视频轨中选择"汽车 3"素材文件，用与上同样的方法，弹出"视频布局"对话框，单击上方的"2D 模式"按钮，进入"2D 模式"编辑界面，❶在界面左下角依次选中"位置""伸展"复选框；❷单击右侧的"添加 / 删除关键帧"按钮；❸即可添加 2 个关键帧，如图 17-31 所示。

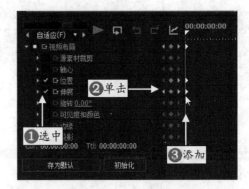

图 17-31　设置相应参数

STEP 18 ❶在"参数"面板的"位置"选项组中设置 X 为 -7.3%、Y 为 -26.4%；❷在"拉伸"选项组中设置 X 为 68.7%、Y 为 1663.5px，如图 17-32 所示。

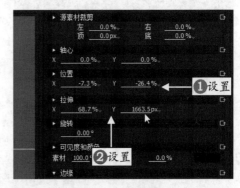

图 17-32　设置相应参数

STEP 19 在效果控制面板中，将时间线移至 00:00:00:20 的位置处，❶在"参数"面板的"位置"选项组中设置 X 为 -3.1%、Y 为 5.4%；❷在"拉伸"选项组中设置 X 为 67.5%、Y 为 1633.6px，如图 17-33 所示。

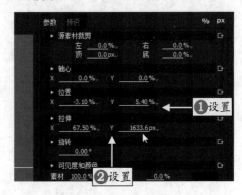

图 17-33　设置相应参数

STEP 20 即可在效果控制面板中的时间线位置，自动添加第 2 个关键帧，在效果控制面板中，将时间线移至 00:00:01:15 位置处，❶在"参数"面板的"位置"选项组中，设置 X 为 −5.7%、Y 为 11.9%；❷在"拉伸"选项组中，设置 X 为 66.2%、Y 为 1603.7px，如图 17-34 所示。

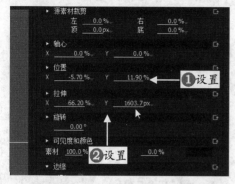

图 17-34　设置相应参数

STEP 21 即可在效果控制面板中的时间线位置，自动添加第 3 个关键帧，在效果控制面板中，将时间线移至 00:00:02:10 位置处，❶在"参数"面板的"位置"选项组中设置 X 为 −10.9%、Y 为 1.4%；❷在"拉伸"选项组中设置 X 为 72.3%、Y 为 1750.7px，如图 17-35 所示。

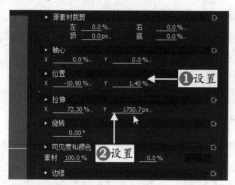

图 17-35　设置相应参数

STEP 22 即可在效果控制面板中的时间线位置，自动添加第 4 个关键帧，在效果控制面板中，将时间线移至 00:00:03:05 位置处，❶在"参数"面板的"位置"选项组中设置 X 为 −21.4%、Y 为 9.5%；❷在"拉伸"选项组中设置 X 为 85.4%、Y 为 2068.4px，如图 17-36 所示。

STEP 23 即可在效果控制面板中的时间线位置，自动添加第 5 个关键帧，在效果控制面板中，将

时间线移至 00:00:04:00 位置处，❶在"参数"面板的"位置"选项组中设置 X 为 −29.7%、Y 为 −2.3%；❷在"拉伸"选项组中设置 X 为 96.2%、Y 为 2328.9px，如图 17-37 所示。

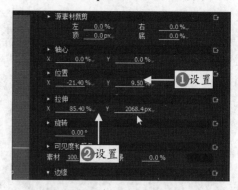

图 17-36　设置相应参数

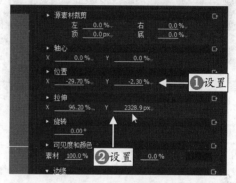

图 17-37　设置相应参数

STEP 24 即可在效果控制面板中的时间线位置，自动添加第 6 个关键帧，在效果控制面板中，将时间线移至 00:00:05:00 位置处，❶在"参数"面板的"位置"选项组中，设置 X 为 −29.7%、Y 为 −2.3%；❷在"拉伸"选项组中，设置 X 为 108.8%、Y 为 2634.5px，如图 17-38 所示。

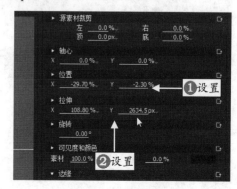

图 17-38　设置相应参数

STEP 25 即可在效果控制面板中的时间线位置，自动添加第 7 个关键帧，在效果控制面板中，将时间线移至 00:00:05:13 位置处，在"参数"面板的"位置"选项组中，设置 X 为 -29.7%、Y 为 -2.3%；在"拉伸"选项组中，设置 X 为 28.2%、Y 为 683.8px，即可在效果控制面板中的时间线位置，自动添加第 8 个关键帧，如图 17-39 所示。

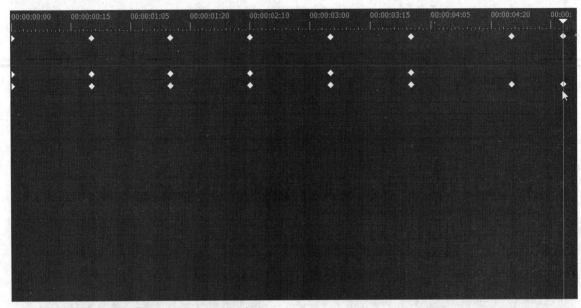

图 17-39　自动添加第 8 个关键帧

STEP 26 单击"确定"按钮，返回 EDIUS 工作界面，单击"播放"按钮，预览制作的视频效果，如图 17-40 所示。

图 17-40　预览制作的视频效果

17.2.4　制作转场过渡效果

在制作视频的过程中，在画面中添加合适的转场效果能够让视频增添特色亮点。下面介绍制作转场过渡效果的操作方法。

素材文件	无
效果文件	无
视频文件	17.2.4 制作转场过渡效果 .mp4

STEP 01 展开特效面板，在特效面板的 CPU 素材库中，选择"3D 翻入 - 从右上"转场效果，按住鼠标左键并拖曳至视频轨中"汽车 1"与"汽车 2"之间，释放鼠标左键，即可在"汽车 1"与"汽车 2"素材之间添加"3D 翻入 - 从右上"转场效果，如图 17-41 所示。

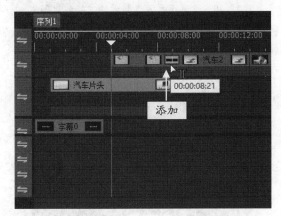

图 17-41　添加"3D 翻入 - 从右上"转场效果

STEP 02 用与上同样的方法在视频轨中"汽车 2"与"汽车 3"素材之间添加"3D 翻入 - 从右下"转场效果，展开"信息"面板可以查看添加的"3D 翻入 - 从右下"转场效果，如图 17-42 所示。

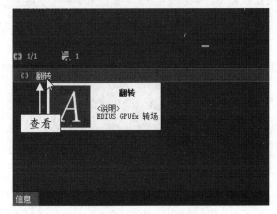

图 17-42　查看到添加的转场效果

STEP 03 将时间线移至 00:00:04:24 位置，单击录制窗口下方的"播放"按钮，预览各汽车素材之间的转场特效，如图 17-43 所示。

图 17-43　预览各汽车素材之间的转场特效

17.2.5　制作字幕精彩特效

伴随着广告行业的发展与进步，在制作视频的时候各类标题字幕动态效果也变得更加多样化。为了在视频中呈现更加时尚美观的字幕效果，可以在字幕上添加特效或者更改字幕特效的时间长度，使字幕出现的时机刚刚好，达到更好的审美效果。下面向读者介绍制作字幕精彩特效的操作方法。

素材文件	无
效果文件	无
视频文件	17.2.5 制作字幕精彩特效 .mp4

STEP 01 在时间线面板中，将时间线移至轨道中的 00:00:04:24 位置处，如图 17-44 所示。

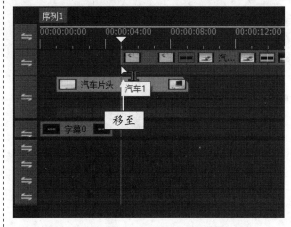

图 17-44　将时间线移至轨道中相应位置

STEP 02 在素材库面板中，将"字幕 1"素材文件拖曳至 1T 字幕轨道中的时间线的相应位置，如图 17-45 所示。

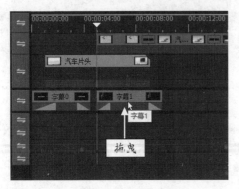

图 17-45 拖曳至相应位置

STEP 03 在 1T 字幕轨道中选择"字幕 1"素材文件，单击鼠标右键，在弹出的快捷菜单中选择"持续时间"命令，❶弹出"持续时间"对话框；❷在其中设置"持续时间"为 00:00:04:00，如图 17-46 所示。

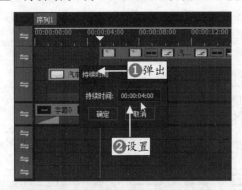

图 17-46 设置"持续时间"参数

STEP 04 单击"确定"按钮，即可更改 1T 字幕轨道上的"字幕 1"素材文件时间长度，如图 17-47 所示。

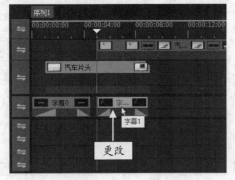

图 17-47 更改"字幕 1"素材文件时间长度

STEP 05 在 1T 字幕轨道中，在"字幕 1"的淡入位置上，单击鼠标右键，在弹出的快捷菜单中选择"持续时间"|"入点"命令，❶弹出"持续时间"对话框；❷在其中设置字幕入点特效的"持续时间"

为 00:00:02:08，如图 17-48 所示。

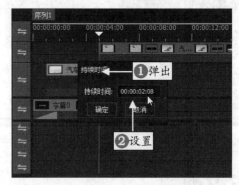

图 17-48 设置字幕入点特效的"持续时间"

STEP 06 单击"确定"按钮，即可更改字幕 1 入点特效的持续时间长度，如图 17-49 所示。

图 17-49 更改字幕 1 入点特效的持续时间

STEP 07 展开"特效"面板，在"淡入淡出飞入 B"特效组中，选择"向左淡入淡出划像 B"运动效果，按住鼠标左键并拖曳至 1T 字幕轨道中的"字幕 1"素材文件上方，如图 17-50 所示。

图 17-50 拖曳至相应素材文件上方

STEP 08 释放鼠标左键，即可添加"向左淡入淡出划像 B"特效，在"信息"面板中，可以查看更改的字幕特效，如图 17-51 所示。

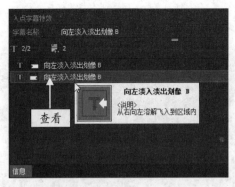

图 17-51 查看更改的字幕特效

STEP 09 在"素材库"面板中，选择"字幕2"素材，按住鼠标左键并拖曳至视频轨中"字幕1"素材的结尾处，释放鼠标左键，在视频轨中添加"字幕2"素材，如图 17-52 所示。

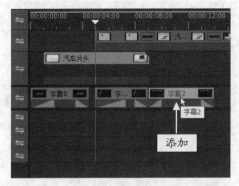

图 17-52 在视频轨中添加"字幕2"素材

STEP 10 用与上同样的方法在"字幕2"文件上添加"向左淡入淡出划像B"特效，在"信息"面板中，可以查看更改的字幕特效，如图 17-53 所示。

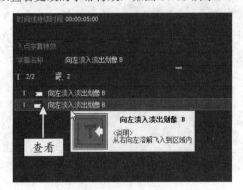

图 17-53 查看更改的字幕特效

STEP 11 在 1T 字幕轨道中在"字幕2"的淡入位置上，❶用与上同样的方法弹出"持续时间"对话框；❷在其中设置字幕入点特效的"持续时间"为

00:00:02:18，如图 17-54 所示。

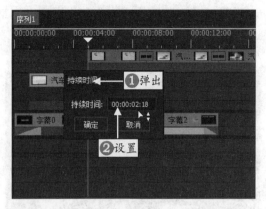

图 17-54 设置字幕入点特效的"持续时间"

STEP 12 单击"确定"按钮，即可更改字幕2入点特效的持续时间长度，如图 17-55 所示。

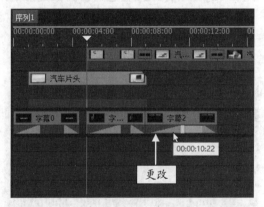

图 17-55 更改字幕2入点特效的持续时间长度

STEP 13 在"素材库"面板中，选择"字幕3"素材，按住鼠标左键并拖曳至视频轨中"字幕2"素材的结尾处，释放鼠标左键，在视频轨中添加"字幕3"素材，如图 17-56 所示。

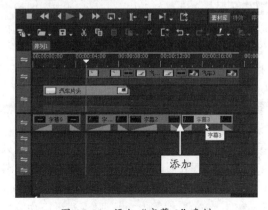

图 17-56 添加"字幕3"素材

STEP 14 在 1T 字幕轨道中在"字幕 3"的淡入位置上，❶用与上同样的方法弹出"持续时间"对话框；❷在其中设置字幕入点特效的"持续时间"为 00:00:02:01，如图 17-57 所示。

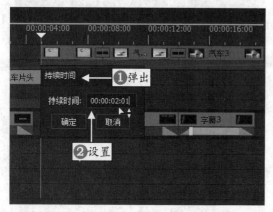

图 17-57　设置字幕入点特效的"持续时间"

STEP 15 单击"确定"按钮，即可更改字幕 3 入点特效的持续时间长度，如图 17-58 所示。

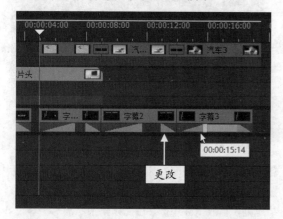

图 17-58　更改字幕 3 入点特效的持续时间长度

STEP 16 在 1T 字幕轨道中，在"字幕 3"的淡出位置上，单击鼠标右键，在弹出的快捷菜单中选择"持续时间"|"出点"命令，❶弹出"持续时间"对话框；❷在其中设置字幕出点特效的"持续时间"为 00:00:01:21，如图 17-59 所示。

STEP 17 单击"确定"按钮，即可更改字幕 3 出点特效的持续时间长度，如图 17-60 所示。

STEP 18 展开"特效"面板，在"垂直划像"特效组中，选择"垂直划像（边缘 -> 中心）"运动效果，按住鼠标左键并拖曳至 1T 字幕轨道中的"字幕 3"素材文件上方，即可添加"垂直划像（边缘 -> 中心）"

特效，在"信息"面板中，可以查看更改的字幕特效，如图 17-61 所示。

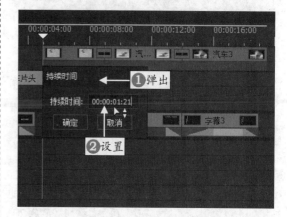

图 17-59　设置相应参数

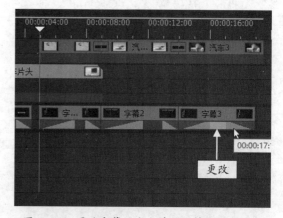

图 17-60　更改字幕 3 出点特效的持续时间长度

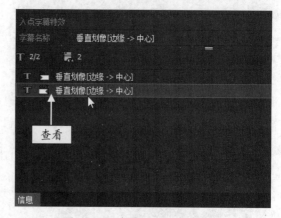

图 17-61　查看更改的字幕特效

STEP 19 字幕特效添加完成后，单击录制窗口下方的"播放"按钮，预览制作的字幕特效，如图 17-62 所示。

图 17-62 预览制作的字幕特效

17.3 后期编辑与输出

汽车广告是企业向广大消费者宣传其产品用途、产品质量，展示企业形象的商业手段。企业靠广告推销产品，消费者靠广告指导自己的购买行为。因此，在当前的信息时代，我国的汽车企业应运用多种媒体做广告，宣传本企业的产品，否则会贻误时机。下面介绍后期的编辑与输出视频文件的操作方法。

17.3.1 制作视频背景音乐

用户可以将电脑中的音乐直接插入到声音轨道中，然后试听背景音乐的声效。下面介绍制作视频背景音乐的操作方法。

素材文件	无
效果文件	无
视频文件	17.3.1 制作视频背景音乐.mp4

STEP 01 在时间线面板中，将时间线移至轨道中的开始位置处，如图 17-63 所示。

STEP 02 在素材库面板中，选择"背景音乐"素材文件，按住鼠标左键并拖曳至 1A 音频轨道中的开始位置，添加音频素材，如图 17-64 所示。

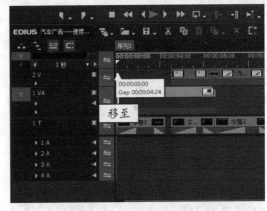

图 17-63 将时间线移至轨道中的开始位置处

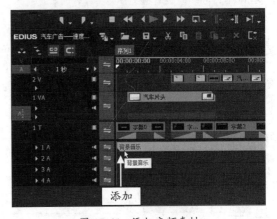

图 17-64 添加音频素材

STEP 03 在音频素材上，单击鼠标右键，在弹出的快捷菜单中选择"持续时间"命令，弹出"持续时间"对话框；在其中设置"持续时间"为 00:00:19:13，如图 17-65 所示。

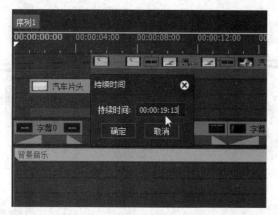

图 17-65 设置"持续时间"参数

STEP 04 单击"确定"按钮，即可更改音频文件的持续时间长度，如图 17-66 所示。

图 17-66 更改音频文件的持续时间长度

17.3.2 输出汽车广告视频

制作好广告的背景音乐后，接下来向读者介绍输出汽车广告视频文件的操作方法，将广告输出为 AVI 格式的视频文件。

素材文件	无
效果文件	效果\第 17 章\制作汽车广告——速度与激情 .avi
视频文件	17.3.2 输出汽车广告视频 .mp4

STEP 01 在录制窗口下方，单击"输出"按钮，在

弹出的列表框中选择"输出到文件"选项，弹出"输出到文件"对话框，在左侧窗口中选择 AVI 选项，如图 17-67 所示，设置输出的格式为 AVI 格式。

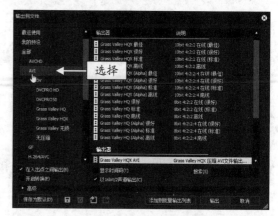

图 17-67 选择 AVI 选项

STEP 02 执行操作后，在右侧展开的选项组中选择"Grass Valley HQX（Alpha）标准"选项，如图 17-68 所示。

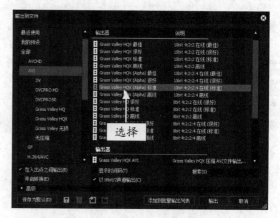

图 17-68 选择相应选项

STEP 03 单击下方的"输出"按钮，弹出 Grass Valley HQX AVI 对话框，在其中设置"文件名"为"汽车广告——速度与激情"，并设置视频的保存类型为 AVI，如图 17-69 所示。

STEP 04 单击"保存"按钮，执行操作后，❶弹出"渲染"对话框；❷开始输出 AVI 视频文件，并显示输出进度，如图 17-70 所示。

STEP 05 稍等片刻，待视频文件输出完成后，在"素材库"面板中，即可显示输出的 AVI 视频文件，如图 17-71 所示。

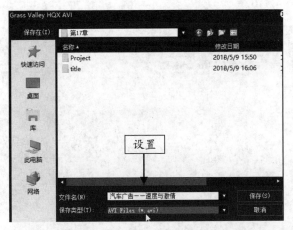

图 17-69　设置视频的保存类型为 AVI

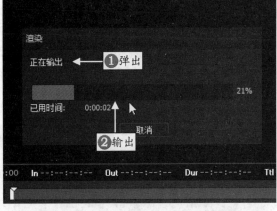

图 17-70　显示输出进度

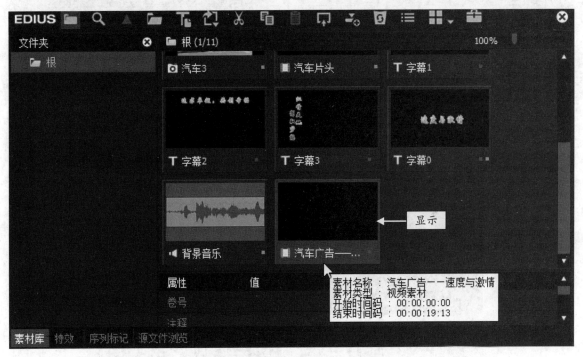

图 17-71　显示输出的 AVI 视频文件

第18章

电商视频——手机摄影构图大全

章前知识导读

所谓电商产品视频，是指在各大网络电商贸易平台如淘宝网、当当网、亚马逊、京东网上投放的、对商品和品牌进行宣传的视频。本章主要向读者介绍制作电商视频——手机摄影构图大全的方法。

新手重点索引

- 导入电商视频素材
- 制作画面宣传特效
- 制作视频片头特效
- 制作广告文字效果

效果图片欣赏

18.1　效果欣赏

在制作《手机摄影构图大全》电商宣传视频效果之前，首先预览项目效果，并掌握项目技术提炼等内容。希望读者学完以后可以举一反三，制作出更多精彩漂亮的影视短片作品。

18.1.1　效果赏析

本实例介绍《制作电商视频——手机摄影构图大全》，效果如图 18-1 所示。

图 18-1　效果欣赏

18.1.2　技术提炼

用户首先需要将电商视频的素材导入到素材库中；然后添加背景视频至视频轨中，将照片添加至覆叠轨中，为覆叠素材添加动画效果；最后添加字幕、音乐文件。

18.2　视频制作过程

本节主要介绍手机摄影构图大全视频文件的制作过程，包括导入电商视频素材、制作视频片头特效、制作广告文字效果等内容。

18.2.1　导入电商视频素材

在编辑电商宣传视频之前，首先需要导入媒体素材文件。下面介绍导入电商视频素材的操作方法。

素材文件	素材＼"第18章"文件夹
效果文件	无
视频文件	18.2.1　导入电商视频素材.mp4

STEP 01 新建一个工程文件，展开"素材库"面板，在素材库的空白位置上，单击鼠标右键，在弹出的快捷菜单中选择"添加文件"命令，弹出"打开"对话框，选择相应的文件夹在其中按住 Ctrl 键的同时，选择需要导入的多个视频素材，如图 18-2 所示。

图 18-2　选择需要导入的多个视频素材

STEP 02 选择素材文件后，单击"打开"按钮，即可将视频素材导入至"素材库"面板中，如图 18-3 所示，完成素材的导入操作。

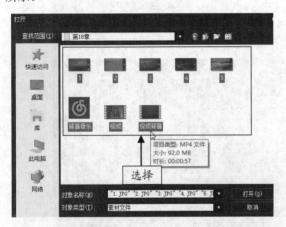

图 18-3　完成素材的导入操作

STEP 03 在"素材库"面板中，选择"视频背景"视频素材，按住鼠标左键并拖曳至视频轨中的开始位置，此时用虚线表示视频将要摆放的位置，如图 18-4 所示。

图 18-4　用虚线表示视频将要摆放的位置

STEP 04 释放鼠标左键，将"视频背景"素材添加至视频轨中，如图 18-5 所示。

图 18-5　添加至视频轨中

STEP 05 将时间线移至视频轨中的 00:00:05:08 位置处，如图 18-6 所示。

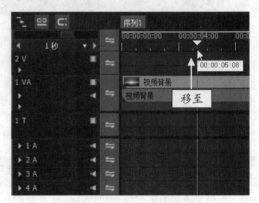

图 18-6　将时间线移至视频轨中的相应位置

STEP 06 在"素材库"面板中，选择"视频"素材文件，按住鼠标左键将素材拖曳至 2V 视频轨道的 00:00:05:08 位置，即可添加"视频"素材文件，如图 18-7 所示。

图 18-7　添加"视频"素材文件

STEP 07 在视频轨中选择"视频"素材，按 Alt+U 组合键，❶弹出"持续时间"对话框；❷在其中设置"持续时间"为 00:00:10:00，如图 18-8 所示。

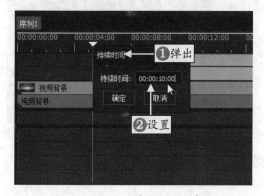

图 18-8　设置"持续时间"参数

STEP 08 单击"确定"按钮，即可设置"视频"素材的时间长度，如图 18-9 所示。

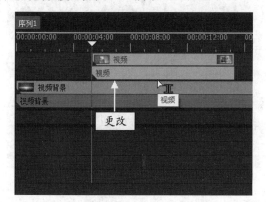

图 18-9　设置"视频"素材的时间长度

18.2.2　制作视频片头特效

将视频素材添加到素材库后，接下来用户可以制作电商视频背景及片头动画效果。下面介绍制作视频片头特效的操作方法。

素材文件	无
效果文件	效果 \ "第 18 章"文件夹
视频文件	18.2.2　制作视频片头特效 .mp4

STEP 01 在视频轨中选择"视频"素材，在"信息"面板中的"视频布局"选项上，单击鼠标右键，在弹出的快捷菜单中选择"打开设置对话框"命令，弹出"视频布局"对话框，单击"2D 模式"按钮，如图 18-10 所示。

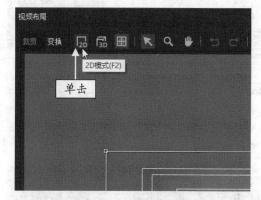

图 18-10　单击"2D 模式"按钮

STEP 02 进入 2D 模式界面，❶在"参数"面板的"位置"选项组中设置 X 为 -1.0%、Y 为 5.1%；❷在"拉伸"选项组中设置 X 为 225%、Y 为 1376.8px，如图 18-11 所示。

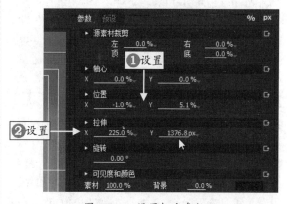

图 18-11　设置相应参数

STEP 03 单击"确定"按钮，返回 EDIUS 工作界面，即可调整视频画面，切换至"特效"面板，展开"视频滤镜"特效组，在其中选择"手绘遮罩"滤镜效果，将其拖曳至2V视频轨中的"视频"素材文件上，释放鼠标左键，添加"手绘遮罩"滤镜效果，在"信息"面板中，查看添加的"手绘遮罩"滤镜效果，如图18-12所示。

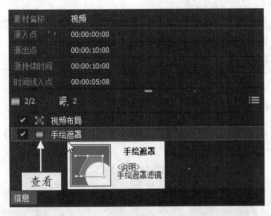

图 18-12　查看添加的"手绘遮罩"滤镜效果

STEP 04 在"手绘遮罩"滤镜效果上，单击鼠标右键，在弹出的快捷菜单中选择"打开设置对话框"命令，弹出"手绘遮罩"对话框，单击上方的"绘制矩形"按钮，如图18-13所示。

图 18-13　单击"绘制矩形"按钮

STEP 05 在预览窗口中的适当位置，按住鼠标左键并拖曳，绘制一个矩形路径，并调整至相应的位置，如图18-14所示。

STEP 06 在"内部"选项组中，设置"可见度"为80%、"强度"为50%；在"外部"选项组中，设置"可见度"为0%；在"边缘"选项组中，选中"柔化"复选框，设置"宽度"为100px、"方向"

为"外部"，如图18-15所示，设置矩形路径的参数。

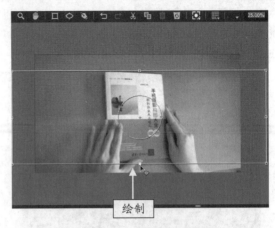

图 18-14　绘制矩形路径

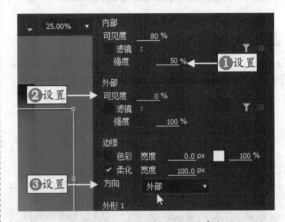

图 18-15　设置矩形路径的参数

STEP 07 单击"确定"按钮，返回EDIUS工作界面，将时间线移至视频轨中的00:00:01:10位置，如图18-16所示。

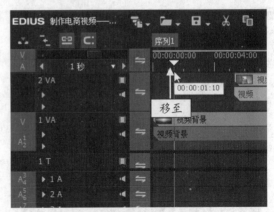

图 18-16　将时间线移至相应位置

STEP 08 在轨道面板上方，单击"创建字幕"按钮，在弹出的列表框中选择"在 1T 轨道上创建字幕"选项,打开字幕窗口,在左侧的工具箱中,选取横向文本工具,在预览窗口中的适当位置,双击鼠标左键,定位光标位置,然后输入相应文本内容,如图 18-17 所示。

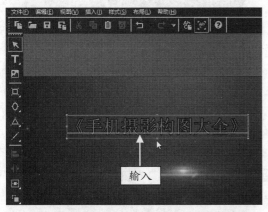

图 18-17　输入相应文本内容

STEP 09 在"文本属性"面板中,❶在"变换"选项组中设置 X 为 171、Y 为 446、"宽度"为 1624、"高度"为 174;❷在"字体"选项组中设置"字体"为"长城行"、"字号"为 120 并单击"加粗"按钮,如图 18-18 所示。

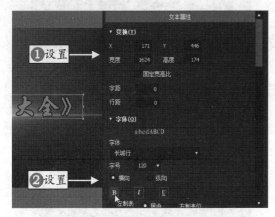

图 18-18　设置文本属性

STEP 10 设置完成后,选择"文件"|"另存为"命令,弹出"另存为"对话框,选择字幕保存路径以及输入相应的字幕名称,如图 18-19 所示。

STEP 11 单击"保存"按钮,即可将字幕保存在相应位置,返回 EDIUS 界面,展开"特效"面板,在"淡入淡出飞入 A"特效组中,选择"向右淡入淡出飞入 A"运动效果,按住鼠标左键并拖曳至 1T 字幕轨道中的"字幕 1"素材文件的上方,释放鼠标左键,

即可在"字幕 1"素材文件中更改"向右淡入淡出飞入 A"特效,在"信息"面板中,可以查看更改的字幕特效,如图 18-20 所示。

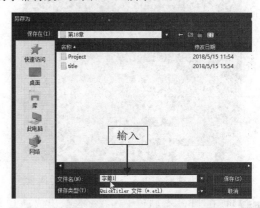

图 18-19　设置字幕名称和保存路径

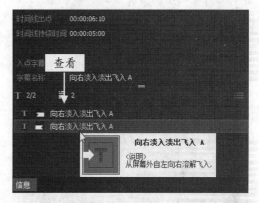

图 18-20　查看更改的字幕特效

STEP 12 将时间线移至 00:00:01:10 位置,在 1T 字幕轨道中,在字幕淡入位置上,单击鼠标右键,在弹出的快捷菜单中选择"持续时间"|"入点"命令,❶弹出"持续时间"对话框;❷在其中设置字幕入点特效的"持续时间"为 00:00:01:10,如图 18-21 所示。

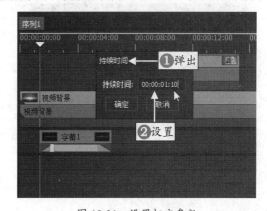

图 18-21　设置相应参数

STEP 13 单击"确定"按钮，即可更改字幕 1 入点特效的持续时间长度，如图 18-22 所示。

图 18-22　更改字幕 1 入点特效的持续时间长度

STEP 14 在 1T 字幕轨道中，在字幕淡出位置上，单击鼠标右键，在弹出的快捷菜单中选择"持续时间"|"出点"命令，❶弹出"持续时间"对话框；❷在其中设置字幕出点特效的"持续时间"为 00:00:01:04，如图 18-23 所示。

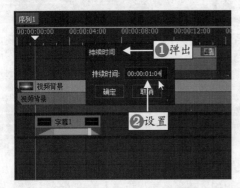

图 18-23　设置相应参数

STEP 15 单击"确定"按钮，即可更改字幕 1 出点特效的持续时间长度，如图 18-24 所示。

图 18-24　更改字幕 1 出点特效的持续时间长度

STEP 16 选择"字幕 1"文件，按 Alt+U 组合键，❶弹出"持续时间"对话框；❷在其中设置"持续时间"为 00:00:04:07，如图 18-25 所示。

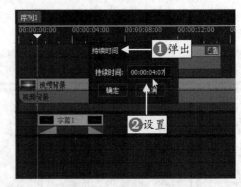

图 18-25　设置相应参数

STEP 17 单击"确定"按钮，即可更改"字幕 1"文件的持续时间长度，如图 18-26 所示。

图 18-26　更改相应的持续时间长度

STEP 18 将时间线移至 00:00:05:17 位置，用与上同样的方法打开字幕窗口，在左侧的工具箱中，选取横向文本工具，在预览窗口中的适当位置，双击鼠标左键，定位光标位置，然后输入相应文本内容，如图 18-27 所示。

图 18-27　输入相应文本内容

STEP 19 在"文本属性"面板中，❶在"变换"选
项组中设置 X 为 147、Y 为 887、"宽度"为 1651、"高
度"为 134；❷在"字体"选项组中设置"字体"
为"长城行"、"字号"为 90、单击"加粗"按钮，
如图 18-28 所示。

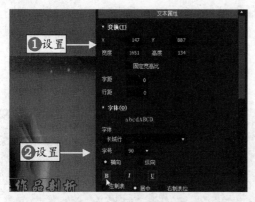

图 18-28　设置文本参数

STEP 20 设置完成后，用与上同样的方法将字幕保
存在相应位置，返回 EDIUS 界面，即可查看视频
轨中的字幕文件，如图 18-29 所示。

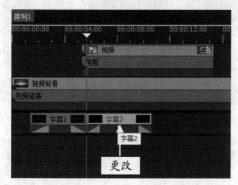

图 18-29　查看视频轨中的字幕文件

STEP 21 展开"特效"面板，在"淡入淡出飞入 B"
特效组中，选择"向左淡入淡出划像 B"运动效果，
按住鼠标左键并拖曳至 1T 字幕轨道中的"字幕 2"
素材文件的上方，释放鼠标左键，即可在"字幕
2"素材文件中更改"向左淡入淡出划像 B"特效，
在"信息"面板中，可以查看更改的字幕特效，如
图 18-30 所示。

STEP 22 用与上同样的方法设置"字幕 2"文件的"持
续时间"为 00:00:04:15，更改"字幕 2"文件的持
续时间长度，如图 18-31 所示。

图 18-30　查看更改的字幕特效

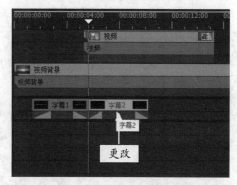

图 18-31　更改"字幕 2"文件的持续时间长度

STEP 23 用与上同样的方法设置字幕 2 特效入点的
时间长度为 00:00:01:24，更改字幕 2 入点特效的持
续时间长度，如图 18-32 所示。

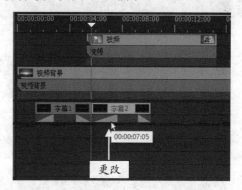

图 18-32　更改字幕 2 入点特效的持续时间长度

STEP 24 将时间线移至 00:00:10:07 位置处，用与上
同样的方法创建"字幕 3"文件，设置"字幕 3"的"持
续时间"为 00:00:05:01、更改字幕 3 的特效为"向
左淡入淡出划像 B"特效、并设置字幕 3 入点的"持
续时间"为 00:00:01:21，创建"字幕 3"文件以及
设置相应的参数，如图 18-33 所示。

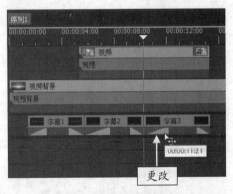

图 18-33　设置相应参数

STEP 25 将时间线移至 00:00:15:08 位置，用与上同样的方法创建"字幕 4"文件，更改字幕 4 的特效为"向左淡入淡出划像 B"特效、并设置字幕 4 入点的"持续时间"为 00:00:02:03，创建"字幕 4"文件以及设置相应的参数，如图 18-34 所示。

STEP 26 将时间线移至视频轨的开始位置，单击录制窗口下方的"播放"按钮，预览制作的电商视频片头画面，效果如图 18-35 所示。

图 18-34　创建"字幕 4"文件以及设置相应的参数

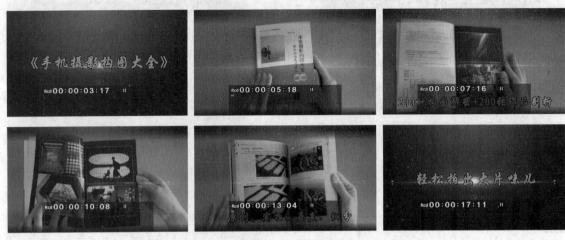

图 18-35　预览制作的电商视频片头画面

18.2.3　制作画面宣传特效

在 EDIUS 中，用户可以在视频轨中添加多个素材，制作视频的画中画特效，使视频画面更加丰富多彩。本节主要向读者介绍制作画面宣传特效的操作方法。

素材文件	无
效果文件	无
视频文件	18.2.3 制作画面宣传特效.mp4

STEP 01 在 2V 视频轨上单击鼠标右键，在弹出的快捷菜单中选择"添加"|"在上方添加视频轨道"命令，❶弹出"添加轨道"对话框；❷在其中设置"数量"为 1，如图 18-36 所示。

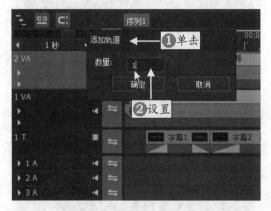

图 18-36　设置"数量"为 1

STEP 02 单击"确定"按钮，即可在时间线面板中新增 1 条视频轨道，如图 18-37 所示。

图 18-37　新增 1 条视频轨道

STEP 03 在视频轨中将时间线移至 00:00:20:08 位置，在素材面板中依次将"1、2、3、4、5"视频素材拖曳至 3V 视频轨中，即可添加 5 张视频素材，如图 18-38 所示。

STEP 04 在 3V 视频轨中选择"1"素材文件，在"信息"面板中的"视频布局"选项上，单击鼠标右键，在弹出的快捷菜单中选择"打开设置对话框"命令，弹出"视频布局"对话框，单击上方的"3D 模式"按钮，如图 18-39 所示。

图 18-38　添加 5 张视频素材

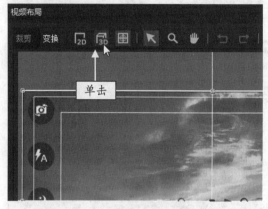

图 18-39　单击上方的"3D 模式"按钮

STEP 05 ❶进入"3D 模式"编辑界面，在界面左下角依次选中"位置""伸展""旋转"复选框；❷单击右侧的"添加 / 删除关键帧"按钮；❸即可添加 3 个关键帧，如图 18-40 所示。

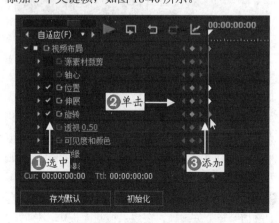

图 18-40　添加 3 个关键帧

STEP 06 在"参数"面板的"位置"选项组中，❶设置 X 为 -30.8%、Y 为 -30.4%；❷在"拉伸"选项组中设置 X 为 72.4%、Y 为 425.1px，如图 18-41 所示。

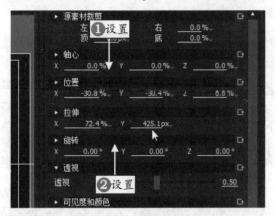

图 18-41　设置相应参数

STEP 07 在控制面板中，将时间线移至 00:00:01:00 的位置处，在"参数"面板的"位置"选项组中，❶设置 X 为 -20.2%、Y 为 -20.1%；❷在"拉伸"选项组中设置 X 为 72.4%、Y 为 425.1px，如图 18-42 所示。

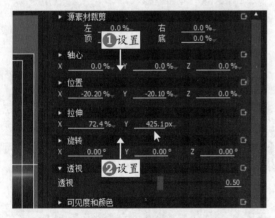

图 18-42　设置相应参数

STEP 08 在效果控制面板中的时间线位置，自动添加第 2 个关键帧，在效果控制面板中，将时间线移至 00:00:02:00 位置，❶在"参数"面板的"位置"选项组中，设置 X 为 -10.6%、Y 为 -4.3%；❷在"拉伸"选项组中设置 X 为 86.6%、Y 为 508.1px，如图 18-43 所示。

STEP 09 即可在效果控制面板中的时间线位置，自动添加第 3 个关键帧，在效果控制面板中，将时间线移至 00:00:03:00 位置处，❶在"参数"面板的"位

置"选项组中，设置 X 为 0.2%、Y 为 2.6%；❷在"拉伸"选项组中设置 X 为 100.7%、Y 为 591.1px，如图 18-44 所示。

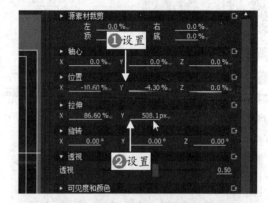

图 18-43　设置相应参数

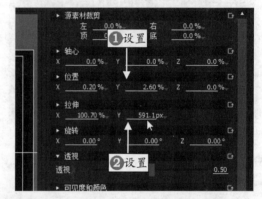

图 18-44　设置相应参数

STEP 10 即可在效果控制面板中的时间线位置，自动添加第 4 个关键帧，在效果控制面板中，将时间线移至 00:00:04:00 位置处，在"参数"面板的"位置"选项组中，设置 X 为 -0.5%、Y 为 -8.1%；在"拉伸"选项组中，设置 X 为 114.8%、Y 为 674.1px，即可在效果控制面板中的时间线位置，自动添加第 5 个关键帧，如图 18-45 所示。

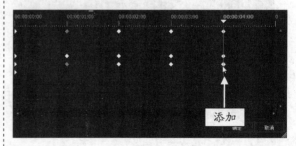

图 18-45　自动添加第 5 个关键帧

STEP 11 单击 "确定" 按钮,返回 EDIUS 工作界面,在视频轨中选择 "2" 素材文件,用与上同样的方法,弹出 "视频布局" 对话框,单击上方的 "2D 模式" 按钮,进入 "2D 模式" 编辑界面,❶在界面左下角依次选中 "位置" "伸展" "旋转" 复选框,❷单击右侧的 "添加 / 删除关键帧" 按钮,❸即可添加 3 个关键帧,如图 18-46 所示。

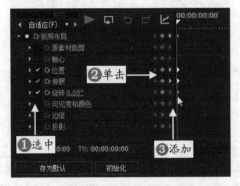

图 18-46 添加 3 个关键帧

STEP 12 在 "参数" 面板的 "位置" 选项组中,❶设置 X 为 30.1%、Y 为 -30.4%;❷在 "拉伸" 选项组中设置 X 为 88.3%、Y 为 422.8px,如图 18-47 所示。

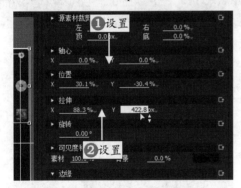

图 18-47 设置相应参数

STEP 13 在效果控制面板中,将时间线移至 00:00:01:00 位置,在 "参数" 面板的 "位置" 选项组中,❶设置 X 为 20%、Y 为 -21%;❷在 "拉伸" 选项组中设置 X 为 103.5%、Y 为 495.9px,如图 18-48 所示。

STEP 14 即可在效果控制面板中的时间线位置,自动添加第 2 个关键帧,在效果控制面板中,将时间线移至 00:00:02:00 位置,❶在 "参数" 面板的 "位置" 选项组中,设置 X 为 11.3%、Y 为 -6%;

❷在 "拉伸" 选项组中设置 X 为 118.8%、Y 为 568.9px,如图 18-49 所示。

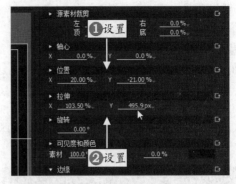

图 18-48 设置相应参数

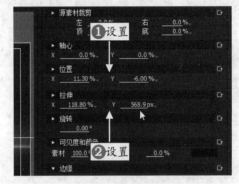

图 18-49 设置相应参数

STEP 15 即可在效果控制面板中的时间线位置,自动添加第 3 个关键帧,在效果控制面板中,将时间线移至 00:00:03:00 位置,在 "参数" 面板的 "位置" 选项组中,❶设置 Y 为 0.9%;❷在 "拉伸" 选项组中设置 X 为 134%、Y 为 642px,如图 18-50 所示。

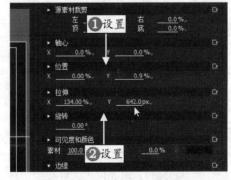

图 18-50 设置相应参数

STEP 16 即可在效果控制面板中的时间线位置,自动添加第 4 个关键帧,在效果控制面板中,将时间线移至 00:00:04:00 位置，在"参数"面板的"位置"选项组中，❶设置 X 为 −1%、Y 为 −6.8%；❷在"拉伸"选项组中设置 X 为 149.3%、Y 为 715.1px，如图 18-51 所示。

STEP 17 即可在效果控制面板中的时间线位置，自动添加第 5 个关键帧，单击"确定"按钮，返回 EDIUS 工作界面，用与上同样的方法，将"3、4、5"视频素材在视频布局中制作相应的动画效果。单击"播放"按钮，预览制作的视频效果，如图 18-52 所示。

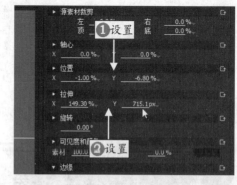

图 18-51　设置相应参数

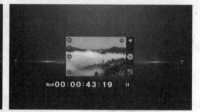

图 18-52　预览制作的视频效果

18.2.4　制作广告文字效果

文字是广告画面中的核心元素。文字可以起到画龙点睛的作用，可以传递作品的主题。下面介绍制作广告文字效果的操作方法。

素材文件	无
效果文件	效果\"第 18 章"文件夹
视频文件	18.2.4　制作广告文字效果.mp4

STEP 01 在时间线面板中，将时间线移至轨道中的 00:00:20:08 位置，如图 18-53 所示。

STEP 02 在轨道面板上方，单击"创建字幕"按钮，在弹出的列表框中选择"在 1T 轨道上创建字幕"选项，打开字幕窗口，在左侧的工具箱中，选取横向文本工具，在预览窗口中的适当位置，双击鼠标左键，定位光标位置，然后输入相应文本内容，如图 18-54 所示。

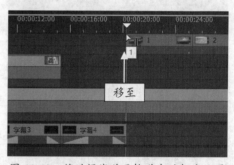

图 18-53　将时间线移至轨道中的相应位置

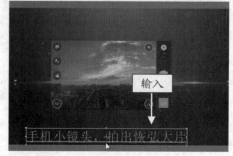

图 18-54　输入相应文本内容

STEP 03 在"文本属性"面板中，❶ 在"变换"选项组中设置 X 为 241、Y 为 851、"宽度"为 1466、"高度"为 134；❷ 在"字体"选项组中设置"字体"为"长城行"、"字号"为 90，并单击"加粗"按钮，如图 18-55 所示。

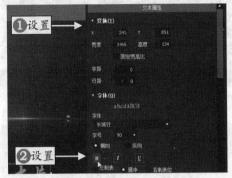

图 18-55　设置相应参数

STEP 04 设置完成后，选择"文件"|"另存为"命令，弹出"另存为"对话框，选择字幕保存路径以及输入相应的字幕名称，如图 18-56 所示。

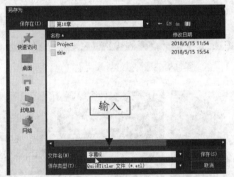

图 18-56　输入相应的字幕名称

STEP 05 单击"保存"按钮，即可将字幕保存在相应位置，返回 EDIUS 界面，即可在视频轨中查看创建的字幕 5 文件，如图 18-57 所示。

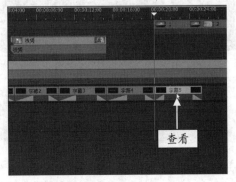

图 18-57　查看创建的字幕 5 文件

STEP 06 在时间线面板中，将时间线移至轨道中的 00:00:25:08 位置，如图 18-58 所示。

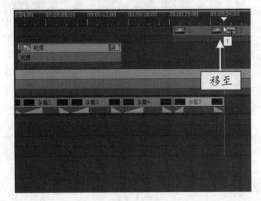

图 18-58　将时间线移至轨道中相应位置

STEP 07 用与上同样的方法制作其他的字幕文件并保存在相应位置，返回 EDIUS 界面，在 1T 字幕轨中查看创建的字幕文件，如图 18-59 所示。

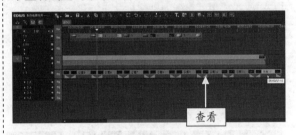

图 18-59　查看创建的字幕文件

STEP 08 在 1T 字幕轨道中选择"字幕 10"文件并单击鼠标右键，在弹出的快捷菜单中选择"持续时间"选项，❶ 弹出"持续时间"对话框；❷ 在其中设置字幕的"持续时间"为 00:00:04:00，如图 18-60 所示。

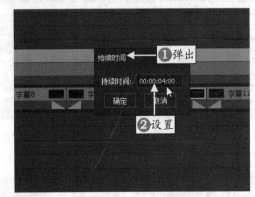

图 18-60　设置相应参数

STEP 09 单击"确定"按钮，即可更改字幕的持续时间长度，如图 18-61 所示。

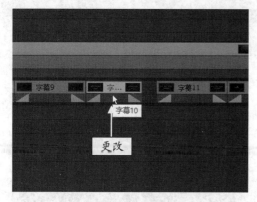

图 18-61　更改字幕的持续时间长度

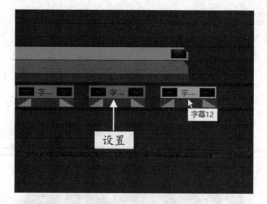

图 18-62　更改相应文件的持续时间长度

STEP 10 用与上同样的方法设置"字幕 12、字幕 11"文件的"持续时间"为 00:00:04:00,即可更改"字幕 12、字幕 11"文件的持续时间长度,如图 18-62 所示。

STEP 11 选择"字幕 11"文件,按住鼠标左键并拖曳至"字幕 10"文件的结尾处,再选择"字幕 12"文件,按住鼠标左键并拖曳至"字幕 11"文件的结尾处,即可更改字幕文件的位置,如图 18-63 所示。

STEP 12 字幕制作完成后,单击录制窗口下方的"播放"按钮,预览制作的广告文字效果,如图 18-64 所示。

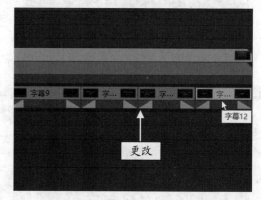

图 18-63　更改字幕文件的位置

图 18-64　预览制作的广告文字效果

18.3　后期编辑与输出

　　制作完电视广告后,本节主要向读者介绍制作广告背景音乐的方法,以及输出电商广告视频文件的操作技巧等内容。

18.3.1　制作视频背景音乐

视频是兼有视听效果的，运用各种语言和声音来渲染整个视频画面，这样的视频才具有吸引力。下面向读者介绍制作视频背景音乐的操作方法。

素材文件	无
效果文件	无
视频文件	18.3.1 制作视频背景音乐 .mp4

STEP 01 在时间线面板中，将时间线移至轨道中的开始位置，如图 18-65 所示。

图 18-65　将时间线移至轨道中的开始位置

STEP 02 在素材库面板中，选择"背景音乐"素材文件，如图 18-66 所示。

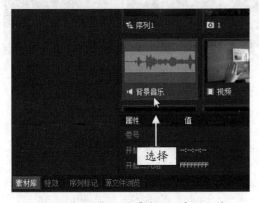

图 18-66　选择"背景音乐"素材文件

STEP 03 按住鼠标左键并拖曳至 1A 音频轨道中的开始位置，添加音频素材文件，如图 18-67 所示。

STEP 04 在音频素材上，单击鼠标右键，在弹出的快捷菜单中选择"持续时间"命令，❶弹出"持续时间"对话框；❷在其中设置"持续时间"为00:00:57:08，如图 18-68 所示。

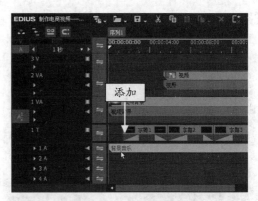

图 18-67　添加音频素材文件

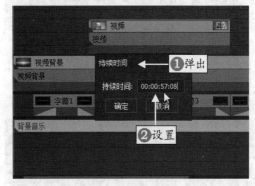

图 18-68　设置持续时间参数

STEP 05 单击"确定"按钮，即可更改音频文件的持续时间长度，如图 18-69 所示。

图 18-69　更改音频文件的持续时间长度

18.3.2　输出电商视频文件

制作好视频的背景音乐后，接下来向读者介绍输出电商视频文件的操作方法，将视频输出为 AVI 格式的视频文件。

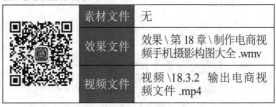

素材文件	无
效果文件	效果 \ 第 18 章 \ 制作电商视频手机摄影构图大全 .wmv
视频文件	视频 \18.3.2　输出电商视频文件 .mp4

STEP 01 在菜单栏中，选择"文件"|"输出"|"输出到文件"命令，如图 18-70 所示。

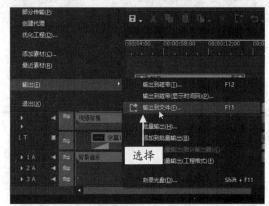

图 18-70 选择相应命令

STEP 02 弹出"输出到文件"对话框，❶在左侧窗格中选择 Windows Media 选项；❷然后单击"输出"按钮，如图 18-71 所示。

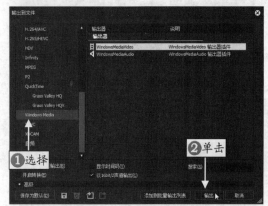

图 18-71 单击"输出"按钮

STEP 03 执行操作后，弹出相应对话框，在其中设置视频文件的文件名与保存路径，如图 18-72 所示。

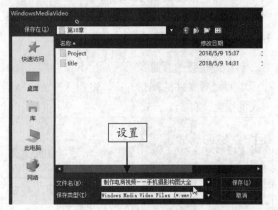

图 18-72 设置视频文件的文件名与保存路径

STEP 04 单击"保存"按钮，❶弹出"渲染"对话框，提示用户正在输出视频文件；❷并显示输出进度，如图 18-73 所示。

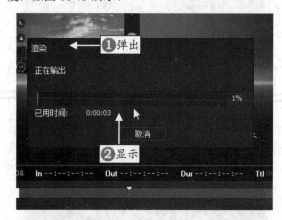

图 18-73 显示输出进度

STEP 05 待视频文件输出完成后，将显示在素材库面板中，如图 18-74 所示。双击输出的视频文件，在播放窗口中单击"播放"按钮，即可预览输出的视频文件画面效果。

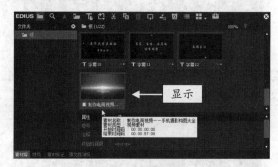

图 18-74 显示在素材库面板中

第19章

制作节日影像——新春烟火盛宴

章前知识导读

　　每当在节日的时候，总会有盛大的场面，如焰火晚会、演唱会等。读者可以通过DV摄像机、照相机或者手机等，记录下这些盛大的场面，然后使用EDIUS，将拍摄的素材进行编辑，并制作成更具观赏价值的视频短片。

新手重点索引

　　🎤 导入烟火视频素材　　　　　🎤 制作图像动态特效

　　🎤 制作转场运动效果　　　　　🎤 制作画面叠加效果

效果图片欣赏

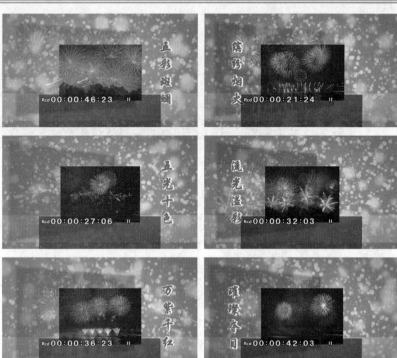

19.1 效果欣赏

在制作《新春烟火盛宴》视频效果之前，首先预览项目效果，并掌握项目技术提炼等内容。希望读者学完以后可以举一反三，制作出更多精彩漂亮的节日影像作品。

19.1.1 效果赏析

本实例制作的是《制作节日影像——新春烟火盛宴》，实例效果如图 19-1 所示。

图 19-1　效果欣赏

19.1.2 技术提炼

在制作视频前，用户首先需要将烟火素材添加至素材库中；然后制作静态图像的动态摇动效果，并在相应画面之前添加转场，运用画中画功能制作覆叠特效；最后制作字幕文件、背景音乐并输出视频。

19.2 视频制作过程

本节主要介绍节日影像视频文件的制作过程，包括导入烟火视频素材、制作图像动态特效、制作转场运动效果、制作画面叠加效果、制作焰火文字效果等内容。

19.2.1 导入烟火视频素材

在制作烟火视频之前，首先需要导入烟火视频素材。下面介绍导入烟火视频素材的操作方法。

素材文件	素材 \ "第 19 章" 文件夹
效果文件	无
视频文件	19.2.1　导入烟火视频素材 .mp4

STEP 01 新建一个工程文件，展开"素材库"面板，在素材库的空白位置上，单击鼠标右键，在弹出的快捷菜单中选择"添加文件"命令，弹出"打开"对话框，选择相应的文件夹在按住 Ctrl 键的同时，选择需要导入的多个视频素材，如图 19-2 所示。

STEP 02 选择素材文件后，单击"打开"按钮，即可将视频素材导入至"素材库"面板中，如图 19-3 所示，完成素材的导入操作。

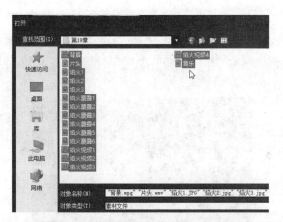

图 19-2　选择需要导入的多个视频素材

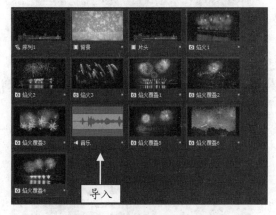

图 19-3　完成素材的导入操作

STEP 03 在"素材库"面板中，选择"片头"视频素材，按住鼠标左键并拖曳至视频轨中的开始位置，此时用虚线表示视频将要摆放的位置，如图 19-4 所示。

图 19-4　用虚线表示视频将要摆放的位置

STEP 04 释放鼠标左键，将"片头"素材添加至视频轨中，如图 19-5 所示。

图 19-5　添加至视频轨中

STEP 05 在视频轨中选择"片头"素材，按 Alt+U 组合键，❶弹出"持续时间"对话框；❷在其中设置"持续时间"为 00:00:05:24，如图 19-6 所示。

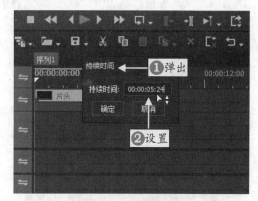

图 19-6　设置持续时间

STEP 06 单击"确定"按钮，即可设置"片头"素材的时间长度，如图 19-7 所示。

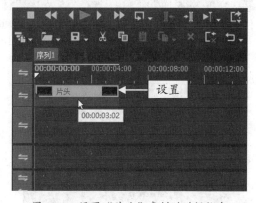

图 19-7　设置"片头"素材的时间长度

STEP 07 在"素材库"面板中，选择"焰火 1"素材，按住鼠标左键并拖曳至视频轨中"片头"素材的结尾处，释放鼠标左键，在视频轨中添加"焰火1"素材，如图19-8所示。

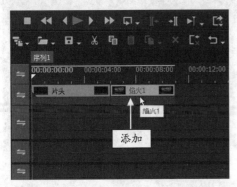

图 19-8　在视频轨中添加"焰火 1"素材

STEP 08 在"素材库"面板中，选择"焰火 2"素材，按住鼠标左键并拖曳至视频轨中"焰火 1"素材的结尾处，释放鼠标左键，在视频轨中添加"焰火 2"素材，如图 19-9 所示。

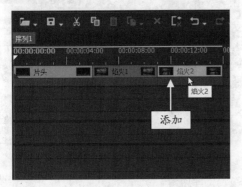

图 19-9　在视频轨中添加"焰火 2"素材

STEP 09 在"素材库"面板中，选择"焰火 3"素材，按住鼠标左键并拖曳至视频轨中"焰火 2"素材的结尾处，释放鼠标左键，在视频轨中添加"焰火 3"素材，如图 19-10 所示。

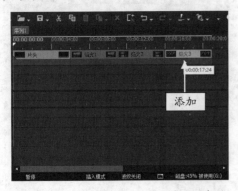

图 19-10　在视频轨中添加"焰火 3"素材

STEP 10 在视频轨中选择"焰火 3"素材，按 Alt+U 组合键，❶弹出"持续时间"对话框；❷在其中设置"持续时间"为 00:00:03:13，如图 19-11 所示。

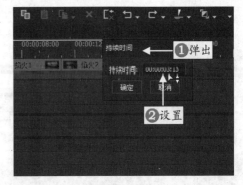

图 19-11　设置相应参数

STEP 11 单击"确定"按钮，即可设置"焰火 3"素材的时间长度，如图 19-12 所示。

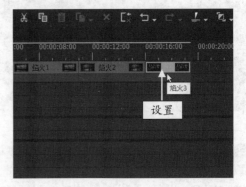

图 19-12　设置"焰火 3"素材的时间长度

STEP 12 将时间线移至视频轨中的 00:00:05:24 位置，如图 19-13 所示。

图 19-13　将时间线移至视频轨中的相应位置

STEP 13 在"素材库"面板中，选择"背景"视频素材，按住鼠标左键并将素材拖曳至 1V 视频轨道的 00:00:05:24 位置，即可添加"背景"视频素材，如图 19-14 所示。

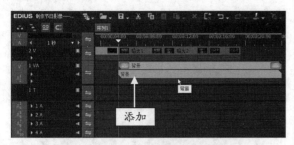

图 19-14 添加"背景"视频素材

STEP 14 再次在"素材库"面板中，选择"背景"视频素材，按住鼠标左键并拖曳至视频轨中"背景"素材的结尾处，再次添加"背景"视频素材，重复操作，在视频轨中继续添加"背景"视频素材，即可在视频轨中显示 3 段"背景"视频素材，如图 19-15 所示。

图 19-15 显示 3 段"背景"视频素材

19.2.2 制作图像动态特效

在 EDIUS 中，导入烟火视频画面后，可以运用"视频布局"功能，根据需要为烟火图像素材添加动态特效。下面介绍制作图像动态特效的操作方法。

素材文件	无
效果文件	无
视频文件	19.2.2 制作图像动态特效 .mp4

STEP 01 在视频轨中选择"焰火 1"素材文件，单击鼠标右键。弹出快捷菜单，选择"布局"命令，弹出"视频布局"对话框，单击上方的"2D 模式"按钮，如图 19-16 所示。

STEP 02 进入"2D 模式"编辑界面，❶在界面左下角依次选中"位置""伸展"复选框；❷单击右侧的"添加 / 删除关键帧"按钮；❸即可添加 2 个关键帧，如图 19-17 所示。

图 19-16 单击上方的"2D 模式"按钮

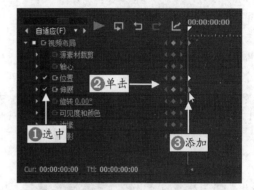

图 19-17 添加 2 个关键帧

STEP 03 ❶在"参数"面板的"位置"选项组中设置 X 为 -0.9%、Y 为 814.9%；❷在"拉伸"选项组中设置 X 为 157.1%、Y 为 1567.4px，如图 19-18 所示。

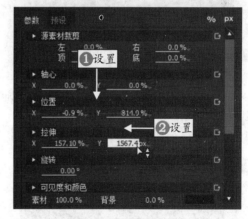

图 19-18 设置相应参数

STEP 04 在效果控制面板中，将时间线移至 00:00:00:20 位置，❶在"参数"面板的"位置"选项组中设置 X 为 27.2%、Y 为 5.7%；❷在"拉伸"选项组中设置 X 为 28.5%、Y 为 320.1px，如图 19-19 所示。

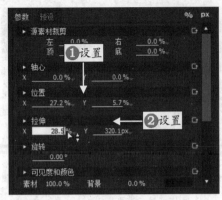

图 19-19　设置相应参数

STEP 05 即可在效果控制面板中的时间线位置，自动添加第 2 个关键帧，在效果控制面板中，将时间线移至 00:00:01:15 位置，❶在"参数"面板的"位置"选项组中设置 X 为 -1.8%、Y 为 21.2%；❷在"拉伸"选项组中设置 X 为 161.7%、Y 为 1613.7px，如图 19-20 所示。

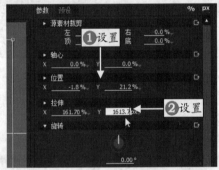

图 19-20　设置相应参数

STEP 06 即可在效果控制面板中的时间线位置，自动添加第 3 个关键帧，在效果控制面板中，将时间线移至 00:00:02:10 位置，在"参数"面板的"拉伸"选项组中，设置 X 为 166.3%、Y 为 1660.1px，如图 19-21 所示。

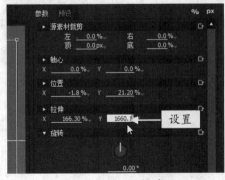

图 19-21　设置相应参数

STEP 07 即可在效果控制面板中的时间线位置，自动添加第 4 个关键帧，在效果控制面板中，将时间线移至 00:00:03:05 位置，在"参数"面板的"拉伸"选项组中，设置 X 为 184.5%、Y 为 1841.2px，如图 19-22 所示。

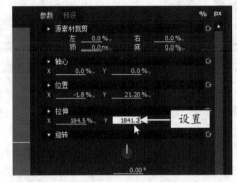

图 19-22　设置相应参数

STEP 08 即可在效果控制面板中的时间线位置，自动添加第 5 个关键帧，在效果控制面板中，将时间线移至 00:00:04:00 位置，在"参数"面板的"拉伸"选项组中，设置 X 为 204.3%、Y 为 2038.4px，如图 19-23 所示。

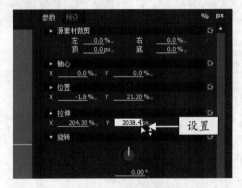

图 19-23　设置相应参数

STEP 09 单击"确定"按钮，返回 EDIUS 工作界面，在视频轨中选择"焰火 2"素材文件，用与上同样的方法，弹出"视频布局"对话框，单击上方的"2D 模式"按钮，进入"2D 模式"编辑界面，❶在界面左下角依次选中"位置""伸展"复选框，❷单击右侧的"添加 / 删除关键帧"按钮，❸即可添加 2 个关键帧，如图 19-24 所示。

STEP 10 在"参数"面板的"位置"选项组中，❶设置 X 为 0.4%、Y 为 7.4%；❷在"拉伸"选项组中设置 X 为 61.2%、Y 为 1268px，如图 19-25 所示。

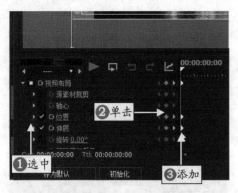

图 19-24　添加 2 个关键帧

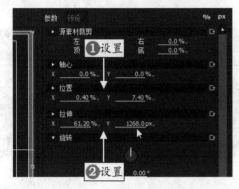

图 19-25　设置相应参数

STEP 11　在效果控制面板中，将时间线移至 00:00:00:15 的位置，在"参数"面板的"位置"选项组中，❶设置 X 为 -0.2%、Y 为 -8.5%；❷在"拉伸"选项组中设置 X 为 65.4%、Y 为 1356.3px，如图 19-26 所示。

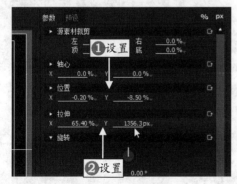

图 19-26　设置相应参数

STEP 12　即可在效果控制面板中的时间线位置，自动添加第 2 个关键帧，在效果控制面板中，将时间线移至 00:00:01:05 位置，❶在"参数"面板的"位置"选项组中设置 X 为 0.2%、Y 为 -5.6%；❷在"拉伸"选项组中设置 X 为 69.7%、Y 为 1444.6px，如

图 19-27 所示。

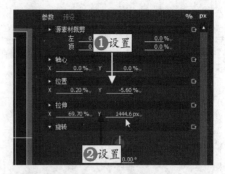

图 19-27　设置相应参数

STEP 13　即可在效果控制面板中的时间线位置，自动添加第 3 个关键帧，在效果控制面板中，将时间线移至 00:00:01:20 位置，❶在"参数"面板的"位置"选项组中设置 X 为 0.1%、Y 为 -2.6%；❷在"拉伸"选项组中设置 X 为 76%、Y 为 1575.0px，如图 19-28 所示。

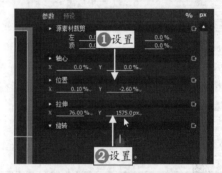

图 19-28　设置相应参数

STEP 14　即可在效果控制面板中的时间线位置，自动添加第 4 个关键帧，在效果控制面板中，将时间线移至 00:00:02:10 位置处，❶在"参数"面板的"位置"选项组中设置 X 为 -0.1%、Y 为 0.4%；❷在"拉伸"选项组中设置 X 为 84.3%、Y 为 1747.1px，如图 19-29 所示。

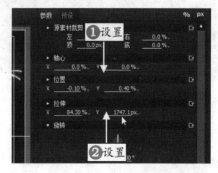

图 19-29　设置相应参数

STEP 15 即可在效果控制面板中的时间线位置，自动添加第 5 个关键帧，在效果控制面板中，将时间线移至 00:00:03:00 位置，在"参数"面板的"位置"选项组中，❶设置 X 为 -0.2%、Y 为 5.6%；❷在"拉伸"选项组中设置 X 为 93.3%、Y 为 1934.8px，如图 19-30 所示。

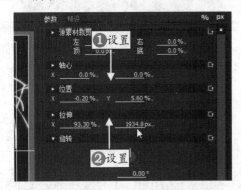

图 19-30　设置相应参数

STEP 16 即可在效果控制面板中的时间线位置，自动添加第 6 个关键帧，在效果控制面板中，将时间线移至 00:00:03:15 位置，在"参数"面板的"位置"选项组中，❶设置 X 为 0.4%、Y 为 24.4%；❷在"拉伸"选项组中设置 X 为 96.6%、Y 为 2002.6px，如图 19-31 所示。

STEP 17 即可在效果控制面板中的时间线位置，自动添加第 6 个关键帧，如图 19-32 所示。

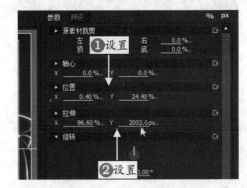

图 19-31　设置相应参数

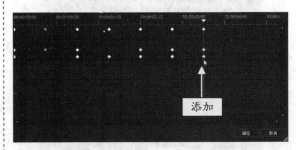

图 19-32　自动添加第 6 个关键帧

STEP 18 单击"确定"按钮，返回 EDIUS 工作界面，用与上同样的方法，将"焰火 3"视频素材在视频布局中制作相应的动画效果，单击"播放"按钮，预览制作的视频布局效果，如图 19-33 所示。

图 19-33　预览制作的视频布局效果

19.2.3　制作转场运动效果

在 EDIUS 中，可以在各素材之间添加转场效果，制作自然过渡效果。下面介绍制作转场运动效果的操作方法。

素材文件	无
效果文件	无
视频文件	19.2.3 制作转场运动效果 .mp4

STEP 01 展开特效面板，在特效面板的 CPU 素材库中，选择"单页翻入（显示背面）- 从左上"转场效果，按住鼠标左键并拖曳至视频轨中"焰火 1"与"焰火 2"之间，释放鼠标左键，即可在"焰火 1"与"焰火 2"素材之间添加"单页翻入（显示背面）- 从左上"转场效果，如图 19-34 所示。

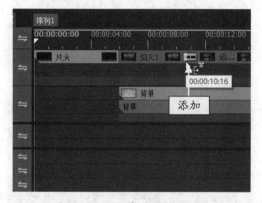

图 19-34　添加相应的转场效果

STEP 02 用与上同样的方法在视频轨中"焰火 2"与"焰火 3"素材之间添加"单页翻入（显示背面）- 从左上"转场效果，展开"信息"面板可以查看到添加的"单页翻入（显示背面）- 从左上"转场效果，如图 19-35 所示。

图 19-35　查看添加的转场效果

STEP 03 将时间线移至素材的开始位置，单击录制窗口下方的"播放"按钮，预览各焰火素材之间的转场特效，如图 19-36 所示。

图 19-36　预览各焰火素材之间的转场特效

▶ 专家指点

　　在 EDIUS 中添加 GPU 素材库中所有的"单页"转场特效，在"信息"面板都会显示"翻转"两字。

19.2.4　制作画面叠加效果

　　在 EDIUS 中，用户可以运用"视频布局"功能，首先制作画面的动态效果，然后再添加一次视频素材制作出非常精彩的覆叠动画效果。下面介绍制作画面叠加效果的操作方法。

素材文件	无
效果文件	无
视频文件	19.2.4 制作画面叠加效果 .mp4

STEP 01 在 2V 视频轨上单击鼠标右键，在弹出的快捷菜单中选择"添加"|"在上方添加视频轨道"命令，如图 19-37 所示。

图 19-37　选择相应命令

STEP 02 ❶弹出"添加轨道"对话框；❷在其中设置"数量"为 1，如图 19-38 所示。

STEP 03 单击"确定"按钮，即可在时间线面板中新增 1 条视频轨道，如图 19-39 所示。

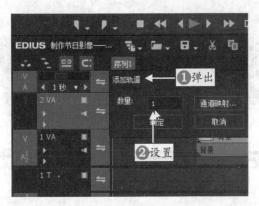

图 19-38　设置"数量"参数

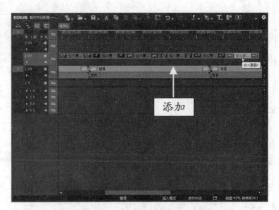

图 19-41　按顺序添加相应素材

图 19-39　新增 1 条视频轨道

STEP 04 在"素材库"面板中，选择"焰火覆盖 1"素材，按住鼠标左键并拖曳至 2V 视频轨中"焰火 3"素材的结尾处，释放鼠标左键，在 2V 视频轨中添加"焰火覆盖 1"素材，如图 19-40 所示。

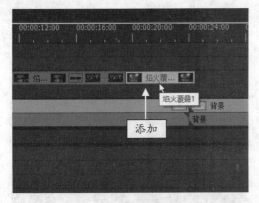

图 19-40　添加"焰火覆盖 1"素材

STEP 05 用与上同样的方法将其他焰火覆盖素材按顺序添加至 2V 视频轨道中，如图 19-41 所示。

STEP 06 在时间线面板中，将时间线移至 00:00:19:12 位置，如图 19-42 所示。

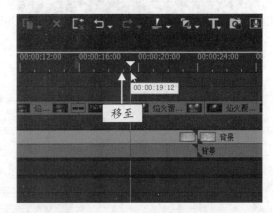

图 19-42　将时间线移至相应位置

STEP 07 将素材库面板中的"焰火覆盖 1"素材文件拖曳至 3V 视频轨中的时间线位置，如图 19-43 所示。

图 19-43　拖曳至 3V 视频轨中的时间线位置

STEP 08 用与上同样的方法将其他焰火覆盖素材按顺序添加至 3V 视频轨道中，如图 19-44 所示。

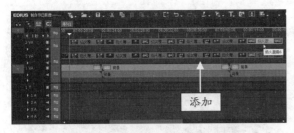

图 19-44　添加至 3V 视频轨道中

STEP 09 在 2V 视频轨中选择"焰火覆盖 1"素材文件，单击鼠标右键，弹出快捷菜单，选择"布局"命令，弹出"视频布局"对话框，进入"2D 模式"编辑界面，❶在界面左下角依次选中"位置""伸展""可见度和颜色"复选框，❷单击右侧的"添加 / 删除关键帧"按钮，❸即可添加 3 个关键帧，如图 19-45 所示。

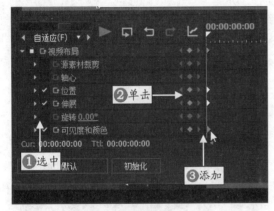

图 19-45　添加 3 个关键帧

STEP 10 在"参数"面板的"位置"选项组中，❶设置 X 为 -72.4%、Y 为 2%；❷在"拉伸"选项组中设置 X 为 21.6%、Y 为 534.8px，如图 19-46 所示。

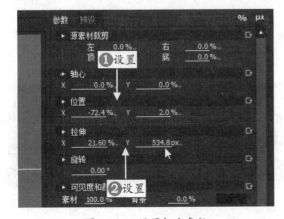

图 19-46　设置相应参数

STEP 11 在效果控制面板中，将时间线移至 00:00:1:02 位置，在"参数"面板的"位置"选项组中，❶设置 X 为 0.3%、Y 为 2%；❷在"拉伸"选项组中设置 X 为 21.6%、Y 为 534.8px，如图 19-47 所示。

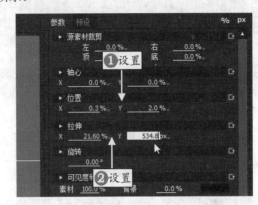

图 19-47　设置相应参数

STEP 12 在效果控制面板中的时间线位置，自动添加第 2 个关键帧，在效果控制面板中，将时间线移至 00:00:03:19 位置，❶在界面左下角依次选中"位置""伸展""可见度和颜色"复选框，❷单击右侧的"添加 / 删除关键帧"按钮，❸即可添加 3 个关键帧，如图 19-48 所示。

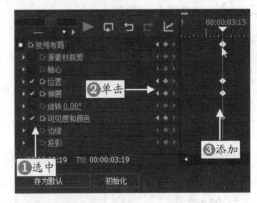

图 19-48　添加 3 个关键帧

STEP 13 在效果控制面板中，将时间线移至 00:00:5:00 位置，在"参数"面板的"位置"选项组中，设置 X 为 73%、Y 为 2%；在"拉伸"选项组中，设置 X 为 21.6%、Y 为 534.8px，即可自动添加第 4 个关键帧，如图 19-49 所示。

STEP 14 单击"确定"按钮，返回 EDIUS 工作界面，在 2V 视频轨中选择"焰火覆盖 2"视频素材，用与上同样的方法，弹出"视频布局"对话框，进入

"2D 模式"编辑界面，❶在界面左下角依次选中"位置""伸展""可见度和颜色"复选框，❷单击右侧的"添加 / 删除关键帧"按钮，❸即可添加 3 个关键帧，如图 19-50 所示。

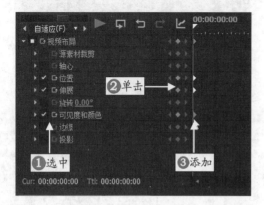

图 19-49　自动添加第 4 个关键帧

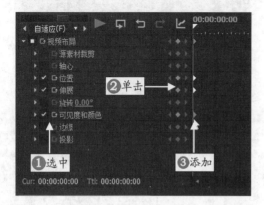

图 19-50　添加 3 个关键帧

STEP 15 在"参数"面板的"位置"选项组中，❶设置 X 为 71.8%、Y 为 2%；❷在"拉伸"选项组中设置 X 为 21.6%、Y 为 534.8px，如图 19-51 所示。

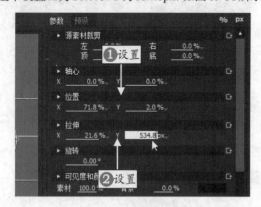

图 19-51　设置相应参数

STEP 16 在效果控制面板中，将时间线移至 00:00:1:02 位置，在"参数"面板的"位置"选项组中，❶设置 X 为 0.3%、Y 为 2%；❷在"拉伸"选项组中设置 X 为 21.6%、Y 为 534.8px，如图 19-52 所示。

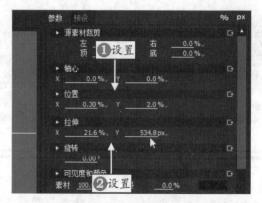

图 19-52　设置相应参数

STEP 17 在效果控制面板中的时间线位置，自动添加第 2 个关键帧，在效果控制面板中，将时间线移至 00:00:03:19 位置，❶在界面左下角依次选中"位置""伸展""可见度和颜色"复选框，❷单击右侧的"添加 / 删除关键帧"按钮，❸即可添加 3 个关键帧，如图 19-53 所示。

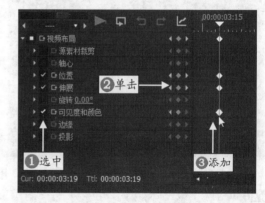

图 19-53　添加 3 个关键帧

STEP 18 在效果控制面板中，将时间线移至 00:00:5:00 位置，在"参数"面板的"位置"选项组中，设置 X 为 -71.8%、Y 为 2%；在"拉伸"选项组中，设置 X 为 21.6%、Y 为 534.8px，即可自动添加第 4 个关键帧，如图 19-54 所示。

图 19-54　自动添加第 4 个关键帧

STEP 19 单击"确定"按钮，返回 EDIUS 工作界面,在 2V 视频轨中选择"焰火覆盖 1"素材文件,单击鼠标右键,弹出快捷菜单,选择"复制"命令,即可复制"焰火覆盖 1"素材文件,如图 19-55 所示。

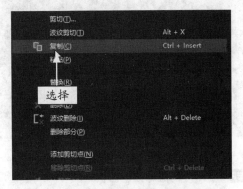

图 19-55 选择"复制"命令

STEP 20 在 2V 视频轨中选择"焰火覆盖 3"素材文件,单击鼠标右键,弹出快捷菜单,选择"替换"|"滤镜"命令,如图 19-56 所示。

图 19-56 选择相应命令

STEP 21 执行操作后,即可将 2V 视频轨中的"焰火覆盖 3"素材文件滤镜效果替换为 2V 视频轨中的"焰火覆盖 1"素材文件效果,继续在 2V 视频轨中选择"焰火覆盖 5"素材文件,单击鼠标右键,弹出快捷菜单,选择"替换"|"滤镜"命令,即可将 2V 视频轨中的"焰火覆盖 5"素材文件滤镜效果替换为 2V 视频轨中的"焰火覆盖 1"素材文件效果,如图 19-57 所示。

STEP 22 用与上同样的方法将 2V 视频轨中的"焰火覆盖 4""焰火覆盖 6"素材文件滤镜效果替换为 2V 视频轨中的"焰火覆盖 2"素材文件效果,选择 3V 视频轨中的"焰火覆盖 1"素材文件,如图 19-58 所示。

图 19-57 替换相应素材文件

图 19-58 选择相应素材文件

STEP 23 用与上同样的方法弹出"视频布局"对话框,单击上方的"3D 模式"按钮,进入"3D 模式"编辑界面,❶在界面左下角依次选中"位置""伸展""旋转""可见度和颜色""边缘"复选框,❷单击右侧的"添加 / 删除关键帧"按钮,❸即可添加 5 个关键帧,如图 19-59 所示。

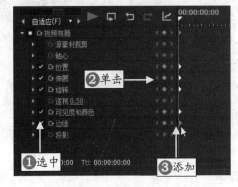

图 19-59 添加 5 个关键帧

STEP 24 ❶在"参数"面板的"位置"选项组中设置 X 为 12.8%、Y 为 -0.1%;在"拉伸"选项组中,设置 X 为 36.5%、Y 为 906.3px;❷在"旋转"选项组中设置 Y 为 40°;❸在"可见度和颜色"选项组中设置"素材"为0%；在"边缘"选项组中选中"柔边"复选框并设置参数为30px，如图19-60所示。

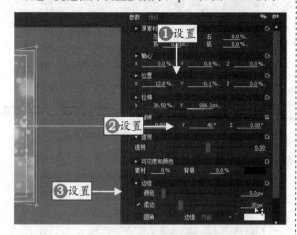

图 19-60　设置相应参数

STEP 25 在效果控制面板中，将时间线移至00:00:1:07位置，❶在"参数"面板的"位置"选项组中设置X为25.1%、Y为-0.7%；在"拉伸"选项组中，设置X为33%、Y为819.2px；❷在"旋转"选项组中设置Y为70°；❸在"可见度和颜色"选项组中设置"素材"为40%，在"边缘"选项组中选中"柔边"复选框并设置参数为30px，如图19-61所示。

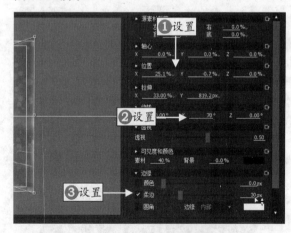

图 19-61　设置相应参数

STEP 26 在效果控制面板中的时间线位置，自动添加第2个关键帧，在效果控制面板中，将时间线移至00:00:02:15位置，❶在"参数"面板的"位置"选项组中设置X为-14%、Y为-0.9%；❷在"旋转"选项组中设置Y为-34.2；❸在"可见度和颜色"选项组中设置"素材"为25.8%，如图19-62所示。

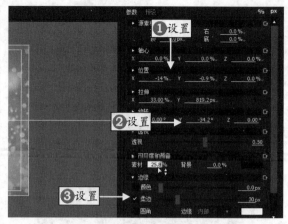

图 19-62　设置相应参数

STEP 27 即可在效果控制面板中的时间线位置，自动添加第3个关键帧，在效果控制面板中，将时间线移至00:00:03:24位置，在"参数"面板的"位置"选项组中，❶设置X为-23.8%、Y为0.1%；❷在"旋转"选项组中设置Y为-70°；❸在"可见度和颜色"选项组中设置"素材"为11.2%，如图19-63所示。

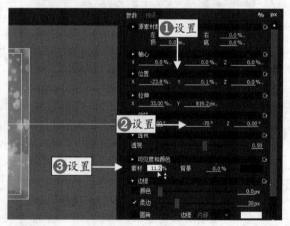

图 19-63　设置相应参数

STEP 28 即可在效果控制面板中的时间线位置，自动添加第4个关键帧，在效果控制面板中，将时间线移至00:00:05:00位置，在"参数"面板的"可见度和颜色"选项组中设置"素材"为0%，如图19-64所示。

STEP 29 即可在效果控制面板中的时间线位置，自动添加第5个关键帧，如图19-65所示。

STEP 30 单击"确定"按钮，返回EDIUS工作界面，用与上同样的方法，复制3V视频轨中的"焰火覆盖1"素材文件，将"焰火覆盖1"素材文件滤镜效果替换为 3V 视频轨中所有的素材文件滤镜效果，单击"播放"按钮，预览制作的画面叠加效果，如图 19-66 所示。

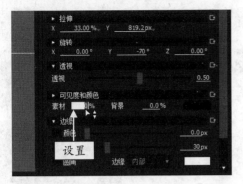

图 19-64 设置相应参数

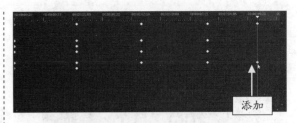

图 19-65 自动添加第 5 个关键帧

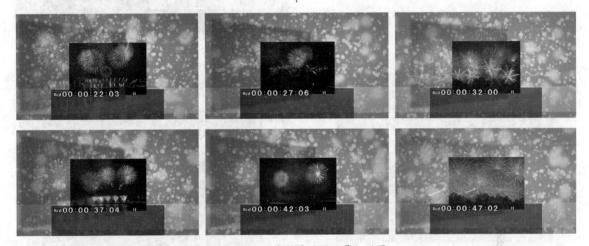

图 19-66 预览制作的画面叠加效果

19.2.5 制作烟火文字效果

在 EDIUS 中，用户可以在视频中添加字幕，可以更好地传达创作理念以及需要表达的情感。下面介绍制作烟火文字效果的操作方法。

素材文件	无
效果文件	效果 \ "第 19 章"文件夹
视频文件	19.2.5 制作烟火文字效果 .mp4

STEP 01 在时间线面板中，将时间线移至轨道中的 00:00:00:24 位置，如图 19-67 所示。

STEP 02 在轨道面板上方，单击"创建字幕"按钮，在弹出的下拉列表中选择"在 1T 轨道上创建字幕"选项，打开字幕窗口，在左侧的工具箱中，选取横向文本工具，在预览窗口中的适当位置，双击鼠标

左键，定位光标位置，然后输入相应文本内容，如图 19-68 所示。

图 19-67 将时间线移至轨道中的相应位置

图 19-68　输入相应文本内容

STEP 03 在"文本属性"面板中，❶在"变换"选项组中设置 X 为 338、Y 为 371、"宽度"为 1232、"高度"为 226；❷在"字体"选项组中设置"字体"为"长城行"、"字号"为 150，并单击"加粗"按钮，如图 19-69 所示。

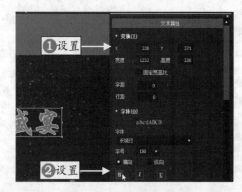

图 19-69　设置相应参数

STEP 04 在"填充颜色"选项组中，设置"颜色"为 1，单击下方第 1 个色块，弹出"色彩选择 -709"对话框，在其中选择第 3 排第 1 个色块，如图 19-70 所示，设置完成后，单击"确定"按钮。

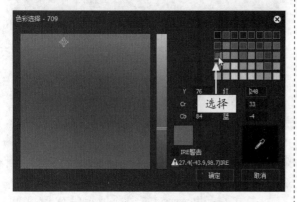

图 19-70　单击第 3 排第 1 个色块

STEP 05 在"文本属性"面板中，选中"阴影"复选框，设置"实边宽度"为 5，单击下方第 1 个色块，弹出"色彩选择 -709"对话框，在其中选择最后 1 个色块，如图 19-71 所示，设置完成后，单击"确定"按钮。

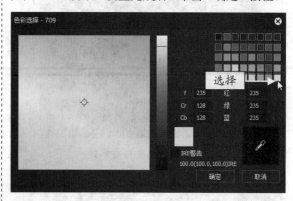

图 19-71　选择最后 1 个色块

STEP 06 在下方设置"横向"为 11、"纵向"为 11，如图 19-72 所示。

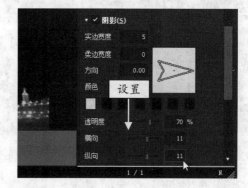

图 19-72　设置相应参数

STEP 07 设置完成后，选择"文件"|"另存为"命令，弹出"另存为"对话框，选择字幕保存路径以及输入相应的字幕名称，如图 19-73 所示。

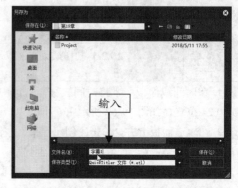

图 19-73　设置保存路径和字幕名称

STEP 08 单击"保存"按钮，即可将字幕保存在相应位置，返回 EDIUS 界面，展开"特效"面板，在"飞入 A"特效组中，选择"向下飞入 A"运动效果，按住鼠标左键并拖曳至 1T 字幕轨道中的"字幕 1"素材文件的淡入位置，释放鼠标左键，即可在"字幕 1"素材文件的淡入位置添加"向下飞入 A"特效，在"信息"面板中，可以查看更改的字幕特效，如图 19-74 所示。

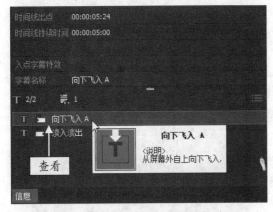

图 19-74　查看更改的字幕特效

STEP 09 将时间线移至 00:00:00:24 位置，在 1T 字幕轨道中，在字幕淡入位置上，单击鼠标右键，在弹出的快捷菜单中选择"持续时间"|"入点"命令，❶弹出"持续时间"对话框；❷在其中设置字幕入点特效的"持续时间"为 00:00:02:00，如图 19-75 所示。

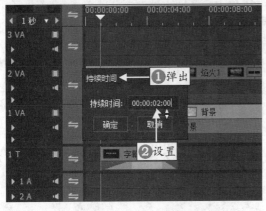

图 19-75　设置相应参数

STEP 10 单击"确定"按钮，即可更改字幕入点特效的持续时间长度，如图 19-76 所示。

STEP 11 单击录制窗口下方的"播放"按钮，预览字幕 1 的运动效果，如图 19-77 所示。

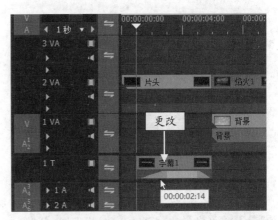

图 19-76　更改字幕入点特效的持续时间长度

图 19-77　预览字幕 1 的运动效果

STEP 12 将时间线移至 00:00:19:12 位置，用与上同样的方法打开字幕窗口，在左侧的工具箱中，选取横向文本工具，在预览窗口中的适当位置，双击鼠标左键，定位光标位置，然后输入相应文本内容，如图 19-78 所示。

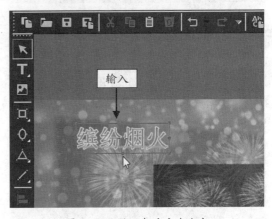

图 19-78　输入相应文本内容

STEP 13 在"文本属性"面板中，❶在"变换"选项组中设置 X 为 248、Y 为 240、"宽度"为 164、"高度"为 649、"字距"为 50；❷在"字体"选项组中设置"字体"为"长城行"、"字号"为 100、选中"纵向"单选按钮、单击"加粗"按钮，如图 19-79 所示。

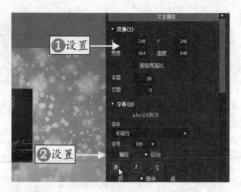

图 19-79 设置文本属性

STEP 14 在"填充颜色"选项组中，设置"颜色"为1，单击下方第 1 个色块，弹出"色彩选择 -709"对话框，在其中选择第 3 排第 1 个色块，如图 19-80 所示，设置完成后，单击"确定"按钮。

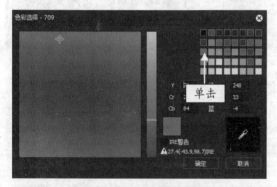

图 19-80 选择相应色块

STEP 15 在"文本属性"面板中，选中"阴影"复选框，单击下方第 1 个色块，弹出"色彩选择 -709"对话框，在其中选择最后 1 个色块，如图 19-81 所示，设置完成后，单击"确定"按钮。

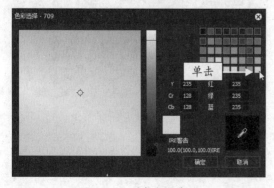

图 19-81 选择相应色块

STEP 16 ❶在下方设置"实边宽度"为 5；❷设置"横向"为 11，如图 19-82 所示。

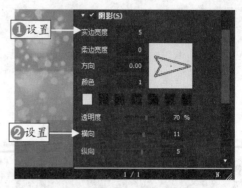

图 19-82 设置相应参数

STEP 17 设置完成后，用与上同样的方法将字幕保存在相应位置，返回 EDIUS 界面，即可查看视频轨中的字幕文件，如图 19-83 所示。

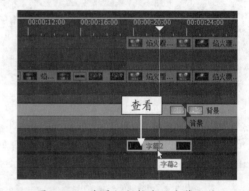

图 19-83 查看视频轨中的字幕文件

STEP 18 用与上同样的方法制作其他字幕文件并保存在相应位置。字幕制作完成后，单击录制窗口下方的"播放"按钮，预览制作的字幕特效，如图 19-84 所示。

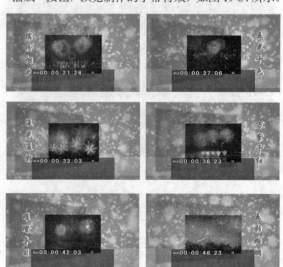

图 19-84 预览制作的字幕特效

19.3　后期编辑与输出

在 EDIUS 中，编辑完视频效果后，接下来需要对视频进行后期编辑与输出，使制作的视频效果更加完美。下面介绍后期编辑与输出的操作方法。

19.3.1　制作视频背景音乐

在制作视频时，背景音乐是视频制作的点睛之笔，一首合拍的视频背景音乐能够给视频带来不一样的效果。下面介绍制作视频背景音乐的操作方法。

素材文件	无	
效果文件	无	
视频文件	19.3.1　制作视频背景音乐.mp4	

STEP 01 在时间线面板中，将时间线移至轨道中的开始位置，如图 19-85 所示。

图 19-85　移至轨道中的开始位置

STEP 02 在素材库面板中，选择"音乐"素材文件，如图 19-86 所示。

图 19-86　选择"音乐"素材文件

STEP 03 按住鼠标左键并拖曳至 1A 音频轨道中的开始位置，即可添加音频素材，如图 19-87 所示。

图 19-87　添加音频素材

STEP 04 在时间线面板中，将时间线移至 00:00:49:12 位置，如图 19-88 所示。

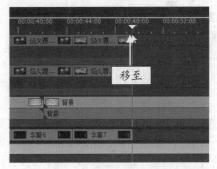

图 19-88　移至相应的位置

STEP 05 按 C 键，对 1A 音频轨道中的音频素材进行分割操作，选择分割后的第 2 段音频素材，如图 19-89 所示。

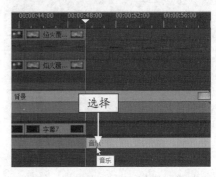

图 19-89　选择分割后的第 2 段音频素材

STEP 06 按 Delete 键，对第 2 段音频素材进行删除操作，用与上同样的方法对 1V 视频轨中的第 3 段背景素材进行分割与删除操作，如图 19-90 所示。

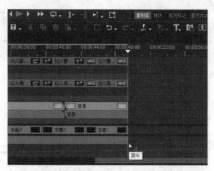

图 19-90　对音频素材进行删除操作

19.3.2　渲染输出视频文件

　　对视频文件进行音频特效的应用后，接下来用户可以根据需要将视频文件进行输出操作，将美好的回忆永久保存。下面向读者介绍渲染输出视频文件的操作方法。

素材文件	无
效果文件	效果 \ 第 19 章 \ 制作节日影像——新春烟火盛宴 .avi
视频文件	19.3.2　渲染输出视频文件 .mp4

STEP 01 在录制窗口下方，单击"输出"按钮，在弹出的列表框中选择"输出到文件"选项，弹出"输出到文件"对话框，在左侧窗格中选择 AVI 选项，如图 19-91 所示。

图 19-91　选择 AVI 选项

STEP 02 执行上一步操作后，在右侧展开的选项组中选择"Grass Valley HQX（Alpha）标准"选项，如图 19-92 所示。

STEP 03 单击下方的"输出"按钮，弹出 Grass Valley HQX AVI 对话框，在其中设置"文件名"为"制作节日影像——新春烟火盛宴"，并设置视频的保存类型为 AVI，如图 19-93 所示。

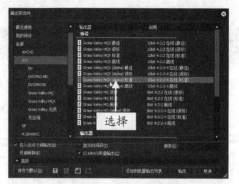

图 19-92　选择相应选项

图 19-93　设置视频的名称和保存类型

STEP 04 单击"保存"按钮，执行操作后，❶弹出"渲染"对话框；❷开始输出 AVI 视频文件，并显示输出进度，如图 19-94 所示。

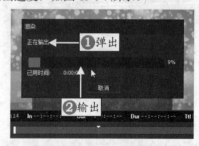

图 19-94　显示输出进度

STEP 05 稍等片刻，待视频文件输出完成后，在"素材库"面板中，即可显示输出的 AVI 视频文件，如图 19-95 所示。

图 19-95　显示输出的 AVI 视频文件

第20章

制作婚纱视频——执子之手

章前知识导读

　　爱情是人与人之间强烈的依恋、亲近、向往，以及无私专一并且无所不尽其心的情感。当爱情上升到一定程度后，相爱的两个人会步入婚姻殿堂。本章主要向读者介绍制作婚纱视频的操作方法。希望读者能够熟练掌握本章的内容。

新手重点索引

- 导入婚纱视频素材
- 制作视频画中画特效
- 制作视频字幕运动特效

- 制作婚纱视频片头画面
- 添加视频转场特效

效果图片欣赏

20.1 效果欣赏

在制作婚纱视频之前，首先带领读者预览《执子之手》视频的画面效果，并掌握项目技术提炼等内容。这样可以帮助读者更好地学习婚纱视频的制作方法。

20.1.1 效果赏析

本实例介绍《制作婚纱视频——执子之手》，效果如图 20-1 所示。

图 20-1　效果欣赏

20.1.2 技术提炼

首先进入 EDIUS 9 工作界面，在"素材库"面板中导入婚纱视频素材，在视频轨中的开始位置制作婚纱视频片头画面；然后将导入的婚纱视频素材添加至视频轨道中，通过"视频布局"对话框，制作婚纱视频画中画特效，在视频中添加转场特效使画面更有衔接性；接着在轨道面板中添加多条字幕轨道并制作多段字幕运动特效；最后添加背景音乐，输出视频。

20.2 视频制作过程

本节主要向读者介绍婚纱视频的制作过程，主要包括导入婚纱视频素材、制作婚纱视频片头画面、制作视频画中画特效、添加视频转场特效、制作视频字幕运动特效等内容。希望读者可以熟练掌握。

20.2.1 导入婚纱视频素材

在制作婚纱视频之前，首先需要将婚纱视频素材导入至 EDIUS 工作界面中。下面向读者介绍导入婚纱视频素材的操作方法。

素材文件	素材\"第 20 章"文件夹	
效果文件	无	
视频文件	20.2.1 导入婚纱视频素材.mp4	

STEP 01 打开 EDIUS 软件，新建一个工程文件，进入 EDIUS 工作界面，在菜单栏中选择"视图"|"素材库"命令，展开"素材库"面板，如图 20-2 所示。

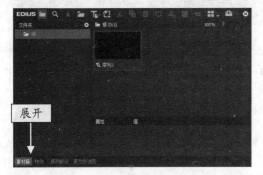

图 20-2 展开"素材库"面板

STEP 02 在素材库的空白位置上，单击鼠标右键，在弹出的快捷菜单中选择"添加文件"命令，弹出"打开"对话框，选择相应的文件夹在其中按住 Ctrl 键的同时，选择需要导入的多个视频素材，如图 20-3 所示。

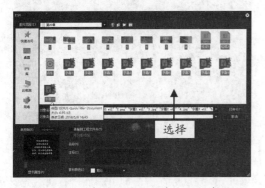

图 20-3 选择需要导入的多个视频素材

STEP 03 选择素材文件后，单击"打开"按钮，即可将视频素材导入至"素材库"面板中，如图 20-4 所示，完成素材的导入操作。

图 20-4 导入至"素材库"面板中

20.2.2 制作婚纱视频片头画面

将婚纱视频所有的素材导入到"素材库"面板后，接下来需要在轨道面板中制作婚纱片头画面。制作片头对一个视频来说是非常重要的一个步骤，片头的美观性直接影响到视频给人的第一感觉。下面向读者介绍制作婚纱视频片头画面的操作方法。

素材文件	无
效果文件	无
视频文件	20.2.2 制作婚纱视频片头画面 .mp4

STEP 01 在"素材库"面板中，选择"视频 1"视频素材，如图 20-5 所示。

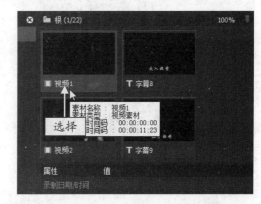

图 20-5 选择"视频 1"视频素材

STEP 02 在视频素材上，按住鼠标左键并拖曳至视频轨中的开始位置，此时用虚线表示视频将要摆放的位置，如图 20-6 所示。

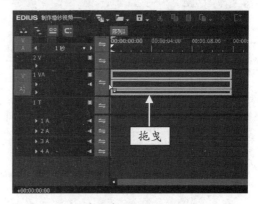

图 20-6 用虚线表示视频将要摆放的位置

STEP 03 释放鼠标左键，将"视频 1"素材添加至视频轨中，如图 20-7 所示。

图 20-7　将"视频 1"素材添加至视频轨中

STEP 04 将时间线移至视频轨中的 00:00:02:12 位置处，如图 20-8 所示。

图 20-8　移至相应位置处

STEP 05 在"素材库"面板中，选择"字幕 1"视频素材，按住鼠标左键将素材拖曳至 1T 字幕轨道的 00:00:02:12 位置，即可添加字幕 1，如图 20-9 所示。

图 20-9　添加字幕 1

STEP 06 在 1T 字幕轨道中选择"字幕 1"，单击鼠标右键，弹出快捷菜单，选择"持续时间"命令，弹出"持续时间"对话框，在其中设置"持续时间"

为 00:00:09:10，如图 20-10 所示。

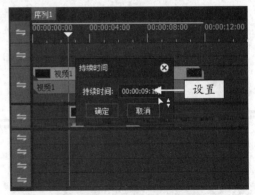

图 20-10　设置相应参数

STEP 07 单击"确定"按钮，即可设置字幕的长度，展开"特效"面板，在"激光"特效组中，选择"右面激光"运动效果，按住鼠标左键并拖曳至 1T 字幕轨道中的字幕文件的淡入位置，如图 20-11 所示。

图 20-11　拖曳至相应位置

STEP 08 释放鼠标左键，即可添加"右面激光"特效，在"信息"面板中，可以查看到两种字幕特效，如图 20-12 所示。

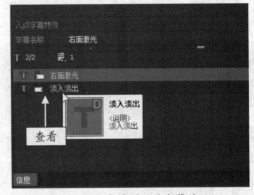

图 20-12　查看到两种字幕特效

STEP 09 ❶将时间线移至 00:00:05:09 位置；❷在 1T 字幕轨道中通过鼠标拖曳的方式调整下面激光特效播放时的区间长度，如图 20-13 所示。

图 20-13　调整相应的区间长度

STEP 10 将时间线移至视频轨的开始位置，单击录制窗口下方的"播放"按钮，预览制作的婚纱视频片头画面，效果如图 20-14 所示。

图 20-14　预览制作的婚纱视频片头画面

20.2.3　制作视频画中画特效

在 EDIUS 中，用户可以通过"手绘遮罩"滤镜与视频布局制作婚纱视频的画中画特效。下面介绍制作视频画中画特效的操作方法。

素材文件	无
效果文件	无
视频文件	20.2.3　制作视频画中画特效 .mp4

STEP 01 在"素材库"面板中，选择"视频 2"视频素材，按住鼠标左键并拖曳至视频轨中"视频 1"素材的结尾处，将两段素材相接，如图 20-15 所示。

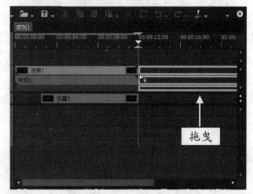

图 20-15　将两段素材相接

STEP 02 释放鼠标左键，即可在视频轨中添加"视频 2"素材，如图 20-16 所示。

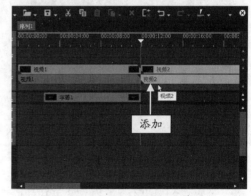

图 20-16　添加"视频 2"素材

STEP 03 在素材面板中依次将"1、2、3、4、5、6、7、8"素材拖曳至视频轨中，即可添加 8 张视频素材，如图 20-17 所示。

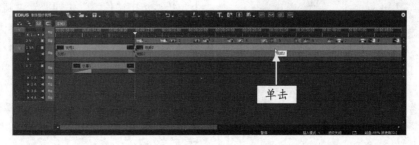

图 20-17　添加 8 张视频素材

STEP 04 切换至"特效"面板，展开"视频滤镜"特效组，在其中选择"手绘遮罩"滤镜效果，将其拖曳至 2V 视频轨中的"1"文件上，释放鼠标左键，添加"手绘遮罩"滤镜效果，在"信息"面板中，查看添加的"手绘遮罩"滤镜效果，如图 20-18 所示。

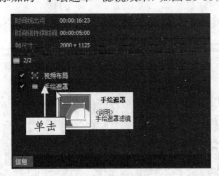

图 20-18　查看添加的"手绘遮罩"滤镜效果

STEP 05 在"手绘遮罩"滤镜效果上，单击鼠标右键，在弹出的快捷菜单中选择"打开设置对话框"命令，弹出"手绘遮罩"对话框，单击上方的"绘制椭圆"按钮，如图 20-19 所示。

图 20-19　单击上方的"绘制椭圆"按钮

STEP 06 在预览窗口中的适当位置，按住鼠标左键并拖曳，绘制一个椭圆路径，并调整至相应的位置，如图 20-20 所示。

图 20-20　绘制椭圆路径

STEP 07 在"内部"选项组中，❶设置"可见度"为 80%、"强度"为 50%；❷在"外部"选项组中设置"可见度"为 20%；❸在"边缘"选项组中，选中"柔化"复选框，设置"宽度"为 100px、"方向"为"外部"，如图 20-21 所示，设置椭圆路径的参数。

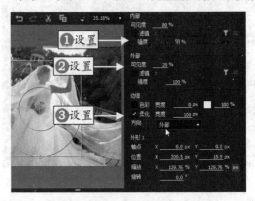

图 20-21　设置椭圆路径的参数

STEP 08 单击"确定"按钮，返回 EDIUS 工作界面，在"信息"面板中的"视频布局"选项上，单击鼠标右键，在弹出的快捷菜单中选择"打开设置对话框"命令，弹出"视频布局"对话框，单击上方的"3D模式"按钮，如图 20-22 所示。

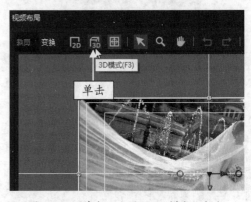

图 20-22　单击上方的"3D 模式"按钮

STEP 09 进入"3D 模式"编辑界面，❶在界面左下角依次选中"位置""伸展""旋转"复选框；❷单击右侧的"添加/删除关键帧"按钮；❸即可添加 3 个关键帧，效果如图 20-23 所示。

STEP 10 ❶在"参数"面板的"轴心"选项组中设置 X 为 20%、Y 为 30%、Z 为 40%；在"位置"选项组中，设置 X 为 616.3px、Y 为 22.1px；在"拉伸"选项组中，设置 X 为 569.1px、Y 为 320.1px；❷在"旋转"选项组中设置 Z 为 -29.9°，如

图 20-24 所示。

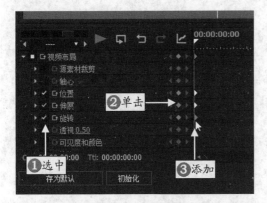

图 20-23　添加 3 个关键帧

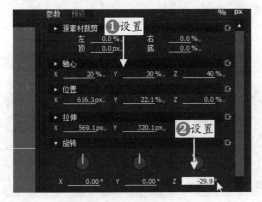

图 20-24　设置相应参数

STEP 11 在效果控制面板中，将时间线移至 00:00:00:20 位置，在"参数"面板的"位置"选项组中，❶设置 X 为 27.2%、Y 为 5.7%；在"拉伸"选项组中，设置 X 为 28.5%、Y 为 320.1px；❷在"旋转"选项组中设置 Z 为 -29.9°，如图 20-25 所示。

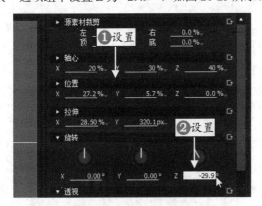

图 20-25　设置相应参数

STEP 12 在效果控制面板中的时间线位置，自动添加第 2 个关键帧，在效果控制面板中，将时间线移

至 00:00:01:15 位置，❶在"参数"面板的"位置"选项组中设置 X 为 21.4%、Y 为 6.3%；❷在"拉伸"选项组中设置 X 为 51%、Y 为 573.6px；❸在"旋转"选项组中设置 Z 为 -12.2°，如图 20-26 所示。

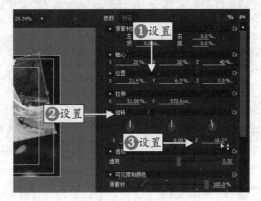

图 20-26　设置相应参数

STEP 13 即可在效果控制面板中的时间线位置，自动添加第 3 个关键帧，在效果控制面板中，将时间线移至 00:00:02:10 位置，❶在"参数"面板的"位置"选项组中，设置 X 为 15.1%、Y 为 21%；❷在"拉伸"选项组中设置 X 为 62%、Y 为 697.8px；❸在"旋转"选项组中设置 Z 为 -0.5°，如图 20-27 所示。

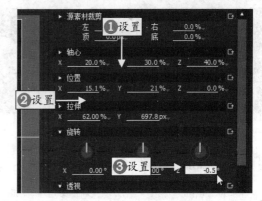

图 20-27　设置相应参数

STEP 14 即可在效果控制面板中的时间线位置，自动添加第 4 个关键帧，在效果控制面板中，将时间线移至 00:00:03:05 位置，在"参数"面板的"轴心"选项组中设置 X 为 20%、Y 为 30%、Z 为 40%；在"位置"选项组中，设置 X 为 17%、Y 为 24.1%；在"拉伸"选项组中，设置 X 为 77.6%、Y 为 873.5px；在"旋转"选项组中设置 Z 为 -0.5，即可在效果控制面板中的时间线位置，自动添加第 5 个关键帧，如图 20-28 所示。

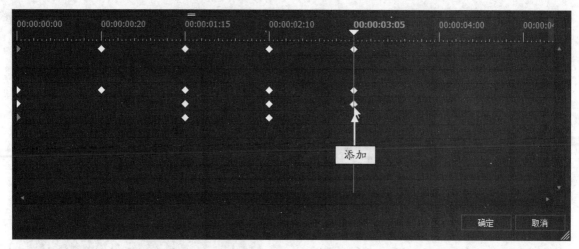

图 20-28　自动添加第 5 个关键帧

STEP 15　单击"确定"按钮，返回 EDIUS 工作界面，用与上同样的方法，将"2、3、4、5、6、7、8"视频素材上添加"手绘遮罩"滤镜效果并在视频布局中制作相应的动画效果，单击"播放"按钮，预览制作的视频遮罩效果，如图 20-29 所示。

图 20-29　预览制作的视频遮罩效果

20.2.4　添加视频转场特效

制作视频的过程中，用户可以在视频中添加漂亮的转场效果，达到美化视频的目的。下面向读者介绍添加视频转场特效的操作方法。

素材文件	无
效果文件	无
视频文件	20.2.4　添加视频转场特效.mp4

STEP 01　展开特效面板，在特效面板的 3D 素材库中，选择"单门"转场效果，按住鼠标左键并拖曳至视频轨中的素材 1、2 之间，释放鼠标左键，

即可在素材 1、2 之间添加"单门"转场效果，如图 20-30 所示。

图 20-30　添加相应的转场效果

STEP 02 单击录制窗口下方的"播放"按钮，预览添加的视频转场效果，如图 20-31 所示。

图 20-31　预览添加的转场效果

STEP 03 在特效面板的 3D 素材库中，选择"四页"转场效果，按住鼠标左键并拖曳至视频轨中的素材 2、3 之间，释放鼠标左键，即可在素材 2、3 之间添加"四页"转场效果，如图 20-32 所示。

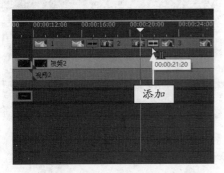

图 20-32　添加"四页"转场效果

STEP 04 单击录制窗口下方的"播放"按钮，预览添加的视频转场效果，如图 20-33 所示。

图 20-33　预览添加的视频转场效果

STEP 05 在特效面板的 3D 素材库中，选择"3D 溶化"转场效果，按住鼠标左键并拖曳至视频轨中的素材 3、4 之间，释放鼠标左键，在素材 3、4 之间添加"3D 溶化"转场效果，展开"信息"面板可以查看到添加的"3D 溶化"转场效果，如图 20-34 所示。

STEP 06 单击录制窗口下方的"播放"按钮，预览添加的视频转场效果，如图 20-35 所示。

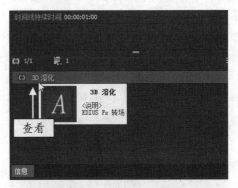

图 20-34　查看添加的"3D 溶化"转场效果

图 20-35　预览添加的视频转场效果

STEP 07 用与上同样的方法在视频轨中的素材 4、5 之间添加"立方体旋转"转场效果，展开"信息"面板可以查看到添加的"立方体旋转"转场效果，如图 20-36 所示。

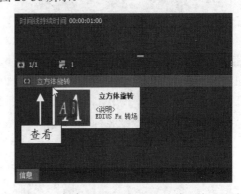

图 20-36　查看添加的"立方体旋转"转场效果

STEP 08 单击录制窗口下方的"播放"按钮，预览添加的视频转场效果，如图 20-37 所示。

图 20-37　预览添加的视频转场效果

STEP 09 用与上同样的方法在视频轨中的素材 5、6 之间添加"卷页"转场效果，展开"信息"面板可以查看添加的"卷页"转场效果，如图 20-38 所示。

图 20-38 查看添加的"卷页"转场效果

STEP 10 单击录制窗口下方的"播放"按钮，预览添加的视频转场效果，如图 20-39 所示。

图 20-39 预览添加的视频转场效果

STEP 11 用与上同样的方法在视频轨中的素材 6、7 之间添加"双页"转场效果，展开"信息"面板可以查看到添加的"双页"转场效果，如图 20-40 所示。

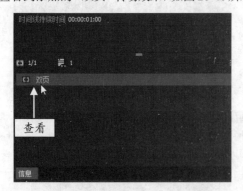

图 20-40 查看添加的"双页"转场效果

STEP 12 单击录制窗口下方的"播放"按钮，预览添加的视频转场效果，如图 20-41 所示。

STEP 13 用与上同样的方法，在视频轨中的素材 7、8 之间添加"球化"转场效果，展开"信息"面板

可以查看到添加的"球化"转场效果，如图 20-42 所示。

图 20-41 预览添加的视频转场效果

图 20-42 查看添加的"球化"转场效果

STEP 14 单击录制窗口下方的"播放"按钮，预览添加的视频转场效果，如图 20-43 所示。

图 20-43 预览添加的视频转场效果

20.2.5 制作视频字幕运动特效

现如今各个影视视频都离不开字幕，如电视剧、电影、动漫等。字幕可以很好地突出视频的目的以及可以让观看视频的人更好地理解视频中的内容。现在这个时代经济越来越发达，人们对一些事物已有不同的标准。在制作视频字幕的时候，字幕的出现也并非是一成不变的，可以通过 EDIUS 制作字幕运动特效。下面向读者介绍制作视频字幕运动特效的操作方法。

素材文件	无
效果文件	无
视频文件	20.2.5 制作视频字幕运动特效 .mp4

STEP 01 在时间线面板中，将时间线移至轨道中的00:00:11:23 位置，在素材库面板中，依次将"字幕2、字幕 3、字幕 4、字幕 5、字幕 6、字幕 7、字幕8、字幕 9、字幕 10"素材文件拖曳至 1T 字幕轨道中的时间线的相应位置，如图 20-44 所示。

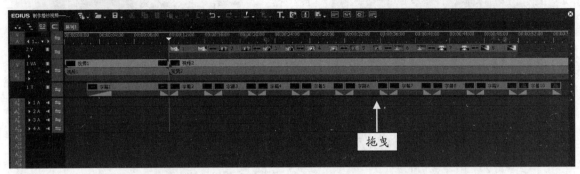

图 20-44　拖曳至 1T 字幕轨道中的时间线的相应位置

STEP 02 在 1T 字幕轨道中选择"字幕 10"素材文件，单击鼠标右键，在弹出的快捷菜单中选择"持续时间"命令，❶弹出"持续时间"对话框；❷在其中设置"持续时间"为 00:00:07:15，如图 20-45 所示。

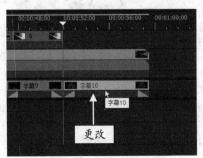

图 20-45　设置相应参数

STEP 03 单击"确定"按钮，即可更改 1T 字幕轨道上的"字幕 10"素材文件时间长度，如图 20-46所示。

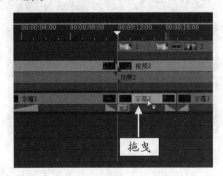

图 20-46　更改素材文件时间长度

STEP 04 展开"特效"面板，在"软划像"特效组中，选择"向上软划像"运动效果，按住鼠标左键并拖曳至 1T 字幕轨道中的"字幕 2"素材文件上方，如图 20-47 所示。

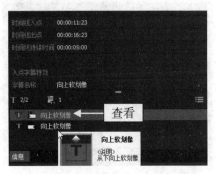

图 20-47　拖曳至相应位置

STEP 05 释放鼠标左键，即可添加"向上软划像"特效，在"信息"面板中，可以查看更改的字幕特效，如图 20-48 所示。

图 20-48　查看更改的字幕特效

STEP 06 展开"特效"面板，在"垂直划像"特效组中，选择"垂直划像（中心->边缘）"运动效果，按住鼠标左键并拖曳至1T字幕轨道中的"字幕3"素材文件上方，如图20-49所示。

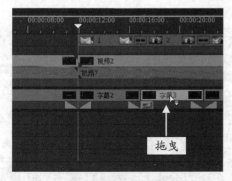

图 20-49　拖曳至相应位置

STEP 07 释放鼠标左键，即可添加"垂直划像（中心->边缘）"特效，在"信息"面板中，可以查看更改的字幕特效，如图20-50所示。

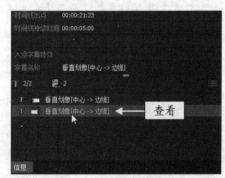

图 20-50　查看更改的字幕特效

STEP 08 展开"特效"面板，在"水平划像"特效组中，选择"水平划像（中心->边缘）"运动效果，按住鼠标左键并拖曳至1T字幕轨道中的"字幕6"素材文件上方，如图20-51所示。

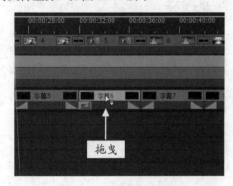

图 20-51　拖曳至相应位置

STEP 09 释放鼠标左键，即可添加"水平划像（中心->边缘）"特效，在"信息"面板中，可以查看更改的字幕特效，如图20-52所示。

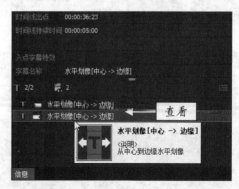

图 20-52　查看更改的字幕特效

STEP 10 展开"特效"面板，在"飞入B"特效组中，选择"向上飞入B"运动效果，按住鼠标左键并拖曳至1T字幕轨道中的"字幕7"素材文件上方，如图20-53所示。

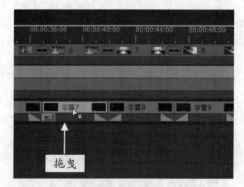

图 20-53　拖曳至相应位置

STEP 11 释放鼠标左键，即可添加"向上飞入B"特效，在"信息"面板中，可以查看更改的字幕特效，如图20-54所示。

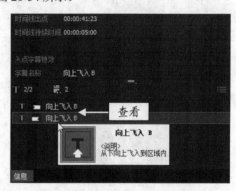

图 20-54　查看更改的字幕特效

STEP 12 展开"特效"面板，在"淡入淡出飞入A"特效组中，选择"向上淡入淡出飞入 A"运动效果，按住鼠标左键并拖曳至 1T 字幕轨道中的"字幕 10"素材文件上方，如图 20-55 所示。

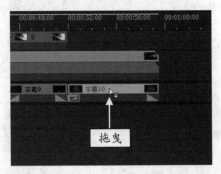

图 20-55　拖曳至相应位置

STEP 13 释放鼠标左键，即可添加"向上淡入淡出飞入 A"特效，在"信息"面板中，可以查看更改的字幕特效，如图 20-56 所示。

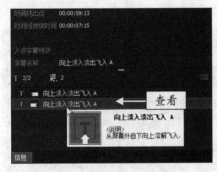

图 20-56　查看更改的字幕特效

STEP 14 将时间线移至 00:00:51:23 位置，在 1T 字幕轨道中，在字幕淡入位置，单击鼠标右键，在弹出的快捷菜单中选择"持续时间"|"入点"命令，❶弹出"持续时间"对话框；❷在其中设置字幕入点特效的"持续时间"为 00:00:04:09，如图 20-57 所示。

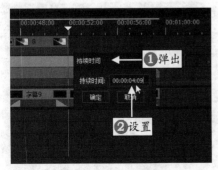

图 20-57　设置相应参数

STEP 15 单击"确定"按钮，即可更改字幕入点特效的持续时间长度，如图 20-58 所示。

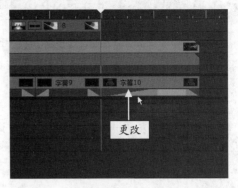

图 20-58　更改字幕入点特效的持续时间长度

STEP 16 将时间线移至 00:00:58:13 位置，在 1T 字幕轨道中，在字幕淡出位置上，单击鼠标右键，在弹出的快捷菜单中选择"持续时间"|"出点"命令，❶弹出"持续时间"对话框；❷在其中设置字幕出点特效的"持续时间"为 00:00:02:13，如图 20-59 所示。

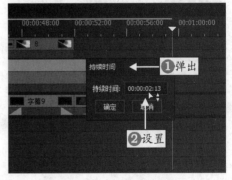

图 20-59　设置相应参数

STEP 17 单击"确定"按钮，即可更改字幕出点特效的持续时间长度，如图 20-60 所示。

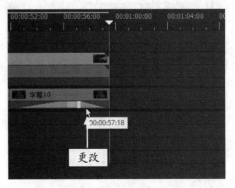

图 20-60　更改字幕出点特效的持续时间长度

20.3 后期编辑与输出

当用户制作完影视落幕视频的主体画面后，接下来向读者介绍视频后期编辑与输出的操作方法。

20.3.1 制作婚纱视频背景音乐

在 EDIUS 工作界面中，用户可以通过素材库面板来添加背景音乐，也可以通过时间线面板来添加背景音乐。下面向读者介绍制作婚纱视频背景乐的操作方法。

素材文件	无
效果文件	无
视频文件	20.3.1 制作婚纱视频背景音乐 .mp4

STEP 01 在时间线面板中，将时间线移至轨道中的开始位置，如图 20-61 所示。

图 20-61 移至轨道中的开始位置

STEP 02 在素材库面板中，选择"音乐"素材文件，如图 20-62 所示。

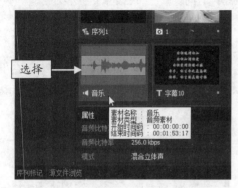

图 20-62 选择"音乐"素材文件

STEP 03 按住鼠标左键并拖曳至 1A 音频轨道中的开始位置，即可添加音频素材，如图 20-63 所示。

图 20-63 添加音频素材

STEP 04 在时间线面板中，将时间线移至 00:00:59:13 位置，如图 20-64 所示。

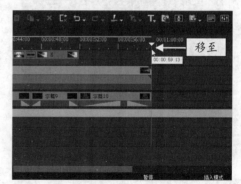

图 20-64 移至 00:00:59:13 位置

STEP 05 按 C 键，对 1A 音频轨道中的音频素材进行分割操作，选择分割后的第 2 段音频素材，如图 20-65 所示。

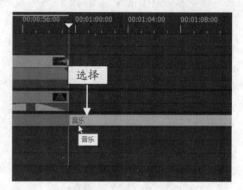

图 20-65 选择分割后的第 2 段音频素材

STEP 06 按 Delete 键，对第 2 段音频素材进行删除操作，如图 20-66 所示。

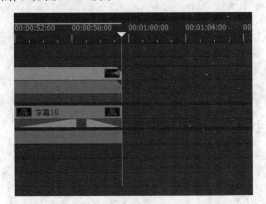

图 20-66　对第 2 段音频素材进行删除操作

20.3.2　输出婚纱视频文件

婚纱视频音乐制作完成后，最后用户可以对影视落幕视频文件进行输出操作。下面向读者介绍输出婚纱视频文件的操作方法。

素材文件	无
效果文件	效果\第 20 章\制作婚纱视频——执子之手 .wmv
视频文件	20.3.2　输出婚纱视频文件 .mp4

STEP 01 在录制窗口下方，❶单击"输出"按钮；❷在弹出的列表框中选择"输出到文件"选项，如图 20-67 所示。

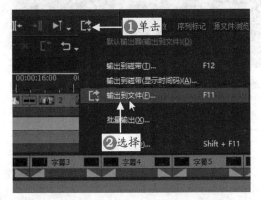

图 20-67　选择"输出到文件"选项

STEP 02 弹出"输出到文件"对话框，❶在左侧窗格中选择 Windows Media 选项；❷然后单击"输出"按钮，如图 20-68 所示。

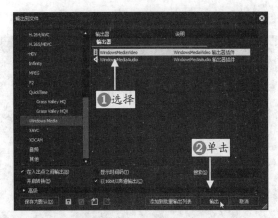

图 20-68　单击"输出"按钮

STEP 03 执行操作后，弹出相应对话框，在其中设置相应文件名与保存路径，如图 20-69 所示。

图 20-69　设置文件名与保存路径

STEP 04 单击"保存"按钮，❶弹出"渲染"对话框；❷提示用户正在输出视频文件，并显示输出进度，如图 20-70 所示。

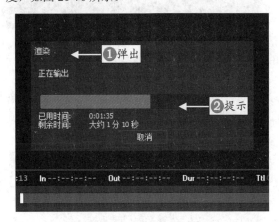

图 20-70　显示输出进度

STEP 05 稍等片刻，待视频文件输出完成后，将显示在素材库面板中，如图 20-71 所示。

图 20-71 显示在素材库面板中

STEP 06 在素材库面板中，双击输出的视频文件，在播放窗口中单击"播放"按钮，即可预览输出的视频文件画面效果，如图 20-72 所示。

图 20-72 预览输出的视频文件画面效果